U0389096

国家自然科学基金重大项目“页岩油气高效开发基础理论”
西南石油大学油气藏地质及开发工程国家重点实验室　资助

页岩气藏缝网压裂储层改造体积模拟与矿场实践

赵金洲　任　岚　林　然　著

科 学 出 版 社
北　京

内 容 简 介

本书通过研究页岩储层水平井缝网压裂时多条水力裂缝动态延伸行为、水力裂缝与地层应力场、储层压力场、地层温度场之间的相互耦合作用，并结合页岩储层中大量微观天然裂缝的破坏过程，建立一套页岩气缝网压裂 SRV 数值动态表征方法。该方法基于多物理场耦合计算，与实际SRV形成物理机制一致，具备较高的完备性与可靠性，有助于完善页岩气水平井缝网压裂基础理论，促进缝网压裂技术工艺进步，降低页岩气压裂设计中的不合理性与盲目性，推动页岩压后评价技术发展，提高页岩气藏增产改造效率与效果对促进我国能源结构转型与清洁能源可持续发展具有十分重要的理论指导作用与矿场实践意义。

本书可供高等院校、科研院所从事油气田开发相关专业的教师和研究生，油田企业技术和管理人员，以及其他从事页岩气相关技术工作的技术人员参考使用。

图书在版编目（CIP）数据

页岩气藏缝网压裂储层改造体积模拟与矿场实践 / 赵金洲，任岚，林然著. —北京：科学出版社，2019.6

ISBN 978-7-03-060555-9

Ⅰ. ①页… Ⅱ. ①赵… ②任… ③林… Ⅲ. ①油页岩－裂缝性油气藏－压裂－研究 Ⅳ. ①TE371

中国版本图书馆 CIP 数据核字（2019）第 029943 号

责任编辑：罗 莉 / 责任校对：彭 映
责任印制：罗 科 / 封面设计：梨 园

科 学 出 版 社 出版
北京东黄城根北街 16 号
邮政编码：100717
http：//www.sciencep.com
四川煤田地质制图印刷厂印刷
科学出版社发行 各地新华书店经销
*
2019 年 6 月第 一 版 开本：787×1092 1/16
2019 年 6 月第一次印刷 印张：11 1/4
字数：269 724

定价：149.00 元

（如有印装质量问题，我社负责调换）

前　　言

北美页岩气的成功开采对全球能源格局产生巨大影响，特别是对低品质特低渗透气藏的经济开采具有重要启示。经过近 10 年的技术探索，我国在四川盆地页岩气开发领域取得了重大进展，以涪陵页岩气田和威远-长宁页岩气田为代表，其初步具备规模化和商业化开采条件，助推我国天然气开发进入新阶段。在国家自然科学基金重大项目“页岩地层动态随机裂缝控制机理与无水压裂理论”的支持下，课题组长期从事页岩气压裂的基础理论研究，本书内容主要反映了课题组在页岩气压裂储层增产改造体积（也称增产改造体积，stimulate reservoir volume，SRV）理论方面的最新研究成果。

本书在简要介绍目前 SRV 获取方法的基础上，试图从理论上阐述 SRV 形成的物理机制、SRV 形成过程中储层多物理场耦合作用原理以及 SRV 的理论评价方法。全书共分为 7 章。第 1 章绪论主要阐述页岩气开发现状。第 2 章简要介绍目前主要的 SRV 评价方法及其理论原理，总结分析各个方法的优缺点。第 3 章以涪陵页岩气田为例，建立其主力产区焦石坝区块的三维地质模型。第 4 章根据页岩储层地质情况与天然裂缝发育特征，介绍离散随机天然裂缝模型，建立天然裂缝的破坏准则。第 5 章基于页岩气藏水平井分段分簇缝网压裂工艺特征，考虑多簇裂缝非均匀非平面的转向延伸行为，建立水力裂缝延伸模型。第 6 章分析页岩气缝网压裂过程中，地层多物理场（应力-压力-温度场）耦合变化规律，并建立相应的数学计算模型。第 7 章以建立的数学模型为基础，形成页岩气缝网压裂 SRV 动态表征方法，阐述相应的数值计算流程，最后介绍 SRV 动态表征方法在中国涪陵页岩气田焦石坝区块内的矿场实际应用情况，并分析不同地质条件和工程因素对 SRV 的影响。

本书出版得到了西南石油大学油气藏地质及开发工程国家重点实验室、科学出版社的大力支持和帮助，赵金洲教授、任岚副教授和林然博士参与全书的撰写工作。研究生黄静博士、唐登济博士、沈骋博士、邸云婷硕士也为本书出版做了大量工作，并参与了繁重的校对清样工作。西南石油大学李勇明教授、胡永全教授对本书进行了校阅。他们为本书的顺利出版提供了大量的帮助，在此向他们表示感谢。

目　　录

第1章 绪　　论

进入 21 世纪以来，全球经济繁荣发展，能源需求持续上升，能源消费增速逐年稳步提高。各类能源中，天然气作为较清洁环保的化石能源，在世界各国的生产量与消费量都十分巨大。2017 年，世界天然气消费总量为 3.67 万亿立方米；中国天然气消费总量约为 2400 亿立方米，其中，国内总产量为 1480 亿立方米，进口总量为 946 亿立方米[1]。当前，中国正处于能源结构转型关键期，天然气需求仍将继续攀升。因此，中国在确保天然气进口量稳步增长的同时，还将持续提高国内天然气产量。中国天然气资源丰富，常规天然气开发已日趋成熟，而随着技术进步和行业体制改革，以页岩气为代表的低渗透非常规天然气藏开发逐渐体现出巨大潜力，有望在未来中国天然气持续增产阶段起到重要作用。

页岩作为地球上存在最为广泛的沉积岩之一，通常是烃类物质的生成场所。传统观点认为，石油与天然气在页岩层中生成之后，再运移到附近具备高储渗特性的沉积岩层中封存起来。在此过程中，页岩既作为生烃层，也是将油气封隔起来的隔层。因此，在传统的油气勘探与开发过程中，主要的目标储层为砂岩层与碳酸盐岩层[2]。但近年来，石油地质学家与工程师逐渐开始关注一种新型的非常规储层——富含有机质的页岩。在特殊的情况下，富含有机质的页岩层不仅能够生成烃类物质，还可以储集自身所生成的烃类物质，形成自生自储型油气圈闭[3]，成为页岩油气藏。目前，页岩气已经成为全球非常规油气资源的重点开发目标之一。

据国际能源署（International Energy Agency，IEA）估算，全球页岩气的资源量约为 456.24 万亿立方米，主要分布在北美、中亚和中国、中东和北非、经合组织（Organization for Economic Co-operation and Development，OECD）太平洋国家（日本、韩国、澳大利亚、新西兰）、拉美、俄罗斯地区。其中，中国的页岩气可采储量居世界首位，领先美国与俄罗斯，中国页岩气资源广泛分布于四川盆地、鄂尔多斯盆地和准噶尔盆地等含油气区域，勘探前景广阔，开发潜力巨大[4]。然而，尽管页岩气资源总量十分巨大，但页岩气藏储层具有低孔隙度、超低渗透等特性，渗透率仅为纳达西级别，非常不利于油气运移，导致页岩气开采难度巨大。因此，若不采取有效的增产措施，页岩气几乎不具备商业开发价值[5, 6]。

21 世纪以来，多套非常规页岩气田开发关键技术在美国逐渐发展并日趋成熟，北美地区逐渐掀起页岩气开发热潮。页岩由于其自身脆性，通常发育大量的天然裂缝[7, 8]。在原始地层条件下，这些天然裂缝处于未激活的闭合状态，但可通过水平井钻井结合分段分簇射孔完井工艺，并采用低黏度滑溜水配合高排量、低砂比的缝网压裂技术，有效激活天然裂缝，形成高导流裂缝网络系统。该技术不仅能够显著提高页岩气单井产量，而且可以大幅降低增产改造措施成本，从而成功实现页岩气的商业化开发。根据美国能源信息署（Energy Information Administration，EIA）的数据，2000 年美国页岩气产量约为 230 亿立方米，仅占其天然气总产量的1%；而随着水平井缝网压裂等高效开发技术日趋发展成熟，2017年美国全年页岩气总产量达4400亿立方米，占天然气生产总量的60%以上。

与常规压裂不同，页岩气水平井缝网压裂通常选择大液量、大排量、低黏度、低砂比、多段多簇等压裂工艺与参数。因此，缝网压裂过程中，多条水力裂缝沿射孔簇起裂延伸，与宏观天然裂缝相交形成缝网；同时，水力裂缝引起地层岩石形变，导致储层地应力发生改变，缝内的压裂液沿裂缝壁面向地层发生滤失，使得储层的压力场和温度场也会发生改变。此时，应力场、压力场、温度场的共同变化将会促使裂缝网络周围的大量微观天然裂缝发生破坏，导致局部区域内储层表观渗透率显著增大，形成储层改造体积[9]。与此同时，已经由天然裂缝破坏形成的高渗透性 SRV，将会加剧压裂液在地层的滤失效应，进一步促使地层应力、压力、温度场发生变化，导致更多微观天然裂缝发生破坏——在这种正反馈耦合机制的作用下，SRV 得以不断扩展。页岩气缝网压裂后形成的 SRV 区域内储层表观渗透率显著增加（上升3～5个数量级）[10]，促使单井产量大幅提高（数倍至数十倍）[11]。

2002年 Maxwell 等[12]、Fisher 等[13]分别发表了页岩气缝网压裂现场的微地震裂缝监测结果，指出在裂缝平面和纵向上形成的不是单一对称裂缝而是复杂网状缝，施工中液体注入量越大，在平面上的微地震事件波及的面积就越大，增产效果就越好。Fisher 等[14]在2004年的地震监测研究中给出了巴尼特页岩直井网络裂缝典型图，并系统总结了直井压裂时的裂缝形态及扩展特征，裂缝扩展的长度和宽度分别用通道长度和通道宽度来表征，监测资料表明其通道长度可达1600m，宽度可达366m。2006年 Mayerhofer 等[15]在研究巴尼特页岩的微地震监测技术及压裂情况时首次提出改造的油藏体积这个概念，针对不同 SRV 研究累积产量的变化，SRV 越大，累积产量越高，从而提出了增加改造体积的技术思路。2008年 Mayerhofer 等[10]进一步研究什么是改造的油藏体积，通过对巴尼特页岩某累积产量的对比分析，进一步证实了改造体积越大，增产效果越好的观点。综上所述，页岩气缝网压裂 SRV 的体积与压裂井产气量存在非常显著的正相关关系[14-16]。SRV 直接关系水平井压裂增产效率，进而影响页岩气藏开发效果。如何准确、快速、高效、经济地获得 SRV 及其空间展布形态，对于压前设计、压裂实施和压后评价等环节都至关重要。

目前，国内外页岩气水平井压裂作业时，通常会利用各种监测技术对 SRV 进行评估，包括微地震成像技术[12, 13, 17, 18]、倾斜仪测量技术[19, 20]和电磁感应成像技术[21-23]等。其中，微地震成像技术主要监测储层发生剪切破坏时释放出能量波，通过反演运算得出 SRV 范围，结果可靠，现场应用最多；倾斜仪测量技术通过记录地表的倾斜数据，推算出地下 SRV 的形态与体积，作业周期短，但所得结果精度不足，特别是对于中、深层页岩储层，其偏差较大，因此现场应用有限；电磁感应成像技术利用导电化处理后的支撑剂，对支撑剂的地下分布进行成像，是目前唯一能够得到"有效支撑"储层改造体积（Propped-SRV）的监测方法，该技术尚处于初期研发阶段，现场应用不足。综上所述，目前矿场上应用的各类 SRV 监测技术有些成本较高、有些可靠性不足、有些尚未成熟，并且，它们都是在压裂时监测或压裂后进行测量，不能在压裂之前的设计优化环节中使用。因此，应用成本较低的 SRV 数值模拟技术已成为页岩气压裂设计的研究重点之一。

本书旨在通过研究页岩储层水平井缝网压裂时多条水力裂缝动态延伸行为、水力裂缝与地层应力场、储层压力场、地层温度场之间的相互耦合作用，并结合页岩储层中大量微观天然裂缝的破坏过程，建立了一套页岩气缝网压裂 SRV 数值动态表征方法。该方法基于多物理场耦合计算，与实际 SRV 形成物理机制一致，具备较高的完备性与可靠性，有助于完善页岩气水平井缝网压裂基础理论，促进缝网压裂技术工艺进步，降低页岩气压裂设计中的不合理性与盲目性，推动页岩储层压裂效果评价技术发展，提高页岩气藏增产改造效率与效果。综上所述，本书对促进我国能源结构转型与清洁能源可持续发展具有十分重要的理论指导作用与矿场实践意义。

参考文献

[1] 王一鸣，李凡荣，凌月明. 中国天然气发展报告（2018）[M]. 北京：石油工业出版社，2018.

[2] 允诚. 油气藏开发地质学[M]. 北京：石油工业出版社，2007.

[3] Boyer C，Clark B，Jochen V，et al. Shale gas：A global resource[J]. Oilfield review，2011，23（3）：28-39.

[4] 李志强. 页岩气藏体积改造多尺度流动生产模拟研究[D]. PhD Thesis，Southwest Petroleum University，2017.

[5] Luffel D L，Hopkins C W，Schettler Jr P D. Matrix permeability measurement of gas productive shales[C]//Paper SPE 26633 Presented at the SPE Annual Technical Conference and Exhibition，3-6 October，1993，Houston，Texas.

[6] Sakhaee-Pour A，Bryant S. Gas permeability of shale[J]. SPE Reservoir Evaluation & Engineering，2012，15（04）：401-409.

[7] Cho Y，Ozkan E，Apaydin O G. Pressure-dependent natural-fracture permeability in shale and its effect on shale-gas well production[J]. SPE Reservoir Evaluation & Engineering，2013，16（02）：216-228.

[8] Walton I，Mclennan J. The role of natural fractures in shale gas production[C]//Paper ISRM-ICHF 2013-046 presented at the ISRM International Conference for Effective and Sustainable Hydraulic Fracturing，20-22 May，2013，Brisbane，Australia.

[9] Fisher M K，Wright C A，Davidson B M，et al. Integrating fracture mapping technologies to optimize stimulations in the barnett shale[C]//Paper SPE 77441 presented at the SPE Annual Technical Conference and Exhibition，29 September-2 October，2002，San Antonio，Texas.

[10] Mayerhofer M J，Lolon E，Warpinski N R，et al. What is stimulated reservoir volume[J]. SPE Production & Operations，2010，25（01）：89-98.

[11] Wu Q，Xu Y，Wang X，et al. Volume fracturing technology of unconventional reservoirs：Connotation，design optimization and implementation[J]. Petroleum Exploration and Development，2012，39（3）：377-384.

[12] Maxwell S C，Urbancic T I，Steinsberger N，et al. Microseismic imaging of hydraulic fracture complexity in the barnett shale[C]//Paper SPE 77440 presented at the SPE Annual Technical Conference and Exhibition，29 September-2 October，2002，San Antonio，Texas.

[13] Fisher M K，Wright C A，Davidson B M，et al. Integrating fracture mapping technologies to improve stimulations in the barnett shale[J]. SPE Production & Facilities，2005，20（02）：85-93.

[14] Fisher M K，Heinze J R，Harris C D，et al. Optimizing horizontal completion techniques in the barnett shale using microseismic fracture mapping[C]//Paper SPE 90051 presented at the SPE Annual Technical Conference and Exhibition，26-29 September，2004，Houston，Texas.

[15] Mayerhofer M J，Lolon E P，Youngblood J E，et al. Integration of microseismic-fracture-mapping results with numerical fracture network production modeling in the barnett shale[C]//Paper SPE 102103 presented at the SPE Annual Technical Conference and Exhibition，24-27 September，2006，San Antonio，Texas，USA.

[16] Zhao Y L，Zhang L H，Luo J X，et al. Performance of fractured horizontal well with stimulated reservoir volume in unconventional gas reservoir[J]. Journal of Hydrology，2014，512：447-456.

[17] Denney D. Optimizing horizontal completions in the barnett shale with microseismic fracture mapping[J]. Journal of Petroleum Technology，2005，57（03）：41-43.

[18] Meek R A，Suliman B，Bello H，et al. Well space modeling，srv prediction using microseismic，seismic rock properties and

structural attributes in the eagle ford shale of south texas[C]//Paper SPE 178691 presented at the Unconventional Resources Technology Conference，20-22 July，2015，San Antonio，Texas，USA.

[19] Astakhov D，Roadarmel W，Nanayakkara A. A new method of characterizing the stimulated reservoir volume using tiltmeter-based surface microdeformation measurements[C]//Paper SPE 151017 presented at the SPE Hydraulic Fracturing Technology Conference，6-8 February，2012，The Woodlands，Texas，USA.

[20] Nanayakkara A S，Roadarmel W H，Marsic S D. Characterizing the stimulated reservoir with a hydraulic deformation index using tiltmeter-based surface microdeformation[C]//Paper SPE 173381 presented at the SPE Hydraulic Fracturing Technology Conference，3-5 February，2015，The Woodlands，Texas，USA.

[21] Basu S，Sharma M M. A new method for fracture diagnostics using low frequency electromagnetic induction[C]//Paper SPE 168606 presented at the SPE Hydraulic Fracturing Technology Conference，4-6 February，2014，The Woodlands，Texas，USA.

[22] Labrecque D，Brigham R，Denison J，et al. Remote imaging of proppants in hydraulic fracture networks using electromagnetic methods：Results of small-scale field experiments[C]//Paper SPE 179170 presented at the SPE Hydraulic Fracturing Technology Conference，9-11 February，2016，The Woodlands，Texas，USA.

[23] Palisch T，Al-Tailji W，Bartel L，et al. Recent advancements in far-field proppant detection[C]//Paper SPE 179161 presented at the SPE Hydraulic Fracturing Technology Conference，9-11 February，2016，The Woodlands，Texas，USA.

第 2 章　目前 SRV 评价技术与方法

目前，计算 SRV 的主要方法有微地震监测法、倾斜仪监测法、电磁感应成像法、半解析法、半经验公式法以及数值计算模拟法，其中最常用的是微地震监测法。

2.1　微地震监测法

微震动（包括微地震）监测技术是 20 世纪 90 年代发展起来的一项新的物探技术[1]，它是以声发射学和地震学为基础的一种通过观测、分析生产活动中产生的微小地震事件来监测生产活动的影响、效果及储层状态的地球物理技术[2]。微地震监测技术可靠度与精度较高，但成本也较高。

1. 技术原理

微地震监测法的技术原理与常规石油地震勘探原理相似，只是求解过程相反，微地震监测中震源的位置、发震时刻和震源强度都是未知的，确定这些因素恰恰是微地震监测的首要任务。完成这一任务主要是借鉴天然地震学的方法和思路。微地震事件发生在裂隙之类的断面上，裂隙范围通常只有 1～10m。地层内地应力呈各向异性分布，剪切应力自然聚集在断面上。通常情况下，这些断裂面是稳定的，然而，当原来的应力受到生产活动干扰时，岩石中原来存在的或新产生的裂缝周围地区就会出现应力集中，应变能量增高；当外力增加到一定程度时，原有裂缝的缺陷地区就会发生微观屈服或变形，裂缝扩展，从而使应力松弛，储藏能量的一部分以弹性波（声波）的形式释放出来并产生小的地震，即微地震。大多数微地震事件频率范围为 200～1500Hz，持续时间小于 1s。在地震记录上，微地震事件一般表现为清晰的脉冲，微地震事件越弱，其频率越高，持续时间越短，能量越小，破裂长度也就越短。

微地震监测分为地面监测和井中监测两种方式，如图 2-1 所示。地面监测就是在监测

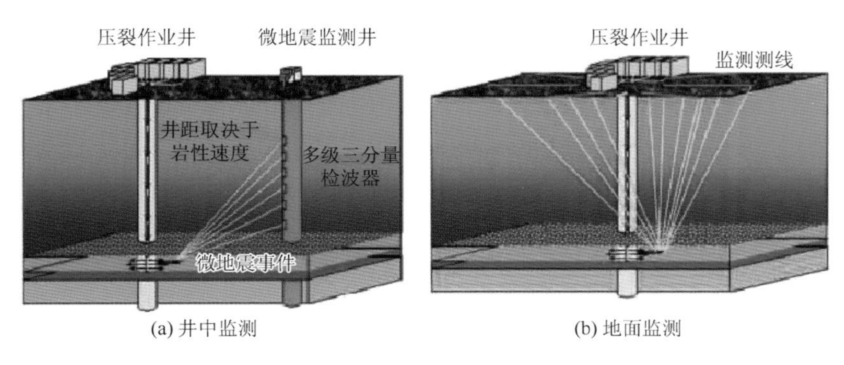

(a) 井中监测　　(b) 地面监测

图 2-1　微地震监测布设方式

目标区域（比如压裂作业井）周围的地面上，布置若干接收点进行微地震监测。井中监测就是在监测目标区域周围临近的一口或几口井中布置接收排列，进行微地震监测。由于地层吸收、传播路径复杂等原因，与井中监测相比，地面监测所得到的资料存在微地震事件少、信噪比低和反演可靠性差等缺点。

微地震监测主要包括数据采集、震源成像和精细反演等几个关键步骤，监测仪要能自动识别并长期连续工作，检波器布于井中或布在地面，目前记录的主要是三分量信号数据，微震信号的记录和处理与天然地震信号的相同。首先，当震源产生脉冲能量时，通过地震检测算法分析连续地震信号，然后将地震记录归档。微震信号记录包含 P 波和 S 波的局部小规模的天然地震。但这两种波的相对振幅主要取决于变形机理和相关的辐射模式。当传感器部署在井中时，主要取决于记录的自然环境，这时噪声中包括管波。一般来说，利用信号特征可以识别真实的微震层位。在井眼中，三分量信号数据用于确定各入射射线的传播方向，声波资料可用于构建精细的速度模型，然后可在不同相位和射线旅行时间的相应点处确定层位位置。其他的地震属性也可从地震记录的振幅和频率中进行计算，这些属性在解释地震变形时非常有用。另外由于微地震的发生与岩体内部的能量释放以及进一步的裂纹演化、破裂有着密切的关系，微震的震源辐射方式也可用于检测岩石变形期间外力变化同天然地震的关系，同时也可用于局部地震的层析成像。

微地震监测水力压裂时，一般通过在邻井（作为观察井）中放置 12~48 级三维地震传感器（通常为检波器）阵列进行裂缝检测。通常将现有的生产井作为观察井，在检测前取出井中的生产油管，并在储层上方放一个临时桥塞。检波器阵列位于待压裂地层的上方，分布范围从顶部到底部约有 230m。检测要求使用低固有噪声的灵敏检波器，并能连续提供井下测量数据。在压裂结束时使用低浓度支撑剂，应用四维微地震技术检测裂缝的形状，确定裂缝的方向、长度和高度。在压裂处理期间，微地震波的位置随时间从作业井向外移动，指示裂缝不断延伸。检测数据不仅可以描述射孔层附近的裂缝，也可提供相应的裂缝增长方向的图像（图 2-2）。

2. 应用现状

通过几十年的发展，国外微地震压裂监测服务公司发展迅速，已经具备了专有技术、软件、设备等一体化的服务能力，并在全球范围内进行服务，垄断了高端微地震监测技术服务市场。目前，国外微地震监测服务公司主要有：①法国 Magnitude 公司，现属于 VSFusion 公司（BAKER 与 C'UV 联合控股），在全球范围内提供综合微地震监测，监测服务包括测网设计、短时施工和永久性管理，开发的 SmartMonitoring 软件包具有远程处理和网络报告的功能；②美国 Pinnacle 公司，现属于哈利伯顿公司，能提供现场实时的裂缝和储层、裂缝检测和油藏监测服务；③加拿大 ESU 公司，主要为石油、矿产和工程地质行业的客户提供无源微地震监测服务；④美国威德福（Weatherford）公司，主要提供微地震监测永久性井下设备制造、安装、数据采集及实时监测等服务；⑤斯伦贝谢公司，能够从事井中微地震监测采集、实时监测服务；⑥美国 ApexHipiont 公司，能够从事浅井和井中微地震监测服务；⑦美国 MicroSeismic 公司，主要从事地面微地震监测服务。

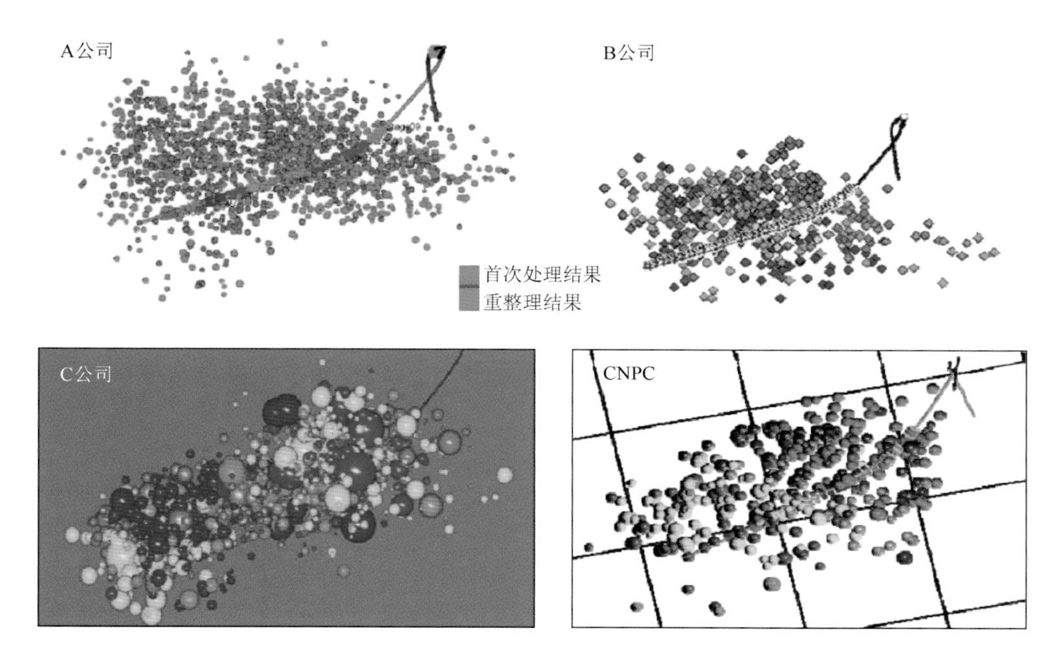

图 2-2　微地震监测数据处理结果

以往中国石油天然气集团有限公司（简称中国石油或 CNPC）的微地震监测技术服务主要依赖与国外公司合作，开展试验性微地震监测项目。直到 2002 年，刘建中等[3]在华北油田京 11 断块用地面台站布设方式进行了微地震注水监测试验。之后，又相继在朝阳沟油田、牙哈气田、郑善油田、哈得油田、高尚堡油田进行了微地震地面监测试验。2004 年 10 月初，在长庆油田庄 19 井区与国外公司合作，首次实施了 3 口井的微地震压裂井中监测。随后，相继在长庆油田、姬源油田、苏里格气田、大庆油田西斜坡致密油藏、吉林油田致密油藏、沁水煤层气藏等地区合作实施了超过 50 口井的井下微地震监测技术服务，积累了微地震监测的采集施工经验和对微地震监测技术应用效果的感性认识。2010 年，中国石油加大微地震监测技术的研究力度，针对微地震信号能量弱、微地震破裂机制类型多样、微地震波型复杂、微地震震源高精度实时定位等挑战，开展了微地震监测采集处理解释技术攻关[4]，形成了 6 项微地震监测关键技术，提升了微地震采集、处理、解释一体化技术服务能力。

2.2　倾斜仪监测法

在水力压裂中，裂缝诊断技术是人们认识和评价压裂裂缝扩展的重要手段。地面倾斜仪水力裂缝监测技术是常用的裂缝监测技术之一，可用来确定裂缝的形态、方位和倾角[5]。地面倾斜仪裂缝监测技术在不影响油气田正常生产的情况下，可以获得压裂裂缝的方位和倾角的参数，成本也较低，但是精度有待进一步的提高。

1. 技术原理

压裂裂缝引起岩石变形，变形场向各个方向辐射，引起地面的倾角变化，这种倾角的变化可通过布置在压裂井周围、精度极高的一组地面倾斜仪来测量，通过反演可以获得裂缝的方位、倾角等参数[6]。图 2-3 为垂直裂缝在地面引发的变形场示意图，垂直裂缝在地面上会在沿裂缝走向形成一个沟槽，在沟槽两侧形成两个“鼓包”。沟槽两侧“鼓包”的对称性反映了裂缝倾角的变化。不同的裂缝形态在地面上会产生不同的变形特征[7]，如图 2-4 所示。

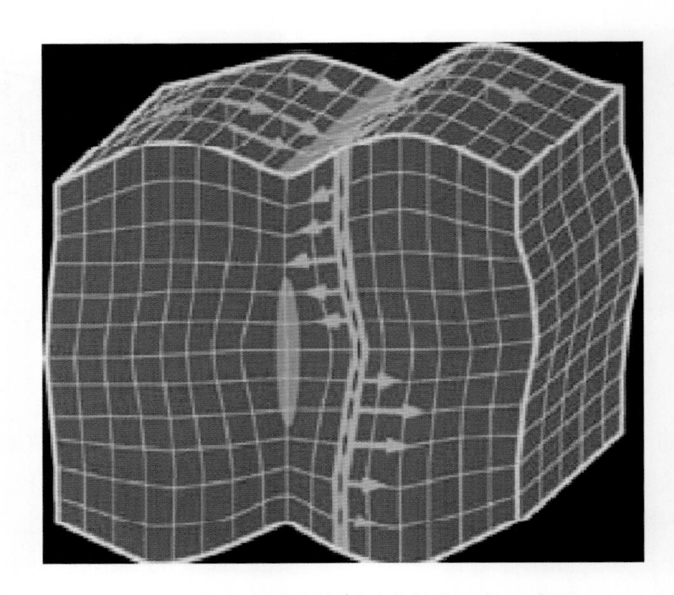

图 2-3　垂直裂缝在地面引发的变形场示意图

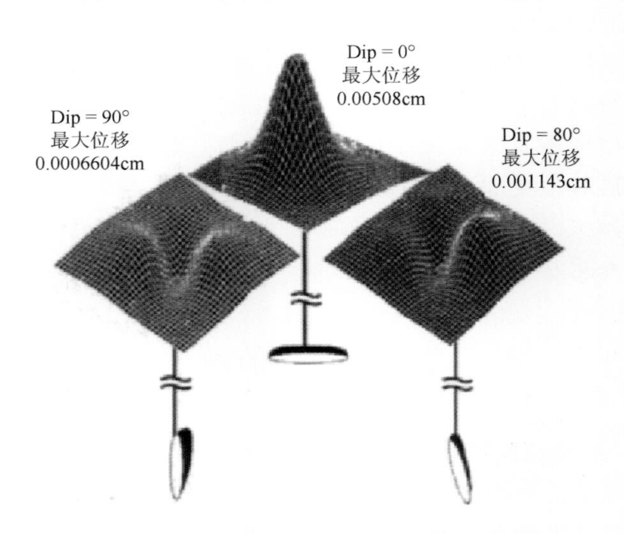

图 2-4　不同倾角压裂裂缝引起的地面变形场

2. 应用现状

2009 年，长庆油田在国内首次引进地面倾斜仪监测技术，并在苏里格气田和榆林气田的两口井进行试验，获得了水力裂缝方位 NW70°左右，并且裂缝存在约 20%的水平分量[8]。通过应用地面倾斜仪监测技术，进一步认识到水力裂缝延伸的复杂性，提高了压裂设计针对性和水平。

2012 年，Astakhov 等[9]研究出将地面倾斜仪应用于测算体积压裂后 SRV 的新技术，该技术需要通过比监测单一裂缝地面倾斜数据更加复杂的处理过程（图 2-5），才能获得 SRV 参数。

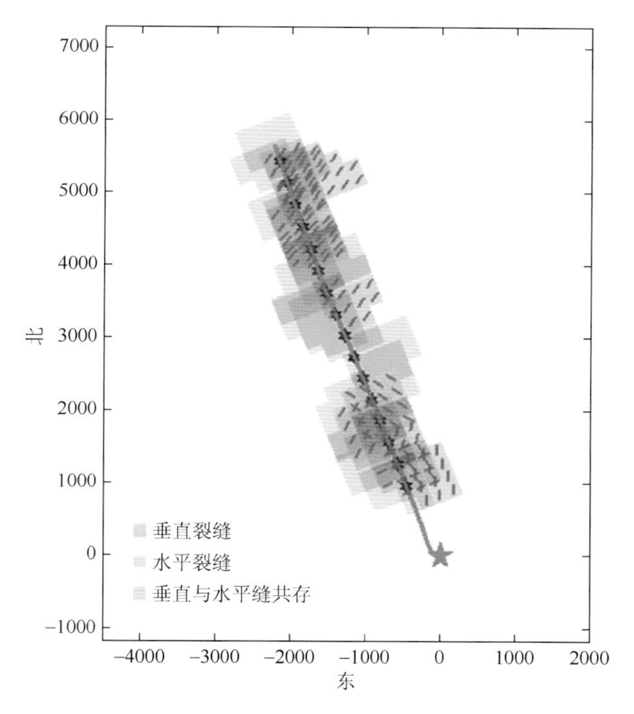

图 2-5　倾斜仪测算水平井体积压裂后 SRV 示例图

2013 年，修乃岭等[10]采用地面倾斜仪压裂裂缝监测技术，对宁武区块 M15 井组 5 口井压裂裂缝进行了监测，获得了该井组压裂裂缝的几何形态、方位、倾角等参数，进一步认识了该区块煤层气井压裂裂缝的复杂性，为部署井网和优化压裂设计提供了科学依据。

2013 年，王进涛等[11]采用地面倾斜仪对沙埝油田两口井进行裂缝监测，从而对小断块油田水力压裂裂缝延伸的复杂性以及裂缝真实的延伸情况有了进一步的认识。

2.3　电磁感应成像法

1. 技术原理

2014 年，美国得克萨斯大学、E 能谱技术公司（E-Spectrum Technologies）和吉尔哈特有限责任公司（Gearhart Com-panies Inc.）联合开展了通过低频电磁感应和导电性压裂支撑剂对水力压裂裂缝进行监测（Fracture Diag-nostics Using Low Frequency Electromagnetic Induction and Electrically Conductive Proppants）的项目研究工作并发表了相关成果论文[12-14]，该项目研究所需的导电性压裂支撑剂由卡博陶粒公司（CARBO Ceramics）研制生产。

电磁感应成像法主要通过在压裂时向裂缝中注入导电性支撑剂，并利用电磁探测设备获得支撑剂在地层中的空间分布情况。其主要实施步骤为：进行压裂作业之前，在地面或井下部署电磁感应接收器（包括电极导线、磁力仪，以及垂直电极）阵列（图 2-6），为井筒套管通电，使之与电磁感应接收器形成电流通路，并通过接收器数据获取三维地层电磁场初始分布情况；随后，再将含有由卡博陶粒公司研制生产的导电性支撑剂（图 2-7）随着压裂液一起泵入地层，进行水力压裂，压裂液将支撑剂送入裂缝深部；同时，通过电磁感应接收器获取压裂过程中三维地层电磁场当前分布情况，并将其与初始分布情况进行比对分析，基于麦克斯韦方程组，采用三维有限差分算法，反演推算出支撑剂在地层中的位置，从而确定裂缝的方位和长度，也可以识别与天然裂缝的连通情况，间接监测存在支撑剂填充的有效 SRV。

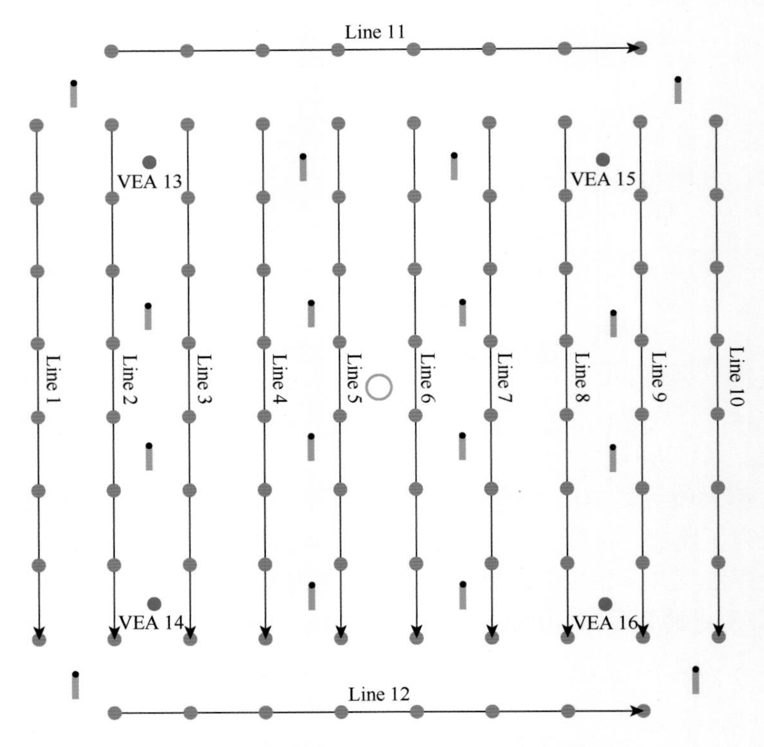

图 2-6　标准电阻抗断层扫描仪器、电缆排布图

蓝点：地面电极导线；绿线：磁力仪；红点：垂直电极阵列

电磁感应成像法具有的技术优势包括[15]：①可以在单井中完成压裂裂缝监测；②实

图 2-7　表层覆盖导电性材料的低密度陶粒支撑剂

现了直接的远场测量；③该仪器可以在压裂过程中或者在压裂之后下井，在需要压裂裂缝监测数据时，该仪器可以在该油气井的生命周期中的任意时刻提供裂缝破裂或闭合的时间延迟分析；④仪器采集三分量信号，对这些张量进行求解可获得与给定井的产能直接相关的模拟量图；⑤该技术是目前能获得支撑剂支撑的裂缝长度数据的唯一方法，而给定井的油气产能受裂缝长度控制。该技术还能用来测量在水力压裂裂缝增长过程中的支撑剂堆积或各向异性。

低频电磁感应测井仪能跟踪监测水力液压裂缝的支撑体积，而不是剪切滑移事件，从而获得有效 SRV，有助于后续井的压裂设计优化。该技术能在油气井的生命周期内的任意时间进行应用，不仅减小了压裂作业的设备负担，还降低了对环境的影响。该技术只在单井中实施，无须额外的监测井，与微地震压裂监测相比，极大地降低了作业成本，且提高了监测数据的可靠性。

2. 应用现状

2016 年，电磁感应成像法在美国南卡罗来纳州安德森县的地表浅层进行了初期试验[13]，将平面成像结果（图 2-8）与支撑剂实际铺置情况进行了对比，验证了该方法的可靠性。

随后，在得克萨斯州西部和新墨西哥州东南部的特拉华盆地（Delaware Basin）内 1 口水平井开展了电磁感应成像法的矿场实际应用[14]，绘制了有效 SRV 的三维图像（图 2-9）。

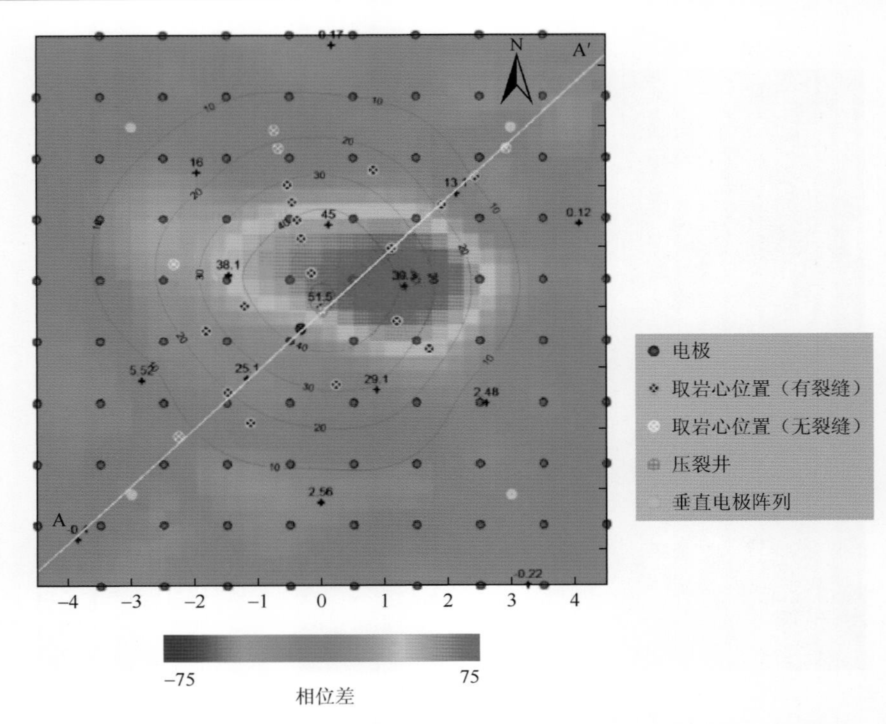

图 2-8　地表浅层水力压裂有效 SRV（支撑剂分布空间）电磁感应成像

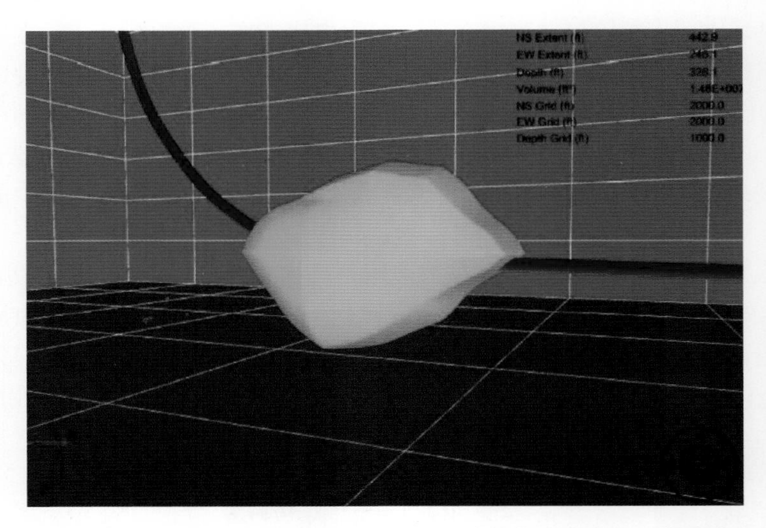

图 2-9　美国特拉华盆地水平井压裂有效 SRV（支撑剂分布空间）电磁感应成像

2.4　半 解 析 法

1997 年，Shapiro 等[16]基于扩散方程（diffusion equation）推导出一种计算体积压裂后 SRV 的半解析方法，但是该方法仅适用于均质各向同性储层，局限性很大。2012 年，Yu 和 Aguilera[17]在 Shapiro 研究成果的基础上，提出了适用于均质各向异性三维储层的半解析方法。该方法具有较强的理论基础，有完整的解析方程，但是方程中有三个参数需要经过微地震数据进行校准，才能得出更加可靠的结果。

1. 技术原理

三维 SRV 形成过程能够近似地由线性扩散方程描述：

$$k_x \frac{\partial^2 P}{\partial x^2} + k_y \frac{\partial^2 P}{\partial y^2} + k_z \frac{\partial^2 P}{\partial z^2} = \varphi \mu c_{\mathrm{t}} \frac{\partial P}{\partial t} \tag{2-1}$$

式中，P 为地层孔隙中的压力（Pa）；k_x，k_y，k_z 为渗透率张量在主方向的分量（m^2）；φ 为孔隙度，无量纲；μ 为液体黏度（Pa·s）；c_{t} 为孔隙体积总压缩系数（1/Pa）；t 为时间（s）；x，y，z 为坐标分量（m）。

式（2-1）的初始条件与边界条件为

$$P = P_{\mathrm{i}}, 0 \leqslant x \leqslant \infty, 0 \leqslant y \leqslant \infty, 0 \leqslant z \leqslant \infty, t = 0$$

$$P = P_{\mathrm{inj}}, x = 0, y = 0, z = 0, t > 0$$

$$P = P_{\mathrm{i}}, x \to \infty, y \to \infty, z \to \infty, t > 0$$

式中，P_{i} 为储层初始压力（Pa）；P_{inj} 为井底泵注压力（Pa）。

将边界条件与初始条件代入式（2-1），求出近似解：

$$\frac{\Delta P_{\mathrm{res}}}{\Delta P_{\mathrm{inj}}} = \frac{P(x,y,z,t) - P_{\mathrm{i}}}{P_{\mathrm{inj}} - P_{\mathrm{i}}} = \mathrm{erfc}\left(\frac{x}{\sqrt{4\eta_x t}}\right)\mathrm{erfc}\left(\frac{y}{\sqrt{4\eta_y t}}\right)\mathrm{erfc}\left(\frac{z}{\sqrt{4\eta_z t}}\right) \tag{2-2}$$

式中，ΔP_{res} 为储层中某点压力增大数值（Pa）；ΔP_{inj} 为井底压力增大数值（Pa）；η_x，η_y，η_z 为扩散系数（diffusion coeffecient），$\eta_x = k_x/(\varphi\mu c_{\mathrm{t}})$，$\eta_y = k_y/(\varphi\mu c_{\mathrm{t}})$，$\eta_z = k_z/(\varphi\mu c_{\mathrm{t}})$，无量纲。

当储层某点压力增幅 ΔP_{res} 大于天然裂缝开启的临界压力增幅 ΔP_{trg} 时，该点处将发生裂缝开启，并引发微地震。假设储层内部的 ΔP_{trg} 处处相等，则

$$\frac{\Delta P_{\mathrm{trg}}}{\Delta P_{\mathrm{inj}}} = \frac{P_{\mathrm{trg}}(x,y,z,t) - P_{\mathrm{i}}}{P_{\mathrm{inj}} - P_{\mathrm{i}}} = \mathrm{erfc}\left(\frac{x}{\sqrt{4\eta_x t}}\right)\mathrm{erfc}\left(\frac{y}{\sqrt{4\eta_y t}}\right)\mathrm{erfc}\left(\frac{z}{\sqrt{4\eta_z t}}\right) \tag{2-3}$$

由式（2-3）可知，SRV 三维形态中的 x、y、z 方向长度随时间延伸的函数分别为

$$x = \mathrm{erfc}^{-1}\left(\frac{\Delta P_{\mathrm{trg}}}{\Delta P_{\mathrm{inj}}}\right)\sqrt{4\eta_x t} \tag{2-4}$$

$$y = \mathrm{erfc}^{-1}\left(\frac{\Delta P_{\mathrm{trg}}}{\Delta P_{\mathrm{inj}}}\right)\sqrt{4\eta_y t} \tag{2-5}$$

$$z = \mathrm{erfc}^{-1}\left(\frac{\Delta P_{\mathrm{trg}}}{\Delta P_{\mathrm{inj}}}\right)\sqrt{4\eta_z t} \tag{2-6}$$

式中的扩散系数 η_x、η_y、η_z 可由其定义方程求解得出，但由于储层渗透率、孔隙度等参数具有非确定性，并且扩散系数对 x、y、z 的计算结果影响较大，所以最好通过微地震数据对扩散系数进行校准（calibration），不经校准的话，误差可达 30%。由式（2-4）可知，$x \sim t^{1/2}$ 呈线性关系，所以可以根据微地震数据（图 2-10）在坐标系中绘制出 $x \sim t^{1/2}$ 曲线，从而拟合出扩散系数 η_x（图 2-11），作为校准后的参数适用。同理，可对 η_y、η_z 进行拟合与校准。

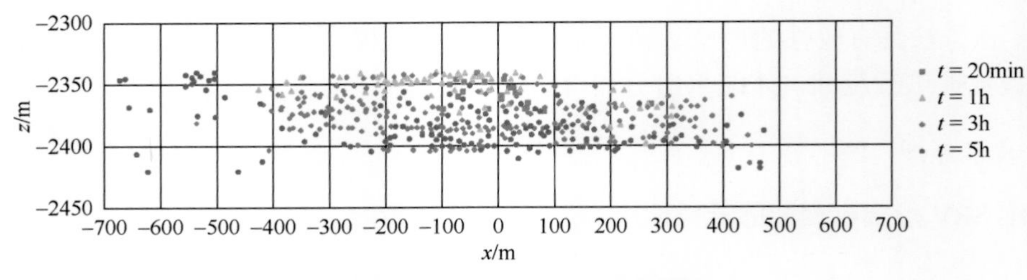

图 2-10　x-z 截面微地震数据图

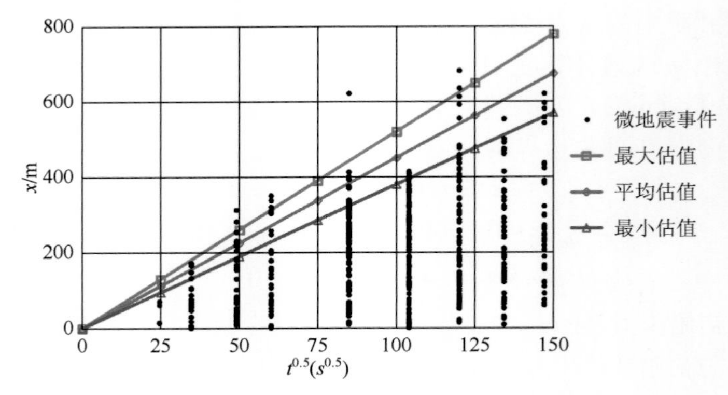

图 2-11　扩散系数 η_x 拟合图（$x \sim t^{1/2}$）

由图 2-11 可以看到扩散系数的典型拟合图，一般取图中的绿线进行扩散系数的计算。

2. 应用现状

该方法已应用于 2009 年 Lower Barnett 页岩储层[18]与 2010 年 Marcelus 页岩储层[19]体积压裂的 SRV 计算。2010 年，Marcelus 页岩体积压裂施工的实际微地震数据与计算结果对比如图 2-12～图 1-14 所示，可以看出计算结果与实际微地震数据非常吻合，说明此半解析方法具有一定的可靠性。

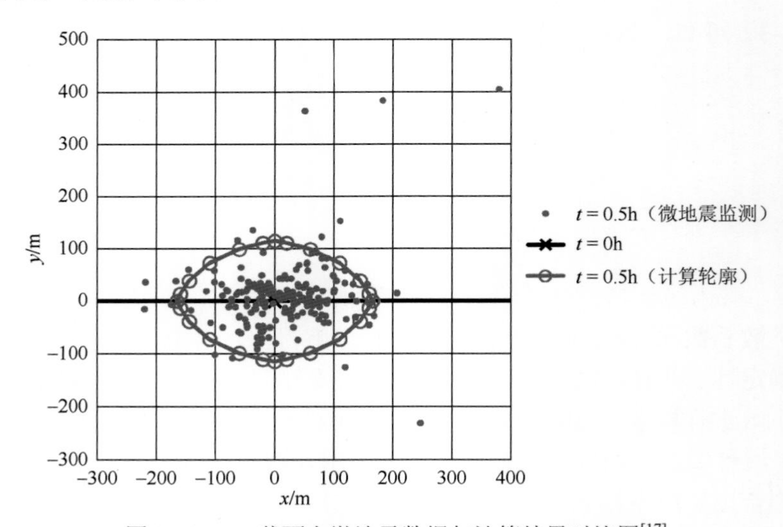

图 2-12　x-y 截面上微地震数据与计算结果对比图[17]

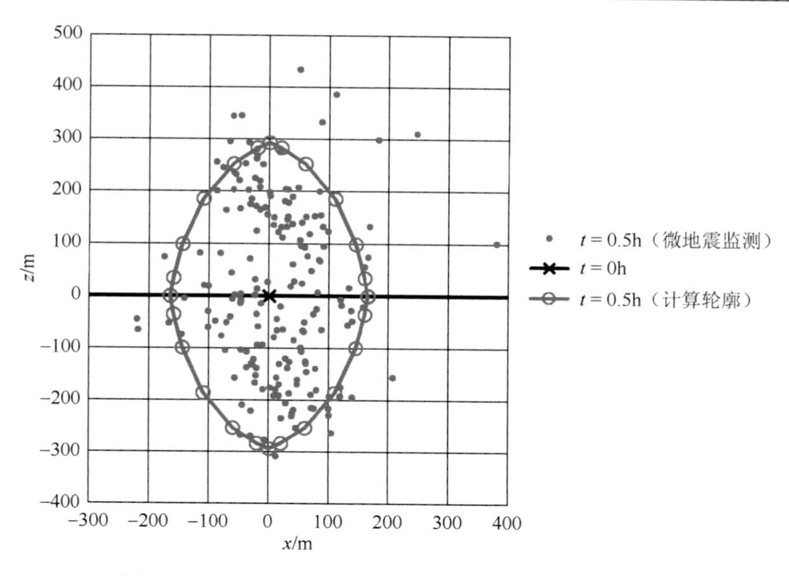

图 2-13　x-z 截面上微地震数据与计算结果对比图[17]

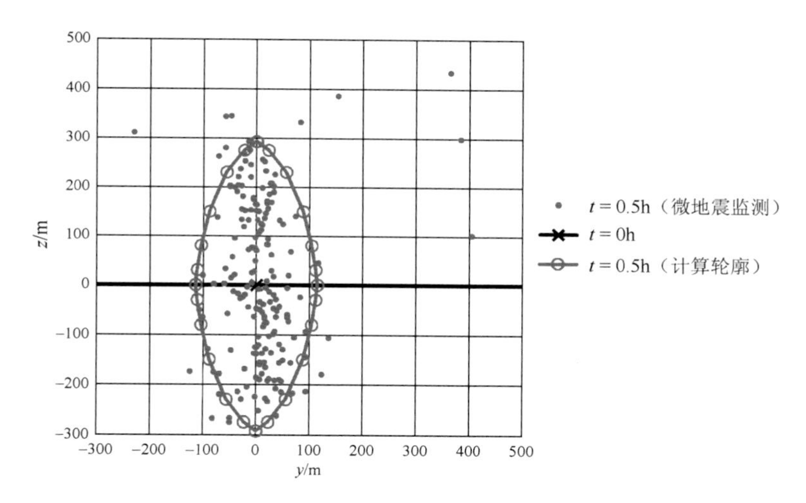

图 2-14　y-z 截面上微地震数据与计算结果对比图[17]

2.5　半经验公式法

2014 年，Maulianda 等[20]提出了一种计算 SRV 的新方法，该方法有一定的理论基础，但仍然包含需要通过微地震数据校准的经验参数，所以可以视为半经验公式法。该方法简单易用，但公式中有 6 个经验参数，至少需要利用 6 次水力压裂的微地震数据得出。

1. 技术原理

根据 Huang 等[21]、Rich 和 Ammerman[22]的相关研究基础，以及 Valk 和 Economides[23]

的 KGD 方程，体积压裂 SRV 的三轴长度可分别由以下 6 个方程表示：

对于拉伸断裂裂缝形成的 SRV：

$$x = T_x \left(\frac{V_{\text{inj}}}{E} \sigma'_x \right)^{\frac{1}{3}} \tag{2-7}$$

$$y = T_y \left(\frac{V_{\text{inj}}}{E} \sigma'_y \right)^{\frac{1}{3}} \tag{2-8}$$

$$z = \frac{V_{\text{inj}}}{\varphi_{\text{effx}} \frac{4}{3} \pi x y} \tag{2-9}$$

对于剪切断裂裂缝形成的 SRV：

$$x = S_x \sigma'_x \frac{(V_{\text{inj}})^{\frac{1}{3}}}{s_{\text{o}}} \tag{2-10}$$

$$y = S_y \sigma'_y \frac{(V_{\text{inj}})^{\frac{1}{3}}}{s_{\text{o}}} \tag{2-11}$$

$$z = \frac{V_{\text{inj}}}{\varphi_{\text{effy}} \frac{4}{3} \pi x y} \tag{2-12}$$

式中，x 为 SRV 在 x 方向上的长度（m）；y 为 SRV 在 y 方向上的长度（m）；z 为 SRV 在 z 方向上的长度（m）；T_x、T_y 为拉伸断裂时的经验常数，无量纲；S_x，S_y 为剪切断裂时的经验常数，无量纲；φ_{effx}，φ_{effy} 为有效孔隙度，无量纲；σ'_y、σ'_z 为 x、y 方向上的有效应力（Pa）；V_{inj} 为压裂液注入总体积（m^3）；s_{o} 为岩石内聚强度（Pa）。

以上 6 个方程中，有 4 个参数 T_x、T_y、S_x、S_y 属于经验常数，需要利用微地震数据得出；此外，有效孔隙度 φ_{effx}，φ_{effy} 需要利用微地震数据进行校准，总共有 6 个参数需要确定。所以，使用该方法之前，需要利用至少 6 次水力压裂的微地震数据进行经验参数的确定。

2. 应用现状

该方法已用于 Glauconite 致密气储层体积压裂的 SRV 分析中，针对该储层拉伸断裂时的经验常数 T_x 取值为 0.42556，T_y 取值为 0.9391，有效孔隙度经过校准后为 0.78%；剪切断裂时的经验常数 S_x 取值为 362.481，S_y 取值为 56.99，有效孔隙度经过校准后为 0.014%。6 段/次分段压裂形成的 SRV 长、宽、高计算结果与实际微地震数据所得结果的相对误差如图 2-15 所示，两者的总平均误差为 17%。

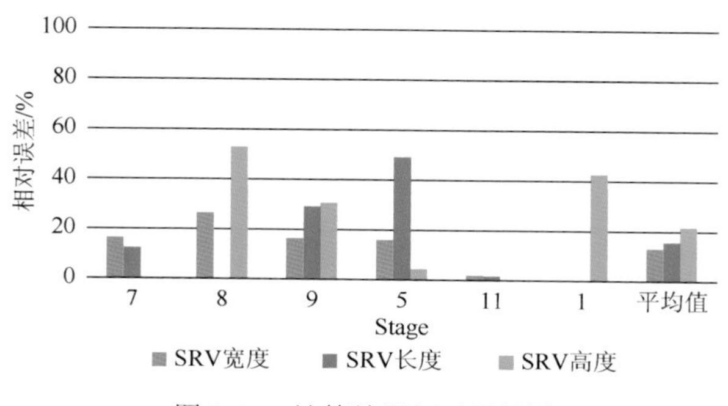

图 2-15　计算结果相对误差图

2.6　数值计算模拟法

1. 应力-压力场耦合模型

Ge 和 Ghassemi[24, 25]、Johri 和 Zoback[26]、Wang 等[27, 28]在应力-压力耦合模型的基础上，建立了 SRV 计算模型，能够模拟缝网压裂时，由于天然裂缝发生破坏，导致储层渗透率上升，进而影响 SRV 形成的现象。该类模型考虑了地层应力场和储层压力场的耦合变化，但其储层渗透率变化值由经验公式获得，或需要微地震数据校正，导致可靠性不足。Nassir 等[29]也基于应力-压力耦合模型建立了 SRV 表征模型，并利用天然裂缝破坏后的开度计算渗透率上升值，具有更强的理论基础，但该模型为二维平面模型，且仅考虑了单裂缝平面延伸的情况（图 2-16）。

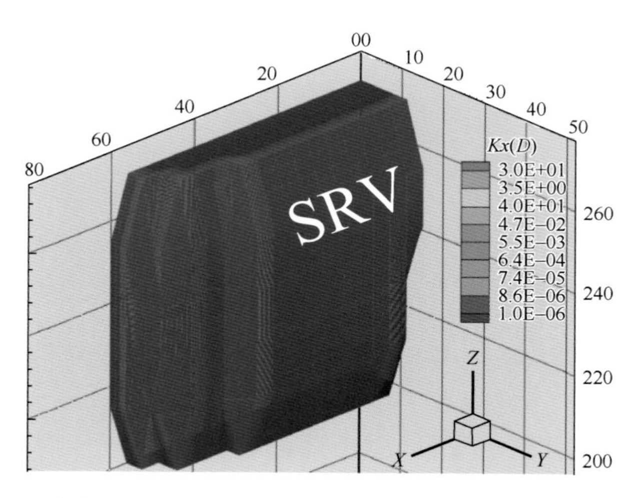

图 2-16　考虑地层应力场与流体压力场变化的单缝压裂 SRV 模拟图[29]

2. 应力-压力场半耦合模型

孙瑞泽[30]、Lin 等[31-33]、Ren 等[34]基于多裂缝平面非均匀延伸模型、地层应力场模型、储层压力场模型，以及天然裂缝破坏准则，建立了一套 SRV 数值评价方法，并与现场微地震监测结果进行了对比验证。该方法考虑了地层应力场和储层压力场共同对 SRV 造成的影响，但尚未能模拟水力裂缝的转向延伸行为，也忽略了缝网压裂过程中 SRV 的扩展与储层渗透率逐步上升之间相互促进的耦合关系（图 2-17）。

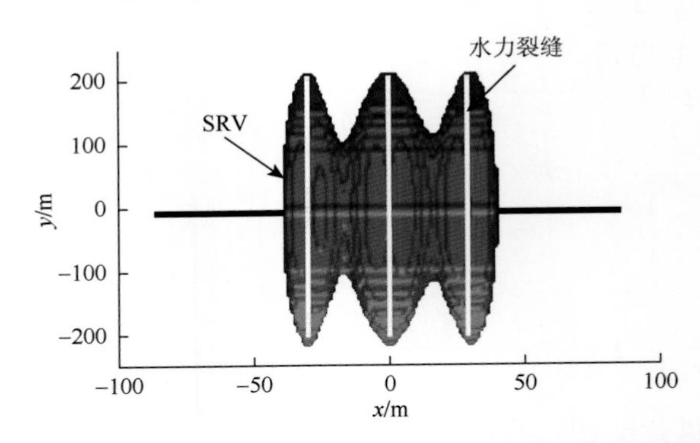

图 2-17　考虑地层应力场与储层压力场半耦合的多缝压裂 SRV 模拟图[33]

3. 应力-压力-全耦合模型

Ren 等[35]在基于多裂缝非平面非均匀延伸模型、离散天然裂缝建模、地层应力场模型、储层压力场模型与天然裂缝破坏准则，建立了更为完善的 SRV 数值模拟方法，该方法考虑了缝网压裂过程中 SRV 的扩展与储层渗透率逐步上升之间相互促进的全耦合关系（图 2-18）。

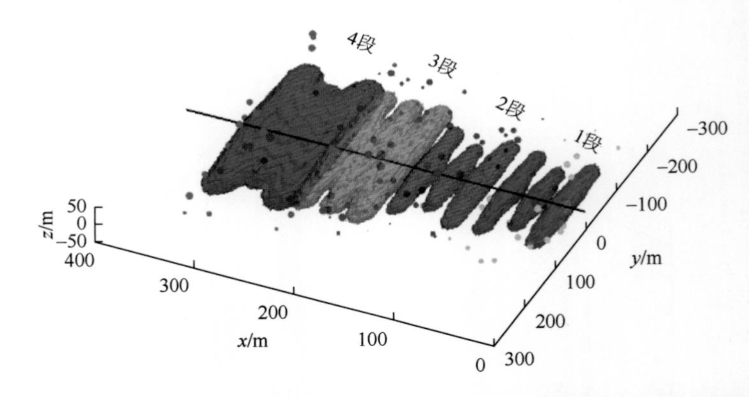

图 2-18　考虑地层应力场与储层压力场全耦合的多缝压裂 SRV 模拟图[35]

2.7　现 状 总 结

综上所述，针对页岩气水平井缝网压裂的 SRV 评价的主要方法可分为两大类：直接监测法和数学计算法。

目前，SRV 评价的直接监测法主要包括微地震监测法、倾斜仪监测法、电磁感应成像法。该类方法通过不同的现场监测、测量反演、感应成像对 SRV 进行直接表征，各方法的优缺点如表 2-1 所示。

3.2.2 区域地质

涪陵页岩气示范区位于于四川盆地东部川东高陡褶皱带、盆地边界断裂齐岳山（也称七曜山）大断裂以西，是万州复向斜内一特殊的正向构造。与其两侧的北东向或近南北向狭窄高陡背斜不同，焦石坝构造主体为似箱状断背斜构造，主体平缓，变形较弱，断层不发育，边缘被北东向和近南北向两组逆断层夹持围限，呈菱形，以断隆、断凹与齐岳山断裂相隔。

晚奥陶世—早志留世，受多期构造作用的影响，形成黔中隆起、川中隆起、雪峰古隆起 3 个隆起夹持的向北开口的陆棚，早中奥陶世具有广海特征的海域转变为被隆起所围限的局限海域，形成大面积低能、欠补偿、缺氧的沉积环境。奥陶纪末和志留纪初，发生了两次全球性海侵，形成焦石坝地区五峰组—龙马溪组页岩。焦石坝地区下志留统龙马溪组页岩层系自下而上依次由深水陆棚逐渐过渡为浅水陆棚沉积。从海侵体系域到高位体系域，保持了长时间的深水缺氧环境，为有机质富集、保存提供了有利场所，沉积了岩性较单一、细粒、厚度大、分布广泛、富含生物化石的富有机质泥页岩。龙马溪组上部主要为一套浅水陆棚相浅灰色、灰色泥岩，中部发育一套盆地边缘上斜坡相的灰色—深灰色泥质粉砂岩、灰色粉砂岩，下部为一套深水陆棚相深灰色—黑色炭质泥页岩。焦页 1 井、焦页 2 井、焦页 3 井和焦页 4 井钻探表明，焦石坝地区位于深水陆棚的沉积中心，黑色泥页岩主要发育在五峰组至龙马溪组底部，生物化石丰富，局部富集成层，岩性以（灰）黑色炭质泥页岩为主，厚度为 35～45m（图 3-2、图 3-3）。

3.2.3 数据准备

储层预测模型的质量，除了采用比较科学的空间插值或模拟算法，在很大程度上依赖于准确的、具有针对性的储层地质知识库。一般地，储层建模所需数据主要包括四种。①井筒资料，用于建立工区的井点数据：井位坐标，井轨迹、补心海拔高程、综合录井资料、岩心描述及分析化验资料、测井及综合解释成果资料、试油试采资料、生产动态资料。②地震资料，用于解释地层及构造信息的地震数据体、地震反演数据体，用于提供预测储层信息。③物探研究成果：地震资料可识别的地质反射层面（线）文件，断层线或断层多边形，储层横向预测成果。④地质基础研究成果：测井储层参数解释结果，地层对比及小层分层数据，单井相及平面相研究成果。根据涪陵焦石坝页岩气田实际情况，本书研究收集整理了以下两类数据，并整理成 PETREL2013 所需的格式。

1. 井数据

井数据包括井头数据（Well Head）、井斜数据（Well Dev）、单井测井数据（Well log）和地震数据（Well Sem）。据各单井试气地质报告综合分析选取井头数据（Well Head）、井斜数据（Well Dev）和单井测井数据（Well log）作为分析对象。目标井位参考含有上述数据的单井资料报告。

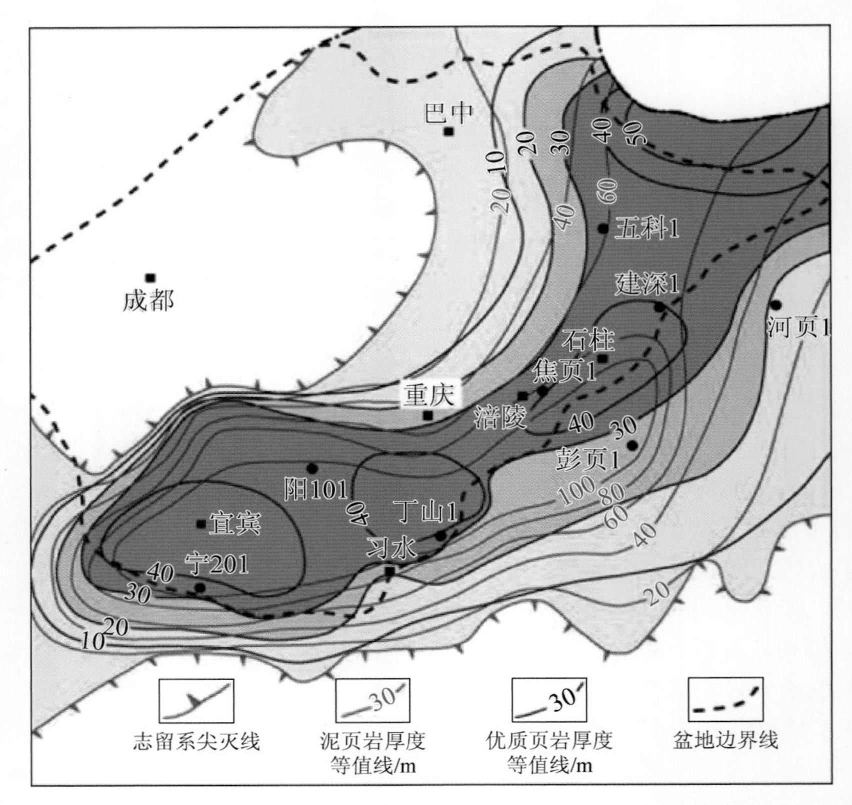

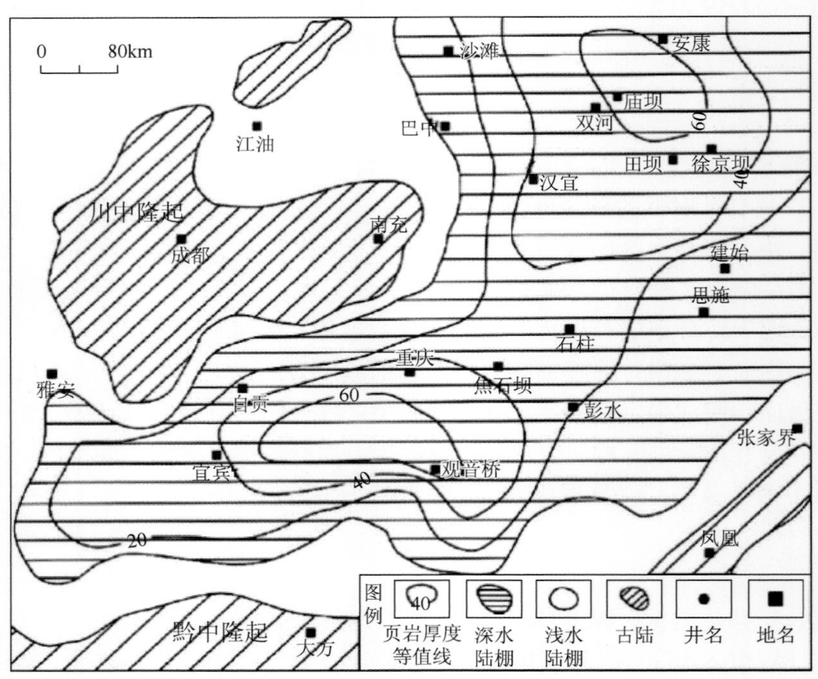

图 3-2　四川盆地及周缘五峰组底部—龙马溪组优质泥页岩分布图

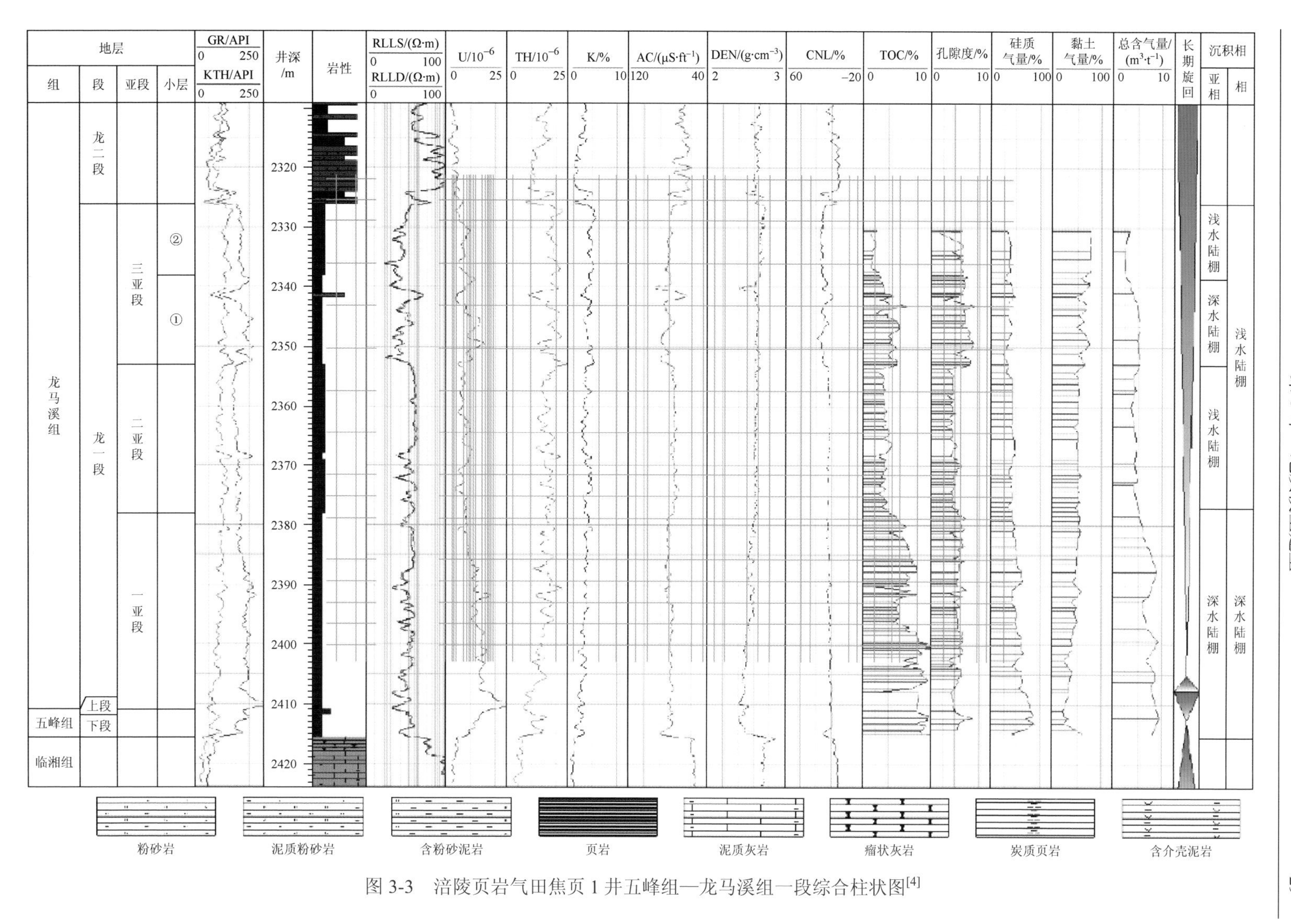

图3-3 涪陵页岩气田焦页1井五峰组—龙马溪组一段综合柱状图[4]

根据四川盆地石油地质研究中针对大地坐标的方法，统计各井口数据如表 3-2 所示。并采用 Python 中央子午经度设置的方法对坐标进行修正，以符合模型，亦符合实际情况。

表 3-2　井口数据

井	Y	X	测深/m	补心海拔/m	井	Y	X	测深/m	补心海拔/m
22-4	3288029.4	18743960.7	4845	588.36	11-1	3288600.7	18748465.9	4320	483.38
30-1	3286861.8	18747403.4	4188	372.78	11-2	3288605.5	18748476.2	4080	483.38
30-2	3286872.4	18747420.4	4055	372.78	11-3	3288577.9	18748487.5	4270	483.38
30-3	3286867.1	18747411.9	4238	372.78	14-1	3294660.3	18749436.8	4290	775.00
30-4	3286856.6	18747394.9	4506	372.78	14-2	3294630.1	18749474.1	4343	775.00
33-1	3285376.7	18749390.9	4150	546.6	14-3	3294622.5	18749467.5	4560	775.00
33-2	3285410.1	18749434.7	4170	546.6	15-2	3294775.4	18751196.8	4350	696.40
33-4	3285368.2	18749396.1	4052	546.6	15-3	3294765.9	18751197.4	5209	696.40
2-3	3287708.2	18746117.4	4518	562.7	60-1	3276342.9	18740802.1	4723	413.00
3-2	3286551.2	18750274.2	4576	684	60-3	3276363.5	18740848.7	4677	413.00
3-3	3286546.3	18750284.8	3561	684	24-3	3286322.3	18740807.0	5040	426.90
6-1	3293854.5	18747261.6	4482	803.74	24-2	3286329.5	18740799.9	4710	426.90
6-3	3293871.0	18747253.5	4584	804.07	24-4	3286287.8	18740773.5	5038	428.40
8-1	3294261.6	18751538.8	4498	666.38	24-5	3286294.9	18740766.5	5090	428.40
8-3	3294268.1	18751527.6	4340	666.38	48-2	3280402.4	18745538.0	4256	523.78
2-1	3287720.5	18746109.1	4291	557.5	25-1	3286879.3	18740744.8	4537	466.61
3-1	3286576.0	18750292.2	4086	684	25-2	3286867.9	18740783.6	4395	466.61
47-1	3280303.6	18735579.1	4985	471.11	25-3	3286880.0	18740784.9	4576	466.61
47-3	3280305.2	18735619.0	5332	469.61	47-5	3280314.6	18735615.5	5015	469.61

2. *分层数据*

层位数据包括分层数据（Well Top）和小层数据（Well Surface）。分层数据的选取需要较为精确的基础资料。目的层段多为水平井段，采用水平井段的层位数据在计算层面时会产生极大偏差，为此，主要选取焦页 1 井、焦页 2 井、焦页 3 井和焦页 4 井的分层数据作为初始模拟点，以及各井测井解释分层测深作为检验点（表 3-3）。

表 3-3　分层数据

井名	测深/m	顶界	井名	测深/m	顶界	井名	测深/m	顶界
1	2410.5	洞草沟组	1	2326.2	龙马溪组	2-2	3117.2	五峰组
2	2569.0	洞草沟组	2	2476.8	龙马溪组	2-3	3992.0	五峰组
3	2411.5	洞草沟组	3	2304.8	龙马溪组	2-3	3070.0	五峰组

续表

井名	测深/m	顶界	井名	测深/m	顶界	井名	测深/m	顶界
4	2588.9	涧草沟组	4	2512.2	龙马溪组	2HF	3886.2	五峰组
2-2	3503.0	涧草沟组	2-2	2779.2	龙马溪组	2HF	3941.6	五峰组
2-2	3748.0	涧草沟组	2-3	2730.2	龙马溪组	3-2	3310.0	五峰组
2-3	3204.0	涧草沟组	2HF	2550.2	龙马溪组	6-1	4373.2	五峰组
2-3	3231.8	涧草沟组	3-2	2388.8	龙马溪组	6-3	3345.0	五峰组
3-2	4356.0	涧草沟组	3-3	2400.0	龙马溪组	6-3	4000.0	五峰组
6-3	3463.8	涧草沟组	3HF	2389.2	龙马溪组	8-1	3608.8	五峰组
6-3	3532.6	涧草沟组	6-1	2702.8	龙马溪组	8-1	3950.0	五峰组
6-3	3620.0	涧草沟组	6-2	2606.2	龙马溪组	8-3	2895.0	五峰组
6-3	3648.0	涧草沟组	8-1	2627.2	龙马溪组	8-3	3175.0	五峰组
8-1	3708.0	涧草沟组	11-1	2568.0	龙马溪组	8-3	3825.0	五峰组
8-1	3842.0	涧草沟组	11-3	2463.4	龙马溪组	11-1	2743.2	五峰组
8-3	3976.8	涧草沟组	14-1	2585.2	龙马溪组	11-1	3610.0	五峰组
8-3	4032.8	涧草沟组	14-2	2588.0	龙马溪组	11-3	2782.0	五峰组
8-3	3980.0	涧草沟组	14-3	2706.2	龙马溪组	14-1	3203.8	五峰组
8-3	4040.0	涧草沟组	15-1	2502.0	龙马溪组	14-1	3418.4	五峰组
11-1	2772.6	涧草沟组	15-3	2846.0	龙马溪组	14-2	3160.0	五峰组
11-1	2835.0	涧草沟组	22-3	2756.0	龙马溪组	14-2	3650.0	五峰组
11-1	3223.4	涧草沟组	22-4	2776.4	龙马溪组	14-3	3400.0	五峰组
11-1	3266.8	涧草沟组	23-1	2638.2	龙马溪组	14-3	3600.0	五峰组
11-3	3557.0	涧草沟组	24-1	2596.0	龙马溪组	14-3	4260.0	五峰组
11-3	3821.0	涧草沟组	24-2	2902.2	龙马溪组	14-3	4440.0	五峰组
14-2	3414.2	涧草沟组	24-3	3051.0	龙马溪组	15-1	2738.2	五峰组
14-2	3553.2	涧草沟组	24-4	2901.0	龙马溪组	15-1	2800.0	五峰组
24-4	4761.0	涧草沟组	24-5	3017.6	龙马溪组	15-1	3645.2	五峰组
24-4	4896.6	涧草沟组	25-1	2638.0	龙马溪组	15-1	3860.0	五峰组
25-1	3465.8	涧草沟组	25-2	2537.0	龙马溪组	15-3	3670.0	五峰组
25-1	3485.4	涧草沟组	25-3	2719.2	龙马溪组	15-3	3845.0	五峰组
25-2	3432.0	涧草沟组	30-1	2367.4	龙马溪组	15-3	5120.0	五峰组
25-2	3442.0	涧草沟组	30-2	2309.2	龙马溪组	15-3	5180.0	五峰组
30-2	4017.6	涧草沟组	30-3	2473.8	龙马溪组	22-3	3785.0	五峰组
47-1	4545.0	涧草沟组	30-4	2500.0	龙马溪组	22-3	3815.0	五峰组
47-1	4945.0	涧草沟组	33-1	2412.2	龙马溪组	22-4	3465.0	五峰组
60-1	3908.2	涧草沟组	47-1	3473.2	龙马溪组	23-1	4347.0	五峰组
60-1	3680.0	涧草沟组	47-2	3455.2	龙马溪组	24-2	3690.0	五峰组

续表

井名	测深/m	顶界	井名	测深/m	顶界	井名	测深/m	顶界
60-1	3910.0	洞草沟组	47-3	3347.2	龙马溪组	24-2	4160.0	五峰组
24-5	4745.0	五峰组	47-5	3447.8	龙马溪组	24-3	3920.0	五峰组
25-1	3100.0	五峰组	48-2	2764.2	龙马溪组	24-3	4740.0	五峰组
25-1	3625.0	五峰组	56-6	3130.0	龙马溪组	24-4	3850.0	五峰组
25-2	3100.0	五峰组	60-1	2993.2	龙马溪组	24-4	3995.0	五峰组
25-2	3150.0	五峰组	60-2	3024.6	龙马溪组	24-4	4075.0	五峰组
25-2	3260.0	五峰组	60-3	3075.0	龙马溪组	24-5	3555.0	五峰组
25-3	3630.0	五峰组	47-1	4520.0	五峰组	30-1	3750.0	五峰组
25-3	3965.0	五峰组	47-1	4994.0	五峰组	30-2	3870.0	五峰组
25-3	4100.0	五峰组	47-3	3505.0	五峰组	30-3	2791.0	五峰组
30-1	2730.0	五峰组	47-3	3725.0	五峰组	30-4	2875.0	五峰组
30-1	2860.0	五峰组	47-3	4410.0	五峰组	30-4	3590.0	五峰组
60-1	3510.0	五峰组	47-3	4760.0	五峰组	33-2	3040.0	五峰组
60-1	4435.0	五峰组	47-5	3645.0	五峰组	33-2	3400.0	五峰组
60-2	4175.0	五峰组	47-5	3800.0	五峰组	33-4	3450.0	五峰组
60-2	4280.0	五峰组	48-2	3649.4	五峰组	47-1	3795.0	五峰组
56-6	4445.0	五峰组	48-2	4120.0	五峰组	47-1	4065.0	五峰组

此外，选取试气地质报告附图 1 进行数值化分析等值线取点修正与边界坐标定义，绘制龙马溪组底部和五峰组构造，作为储层参数平面图原始数据。

3.2.4　模型边界及网格设计

为建立更符合气藏实际的地质模型，原则上模型边界离最近一口井不超过 2km。本次工作主要围绕单井储层基本地质特征（层位划分、不同层位储层物性、含气性、岩石力学参数、地应力大小和方向等）分析和建立单井储层地质模型，并由此建立井组储层地质模型。为此，首先应充分认识构造与沉积储层特征，为后续模型建立提供数据和资料。该区测井资料较为丰富，常规测井曲线有井径、自然伽马、补偿声波、补偿中子、补偿密度、孔隙度、渗透率、含水饱和度、有机质丰度等。测井数据基本达到储层三维地质建模的要求，可建立三维孔渗饱模型和岩石力学参数、地应力模型。此次模型定义包绕气田边界的不同规模的断层为模型的边界（图 3-4）。

在建模过程中，合理的网格设计非常重要：三维模型的网格尺寸划分越小，标志着模型越精细，其精度也越高，但是在实际应用中，网格大小的划分受计算机硬件和所建模型精度要求的制约。一方面，为了控制地质体的形态及保证建模精度，网格应尽可能小；另一方面，为了节省计算机资源，网格又不能无限小。因此，应根据具体情况设计出合适的

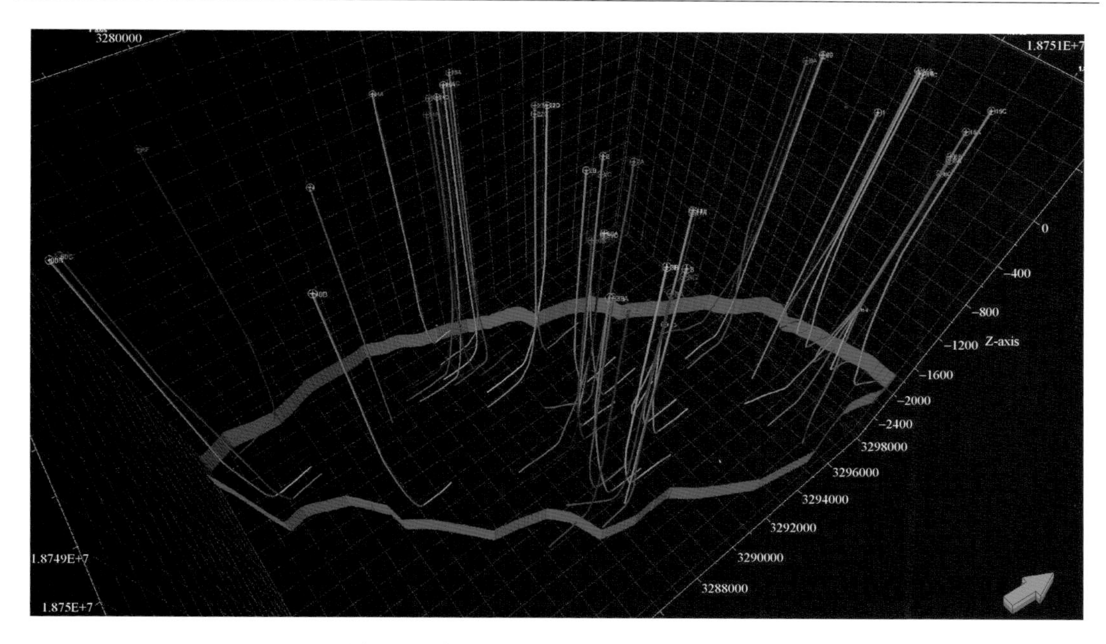

图 3-4　焦石坝地区井位分布及模型范围

网格系统。在本书中，考虑到工区内多数井距为 1～2km 的实际情况，将平面网格间距设计为 25m×25m，这样使得井与井之间具有 10 个以上的网格；而纵向上设计每 0.5m 一个网格，这样可以识别出厚度小于 1m 的储层。因此，本次储层精细建模五峰组—龙马溪组底部采用 25m×25m×5m 的网格系统，整个模型网格总数为 650×925×110=66137500 个（图 3-5）。

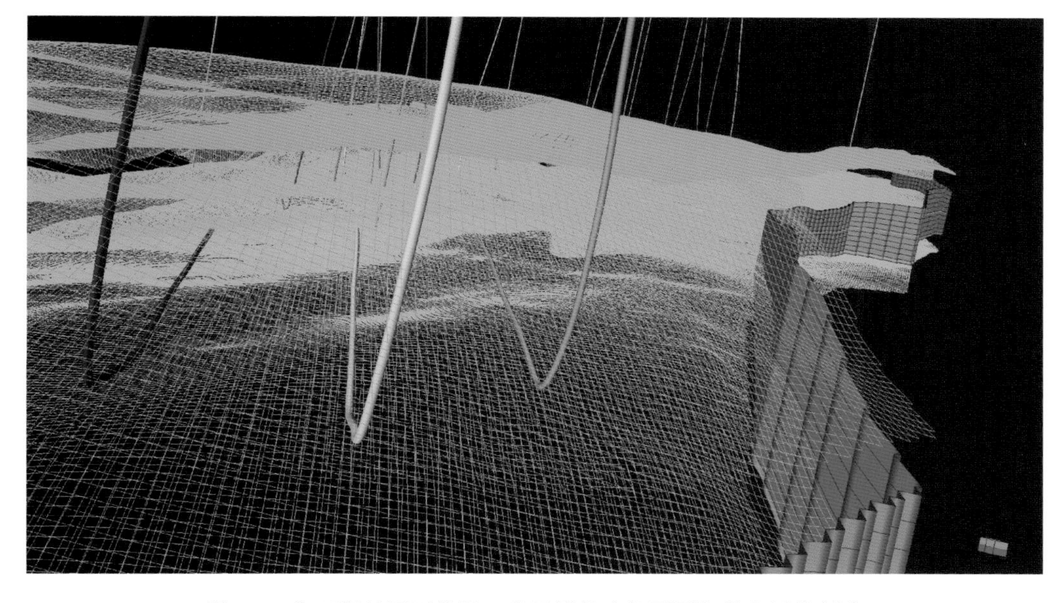

图 3-5　焦石坝地区五峰组—龙马溪组底部平面与纵向网格划分

3.2.5 三维构造建模

三维构造模型是地质建模的研究内容之一，它反映储层的空间格架，是地层模型、沉积相模型以及属性模型的基础。构造建模以三维地震解释成果和钻井资料为主，充分考虑断层的空间组合关系，做到地质断点与地震断面的空间闭合，确定油藏断裂系统模型，在断裂系统模型基础上，建立构造模型。一般地，构造模型由断层模型和层面模型组成：断层模型反映断层面在三维空间上的展布情况，一般情况下根据地震解释和井资料来确定，大的断层一般可以作为模型的边界；层面模型反映的是地层界面的三维分布，叠合的层面模型即为地层的框架模型。建立层面模型时需要注意的是：为了保证后续相建模（或沉积相模拟）能够在合适的地层空间中进行，层面的选择及各井的层组划分对比按等时地质对比原则进行。

1. 断层加载

断层模型采用地震解释的断层描述数据来建立，首先导入断层及解释层面数据文件，实施质量控制，为构造建模提供可靠的基础数据。根据输入的断层多边形，定义断层 Key Pillar，并逐条对剖面进行检测，准确描述断层的倾角、方位角、长度和形状等空间几何形态，精确描述断面特征、空间特征及断层间的切截关系，并形成断层面。该区块以断层为边界，工区内断层发育，但缺乏断层地震数据，故仅做分析而并未进行模型建立的应用。

2. 构造模型

构造模型的工作主要是恢复古地貌的原型。根据试气地质报告进行数值化分析等值线取点修正与边界坐标定义，绘制龙马溪组及各小层和五峰组构造。该方法将龙马溪组主力产层段顶部等值线数据作为约束条件，用以控制各小层的古地貌恢复。对解释层面网格化，两小层成图如下所述。

（1）基于 PETREL2013 的数字化功能和海相深水沉积厚度变化趋势恒定的特点，受限于平面展布图缺乏，采用顶面模型进行约束，通过数口井的分层数据，计算各井点的储层厚度，利用克里金插值法对龙马溪组底部主力产层段顶部构造图进行数字化，然后采用克里金插值法，建立龙马溪组主力产层（即地质分层第 3～9 小层）的顶面模型（图 3-6、图 3-7）。

（2）底部五峰组顶底模型构建方法类似，得到主力产层五峰组顶面、底面模型。

为了达到精细的建模要求，利用 Layering 模块对构造模型进一步细分，使得纵向分辨率控制在 0.5～1m，其中包括龙马溪组较厚层，分层层厚为 1m，五峰组较薄层段再度分层，每小层为 0.5m。

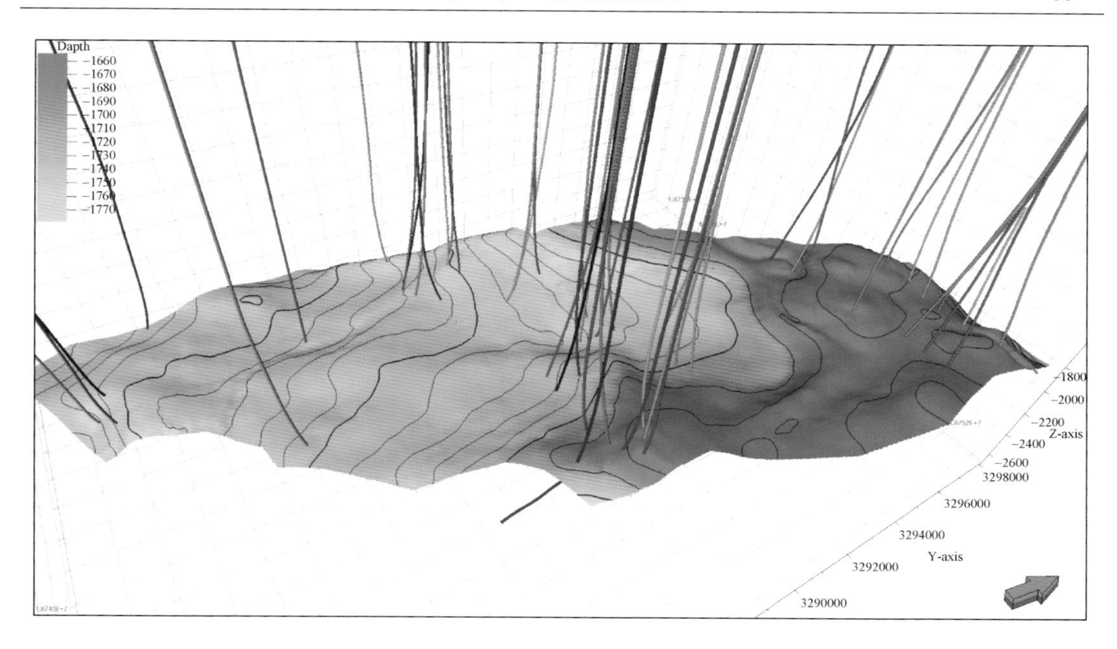

图 3-6 焦石坝地区龙马溪组底部（地质 9 分顶层）顶层面模型

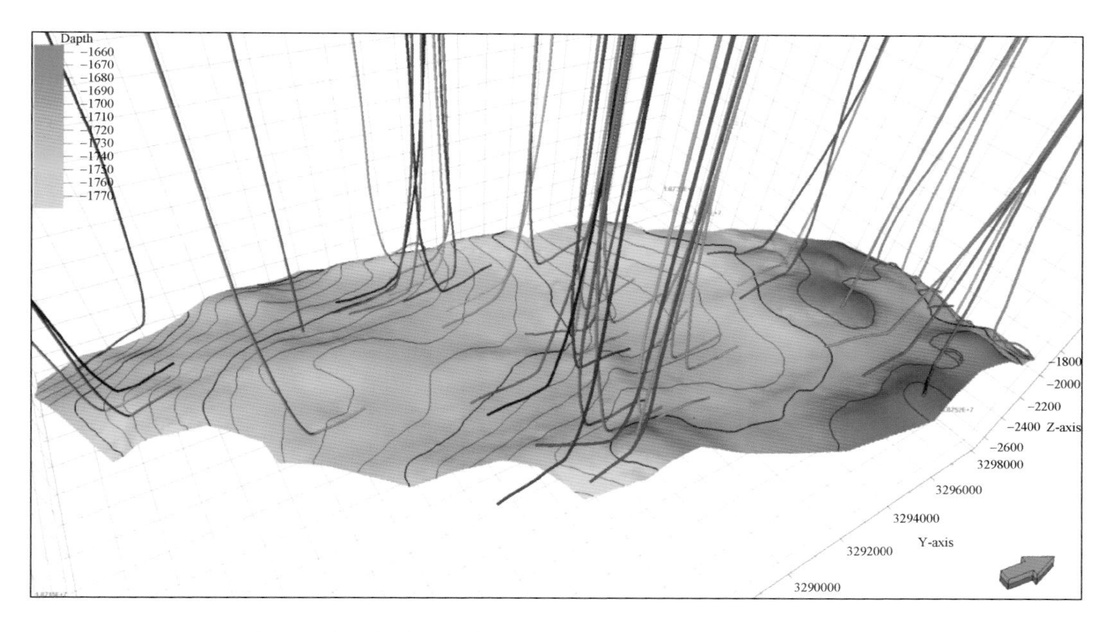

图 3-7 焦石坝地区五峰组底部（地质 9 分底层）底层面模型

分析认为，构造形态忠实于原始数据，区块内断层对构造影响较小；地层垂向厚度变化均匀，无任何奇异值；模型中的网格采用等比例差值法建立，无任何交叉、扭曲现象；与资料对照，模型构造层面与井点地层深度完全一致，与海相沉积特征十分符合（图 3-8、图 3-9）。

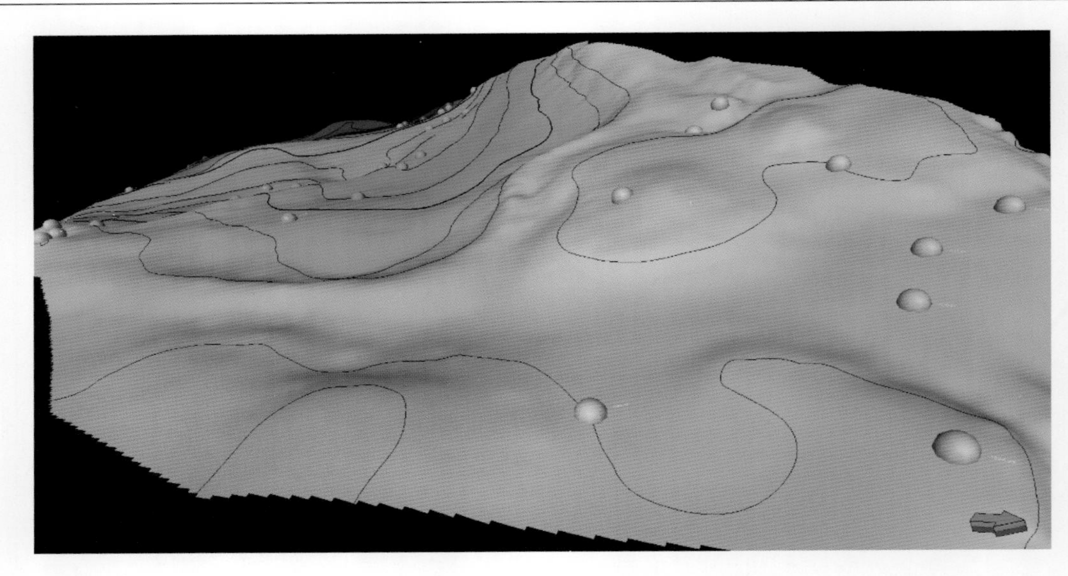

图 3-8　焦石坝地区五峰组底部与井点对照图

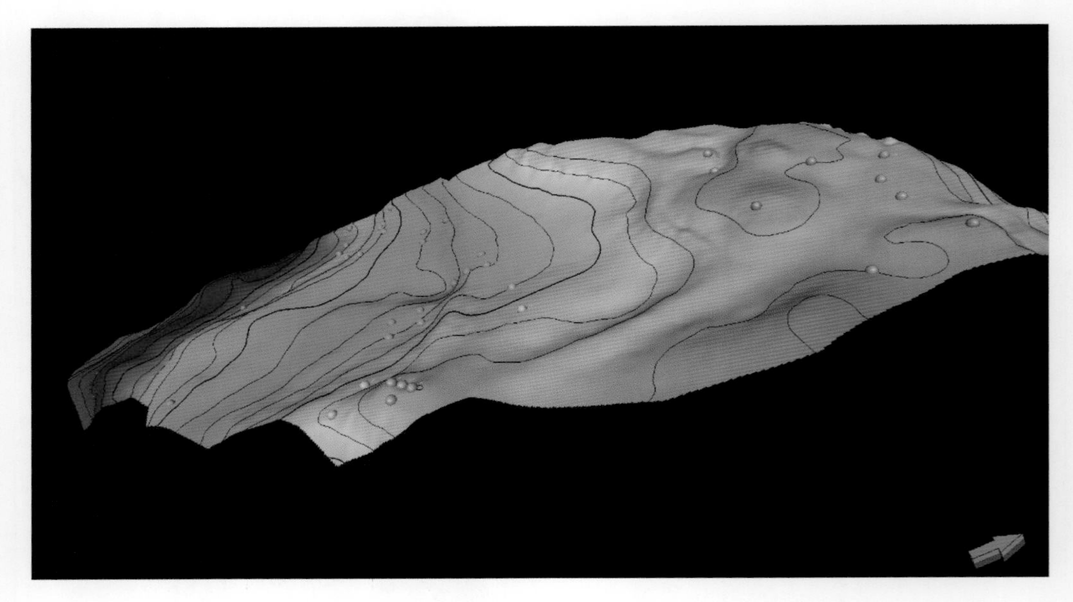

图 3-9　焦石坝地区龙马溪组底（9 分段）顶部与井点对照图

综合分析可见，所建构造模型与地质认识吻合，能够较为真实地反映涪陵页岩气田五峰组—龙马溪组底部的构造特征（图 3-10）。

3.2.6　属性模型

一般地，储层参数建模就是建立油气藏属性（孔隙度、渗透率、饱和度）在三维空间的定量分布模型，这一直是气藏描述的重点和难点。

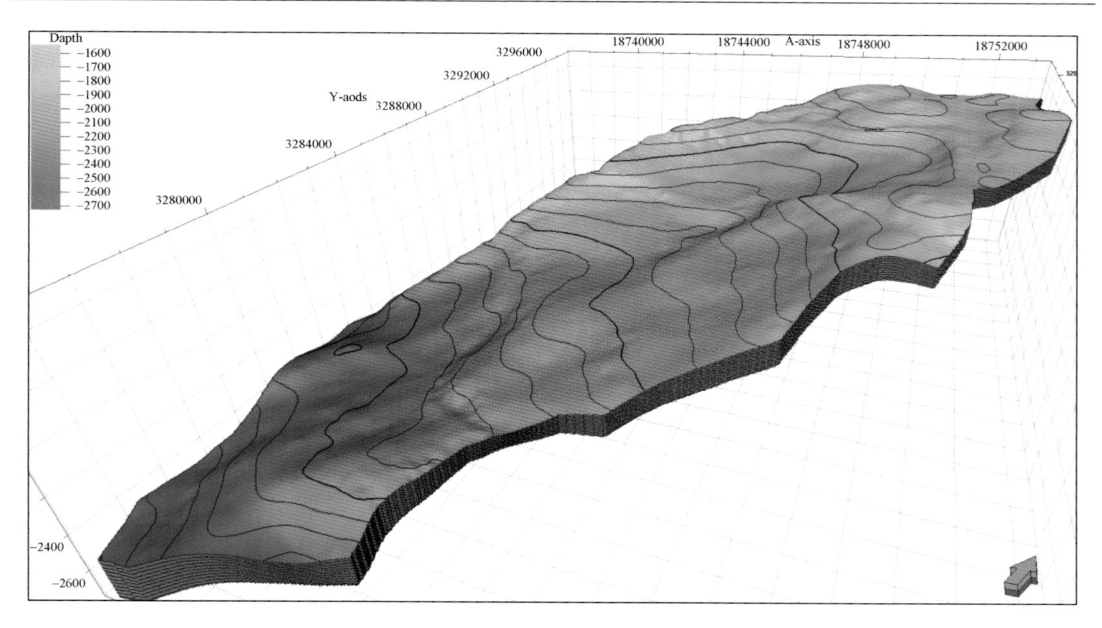

图 3-10　焦石坝地区五峰组—龙马溪组底部构造模型

首先，对构造模型进行三维网格化；然后，利用井数据，按照一定的插值（或模拟）方法对每个网格进行赋值，建立储层属性的三维数据体。一般地，网块尺寸越小，标志着模型越细；每个网块上的参数值与实际误差越小，标志着模型的精度越高。影响模型精度的因素很多，但主要有三个方面。

（1）资料丰富程度及解释精度。对于给定的工区及给定的赋值方法，可用的资料越丰富，所建模型精度越高，另一方面，对于已有的原始资料，其解释精度亦严重影响储层模型的精度，如储层孔隙度、渗透率、含油气饱和度的测井解释精度则决定了储层参数建模所依赖的硬数据的可靠性。

（2）赋值方法。赋值方法很多，有传统的插值方法（如中值法、距离平方反比加权法等）、各种克里金插值法、各种随机模拟方法等，不同的赋值方法将产生不同精度的储层模型，所以建模方法的选择是储层建模的关键。

（3）建模人员的技术水平。建模人员的技术水平包括储层地质理论水平及对工区地质的掌握程度、计算机应用水平及对建模软件的掌握程度。

1. 数据分析

（1）正态变换。在本次属性建模研究中，将采用算法稳健的序贯高斯模拟方法，而在实际应用中，大多数地质数据是非高斯分布的。因此，首先需要将属性参数进行正态得分变换（变换为高斯分布）；然后通过变差函数获取变换后随机变量的条件概率分布函数，从条件概率分布函数中提取分位数，得到正态得分模拟实现；最后将模拟结果进行反变换，得到随机变量的模拟实现。因此，首先对孔、渗、饱等参数进行正态得分变换，转换为高斯分布。

（2）变差函数分析。在属性建模中，采用的是变差函数对属性进行空间预测，所以变差函数的分析是地质建模过程中的重要组成部分，其目的在于提取各种变差函数特征参数、统计特征等参数（变程、方位角等），在此分析基础上确定各物性参数在三维空间的展布规律，使建立的地质模型更具有地质意义，具有更高的可靠性。

2. 相分析与相模型

定义泥质含量模型为相划分模型雏形，也称岩性模型。砂泥是控制岩石力学参数的主要因素之一，因此准确分析砂泥特征，是研究本区岩石力学参数的基础。建立砂泥模型，首先要建立一个伽马曲线（GR）模型，通过 GR 与砂泥之间的关系得到砂泥模型（砂岩的 GR 低，泥岩的 GR 高）。考虑到焦石坝地区 GR 曲线受 U 影响较大，利用单井测井资料，根据无铀伽马（KTH）曲线与砂泥对应的关系，获得砂泥模型。参与运算的测井数据有自然电位（SP）、密度（DEN）、声波（AC）校正数据和 GR 归一化数据等数据体。在此基础上定义测井数据中泥质含量大于 35%的为泥岩，小于 35%为砂岩及其他岩性进行相划分。选择合适的理论变差模型，拟合理论变差模型的各项参数；确定储层发育的方位、延伸长宽度、控制因素确定主方向、最大和最小变程，由此进行相分析和模型建立。在对单井孔隙度解释基础上，利用以上地质统计学的统计和分析，建立泥岩与非泥岩的相模型。地层由下至上，泥页岩均占主导地位，模拟层顶部因数据点较少可能与实际情况有所变化，但总体上与以往认识较为一致（图 3-11、图 3-12）。北部区域泥质含量相对较高（绿色居多），向南逐渐有降低趋势（蓝色）。

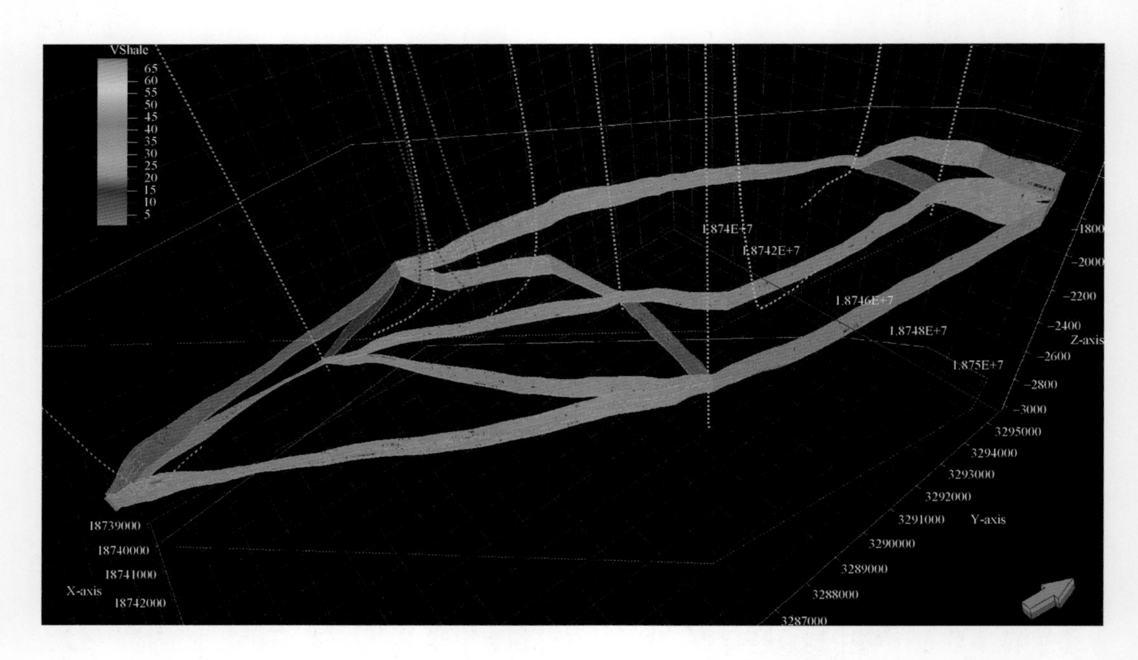

图 3-11　焦石坝地区五峰组—龙马溪组底部泥质含量栅状图

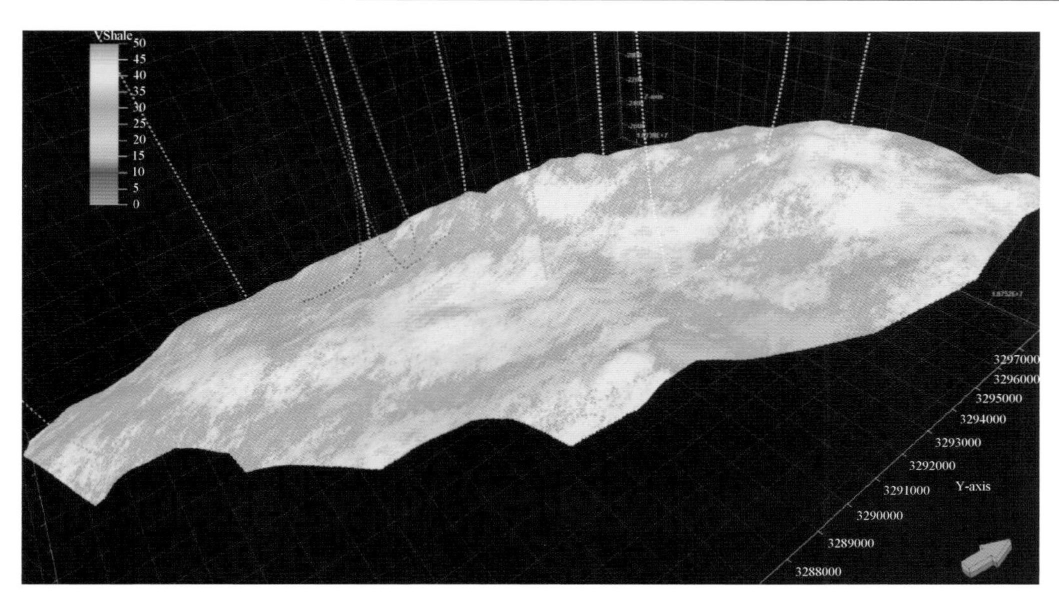

图 3-12　焦石坝地区五峰组—龙马溪组底部泥质含量对比图

3. 孔隙度模型

随机模拟的第一步是统计区域化变量的空间变差函数，描述储层物性等参数的空间分布特征；求取各参数的实验变差函数，选择合适的理论变差模型，拟合理论变差模型的各项参数；确定储层发育的方位、延伸长宽度、控制因素确定主方向、最大和最小变程。在对单井孔隙度解释基础上，利用以上地质统计学的统计和分析，在对 27 口单井孔隙度解释的基础上，建立了储层孔隙度模型（图 3-13～图 3-15），主要为 2.5%～6%。从模拟前

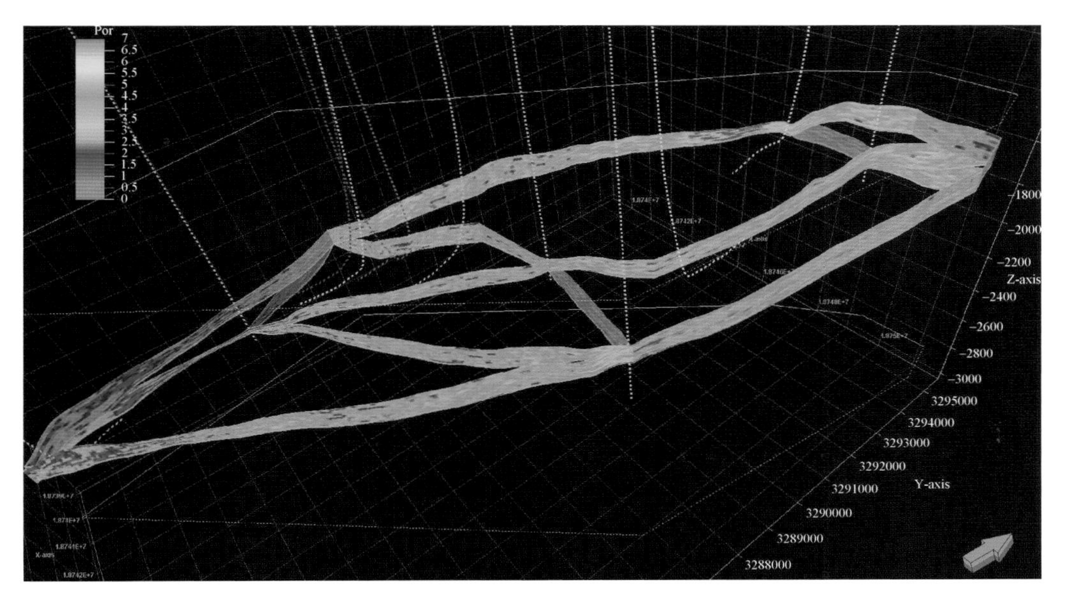

图 3-13　焦石坝地区五峰组—龙马溪组底部孔隙度模型栅状图（联井）

后孔隙度频率分布图上特征可以看出，孔隙度在模拟前和模拟后的分布形态较为一致，相关系数达到 0.8，且孔隙度受泥质含量制约，北部相对较高，南部相对较低，龙马溪组表现较为明显，但并非仅受到砂泥比影响，推测也与区块内微裂缝发育、古环境沉积因素和区块周缘断层发育有关。

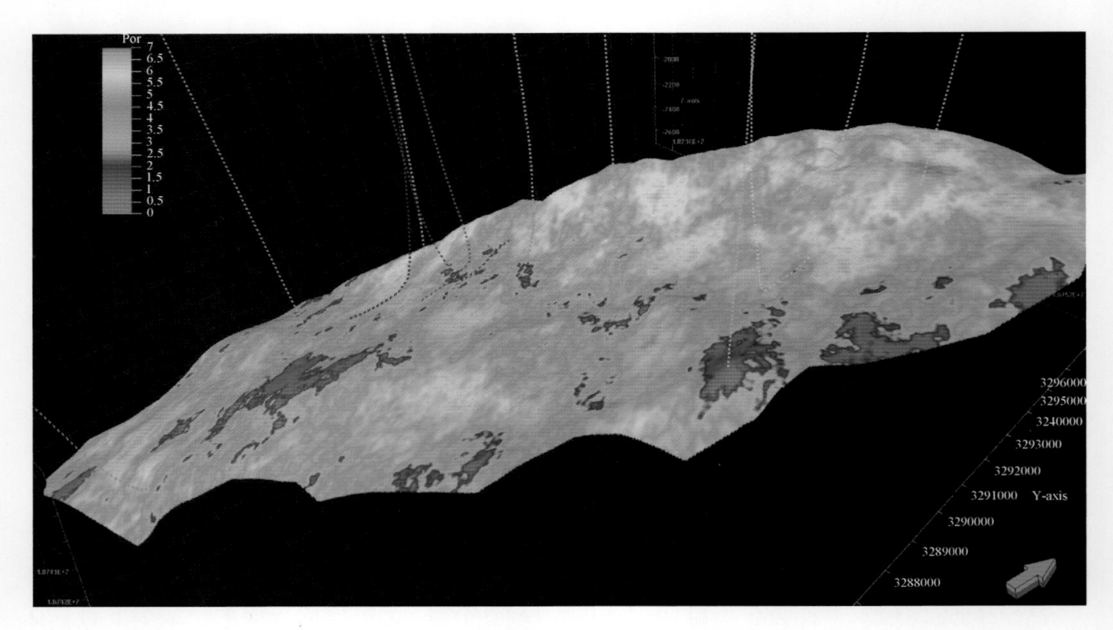

图 3-14　焦石坝地区五峰组孔隙度模型

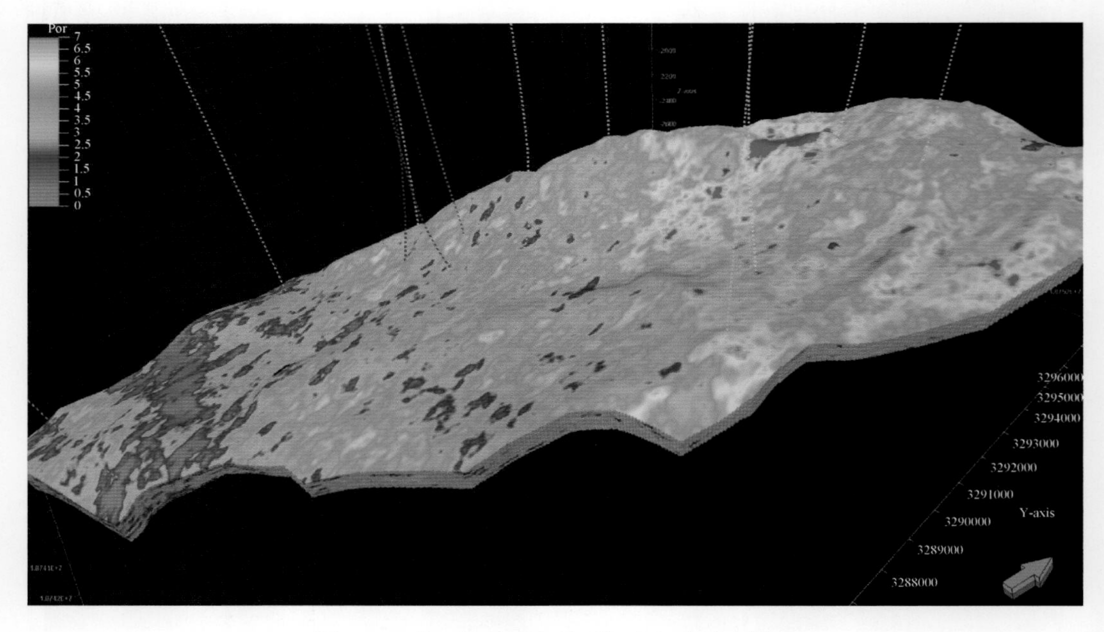

图 3-15　焦石坝地区龙马溪组底部孔隙度模型

4. 渗透率模型

渗透率是储集层特性中的关键参数，也是最好的空间敏感变量。但目前尚没有一种唯一用于渗透率分布建模的方法，在实际工作中，利用基于同位协同克里金的序贯高斯模拟方法，或采用高斯变换差值对其进行计算，然后对其进行模拟。在储层中，孔隙度与渗透率具有一定的相关性，为正相关性，所以可以以孔隙度作为第二变量进行协模拟。对比孔渗数据图进行分析，对比单井产能分析认为，渗透率存在高产临界值，且有超过该值产量将会下降的现象。针对渗透率的模拟结果如图 3-16～图 3-18 所示，主要分布在 0.2～0.4mD，北部和中部渗透率相对较高，而南部相对较低。中部区块呈明显高值，可能与微裂缝发育程度密切相关。

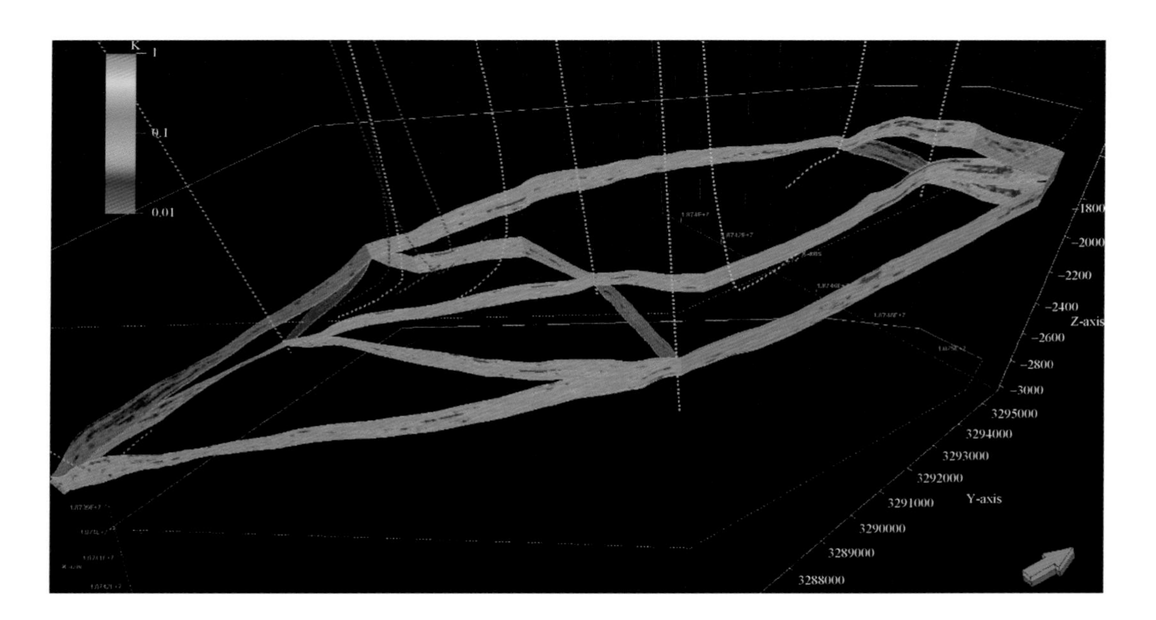

图 3-16　焦石坝地区五峰组—龙马溪组底部渗透率模型栅状图（联井）

5. 含水饱和度模型

根据测井解释的含水饱和度是由阿尔奇公式决定的：

$$R_{\mathrm{t}}=\frac{(abR_{\mathrm{w}})^{n}}{\varphi^{m}\cdot S_{\mathrm{w}}^{n}} \tag{3-1}$$

式中，R_{t}、R_{w} 为地层电阻率、地层水电阻率；m、n 为孔隙结构指数、饱和度指数；a、b 为与岩性有关的常数；S_{w} 为含水饱和度；φ 为孔隙度。

由式（3-1）可知，含水饱和度是与孔隙度呈负相关的，因此在进行含水饱和度模拟时，也采用的是协同序贯高斯模拟法，拟合结果与插值结果相似系数为 0.77，再以前面已

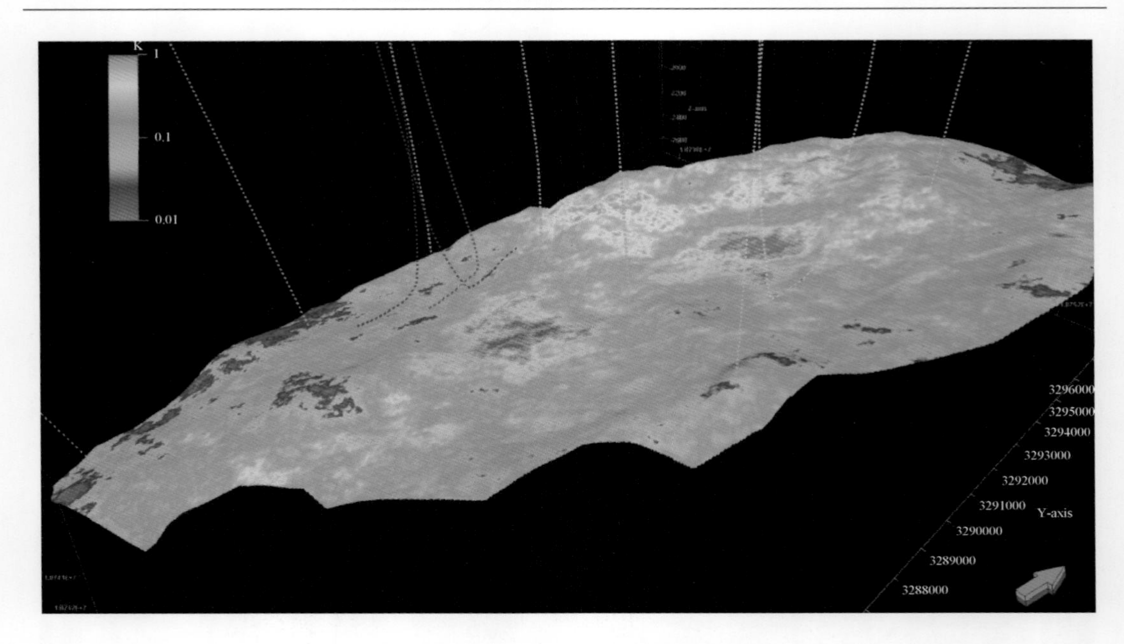

图 3-17　焦石坝地区五峰组渗透率模型

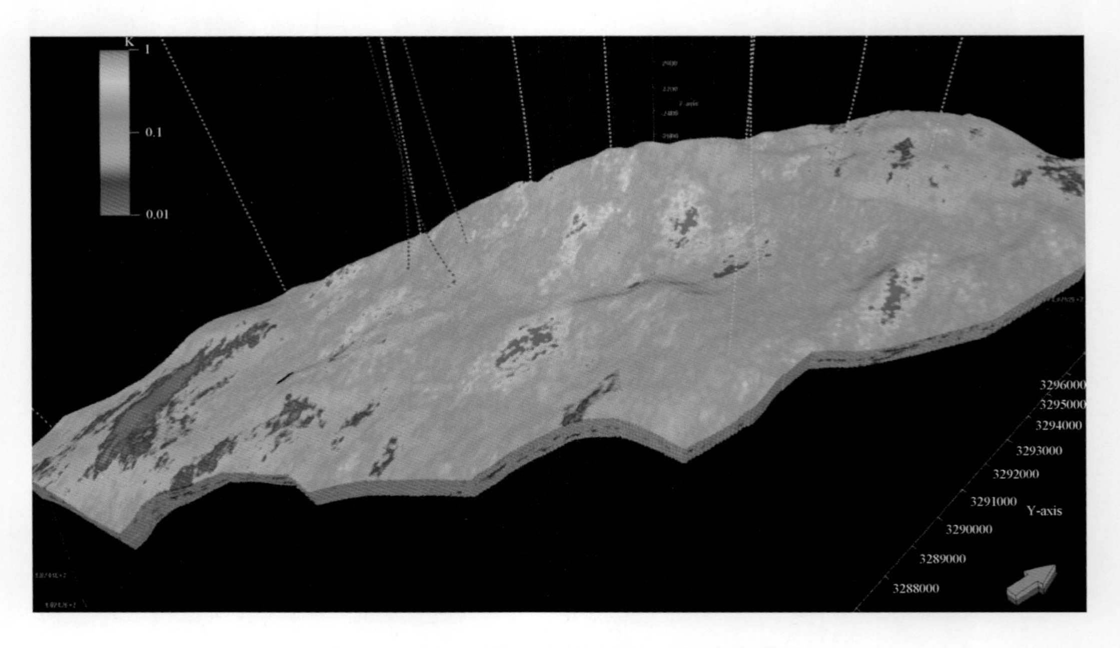

图 3-18　焦石坝地区龙马溪组底部渗透率模型

经模拟好的孔隙度模型作为软数据，以原始数据中孔隙度和含水饱和度的相关系数作为协同因子，即可模拟出五峰组和龙马溪组底部含水饱和度的空间分布图（图 3-19～图 3-21），总体来看，区内含水饱和度主要为 35%～60%，五峰组构造边缘部位含水饱和度较高，而龙马溪组南区含水饱和度较高。

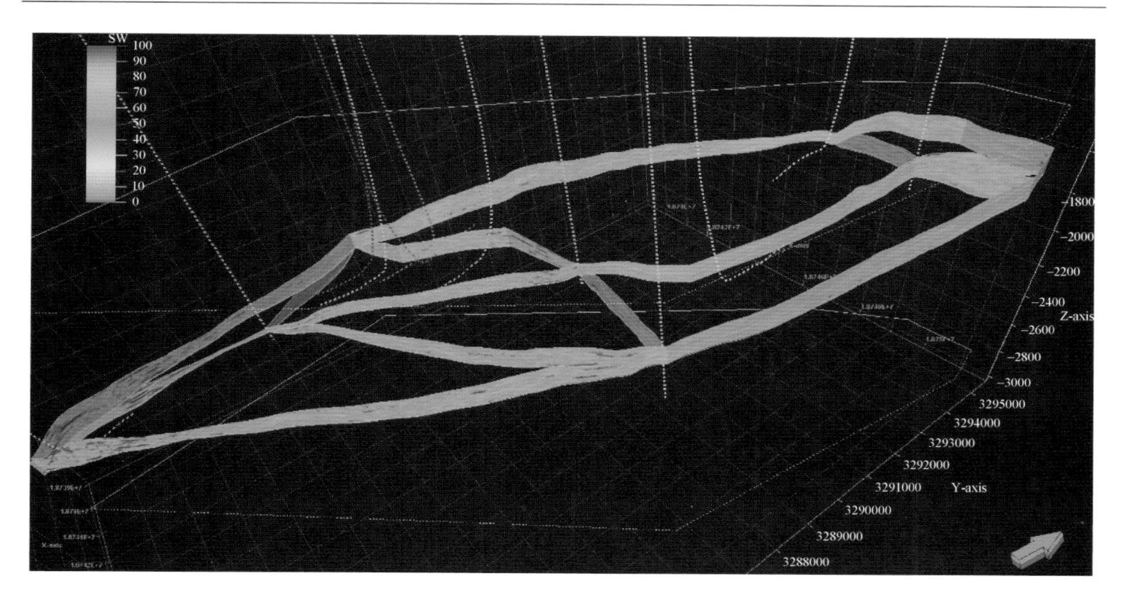

图 3-19　焦石坝地区五峰组—龙马溪组底部含水饱和度模型栅状图（联井）

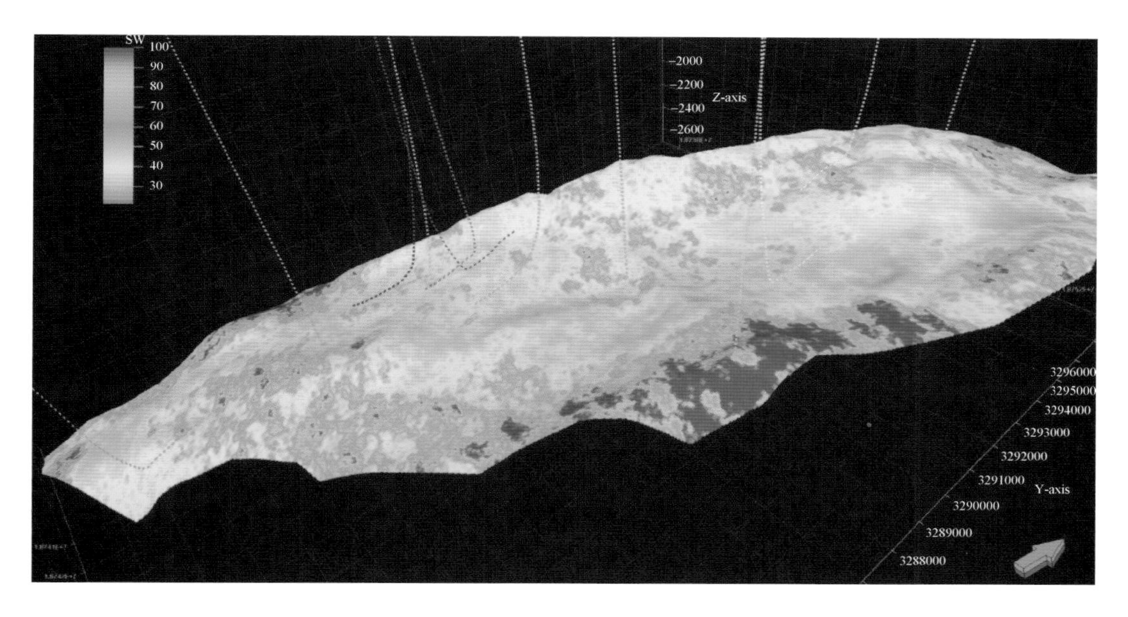

图 3-20　焦石坝地区五峰组含水饱和度模型

6. 含气性分析模型

含气性分析将测井解释中的总有机碳（total organic carbon，TOC）作为初始变量，并采用与上述物性参数相同的计算方法进行计算。计算结果与拟合结果的相似系数达到0.8。再将其与孔隙度模型作为协同因子，进行对比和相互约束，得出明显的正相关性，与渗透率、孔隙度模型对比均显示出较好的正相关性，而与含水饱和度对比则明显呈负相

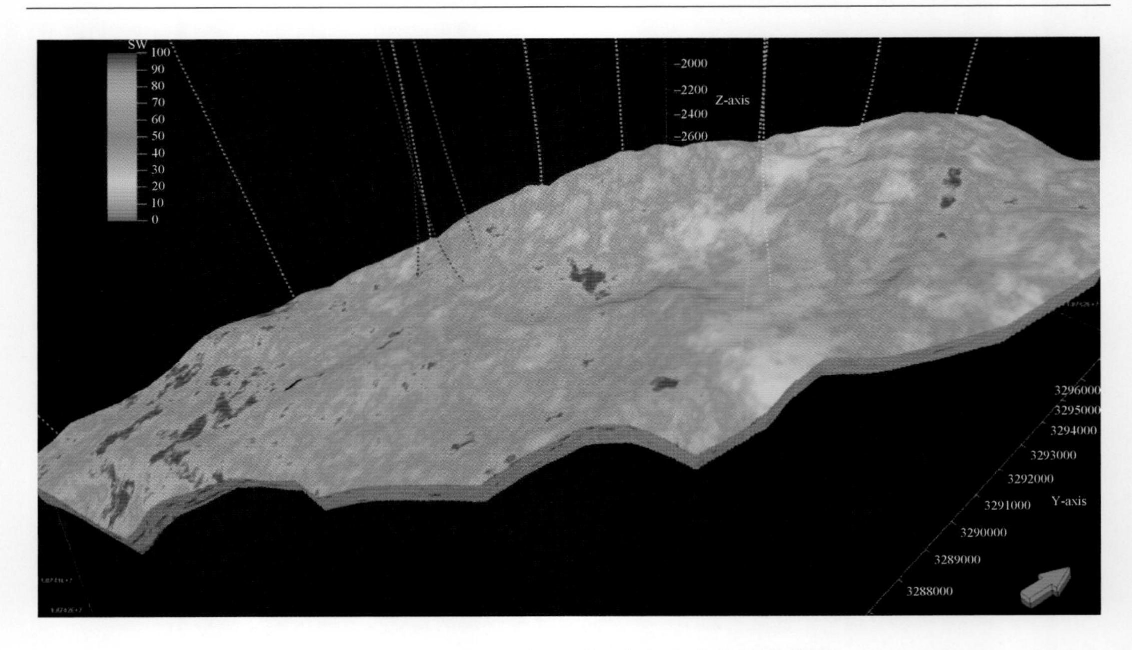

图 3-21　焦石坝地区龙马溪组底部含水饱和度模型

关性，多分布在 2%～5.5%。龙马溪组一段 TOC 相对较低，而五峰组 TOC 明显较高，但各层中均呈现区块中部偏北 TOC 较高的特点，推测与有机质生烃过程有密切关联。最终的分析模型如图 3-22～图 3-24 所示。

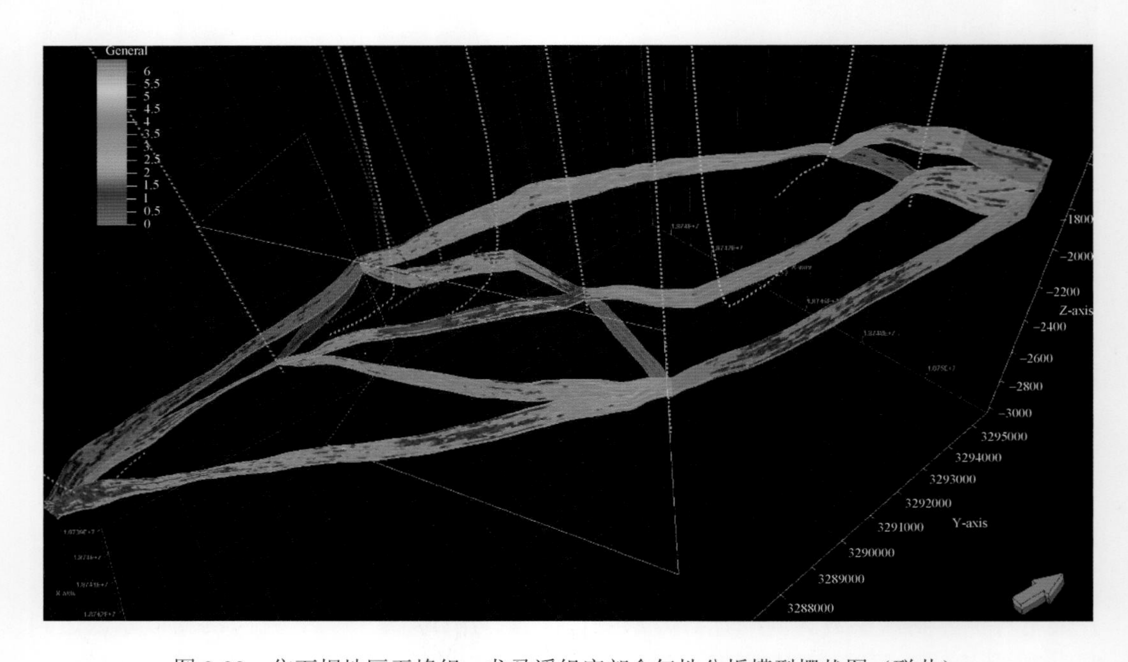

图 3-22　焦石坝地区五峰组—龙马溪组底部含气性分析模型栅状图（联井）

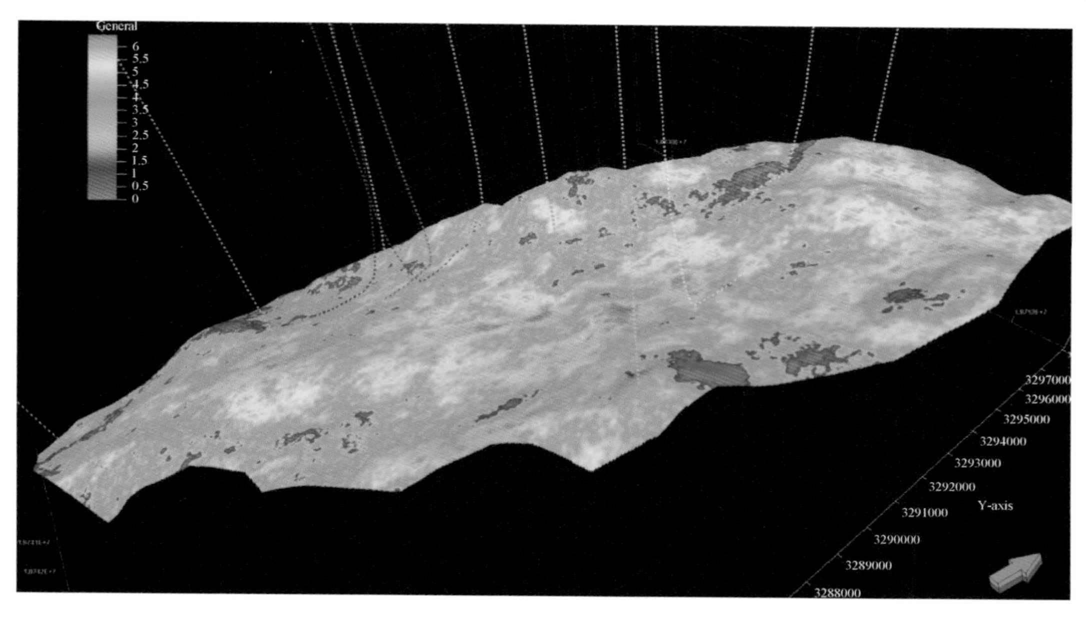

图 3-23　焦石坝地区五峰组含气性分析模型

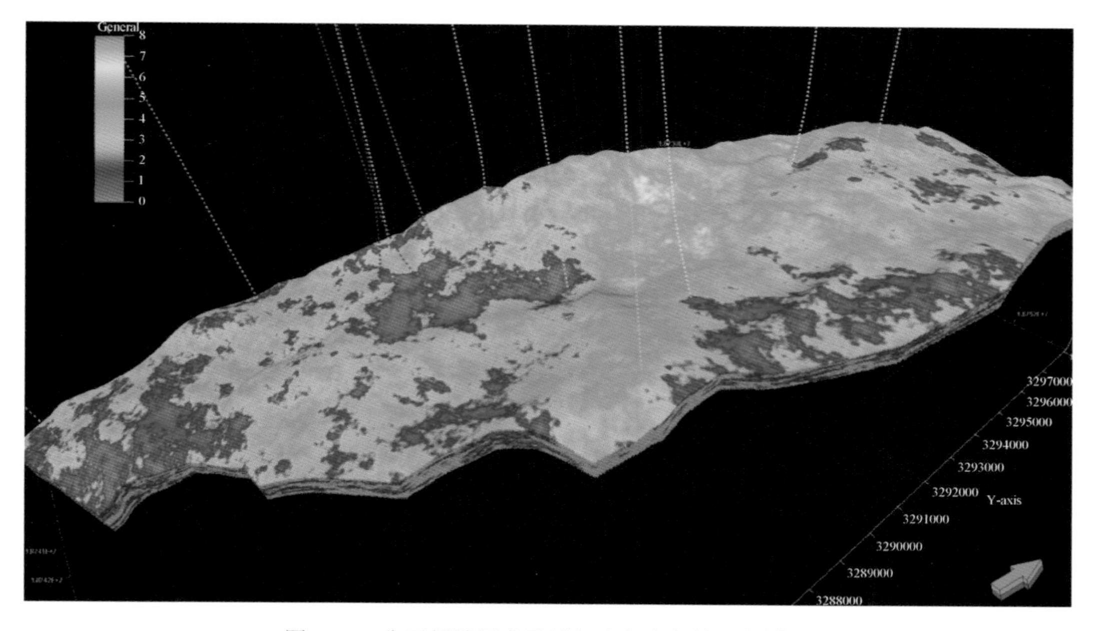

图 3-24　焦石坝地区龙马溪组底部含气性分析模型

7. 储层评价模型

储层评价是油气田开发前确定有利区带的重要工作。本书结合测井解释资料及其成果，以孔隙度和 TOC 作为衡量因子，判定储层类型标准是孔隙度 2%为下限值，TOC = 0.5%为下限值截取。即当任意一个网格内孔隙度、TOC 参数满足该下限则判定为干层，代码为 0（Bad），否则为含气层（图 3-25～图 3-27）。由此，再根据测井解释精细划分一类气层、二类气层、三类气层和四类气层，代码分别为 1（Excellent），2（Well），3（Good）和 4（Normal），一类储层最优，余者逐一次之，解释代码方法与对泥质含量的模型建立方法一致。总体来看，研究区北部和中部储层物性较好，向南部呈递减的趋势，五峰组优质储层分布更广，但相比龙马溪组过渡更为明显。总体来看，研究区有效储层成片分布。

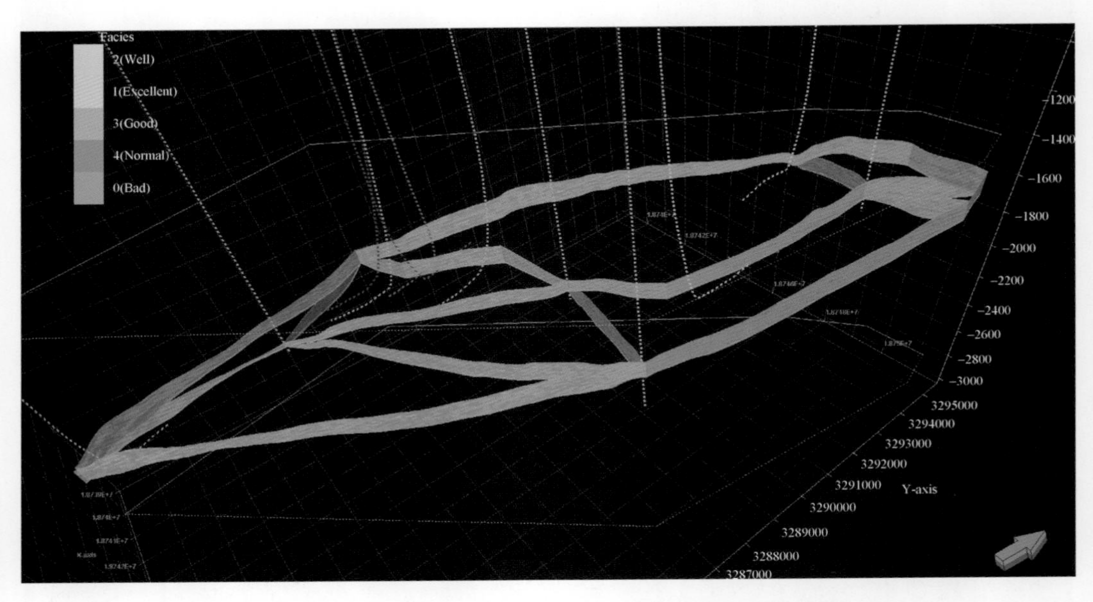

图 3-25　焦石坝地区五峰组—龙马溪组底部储层类型模型栅状图

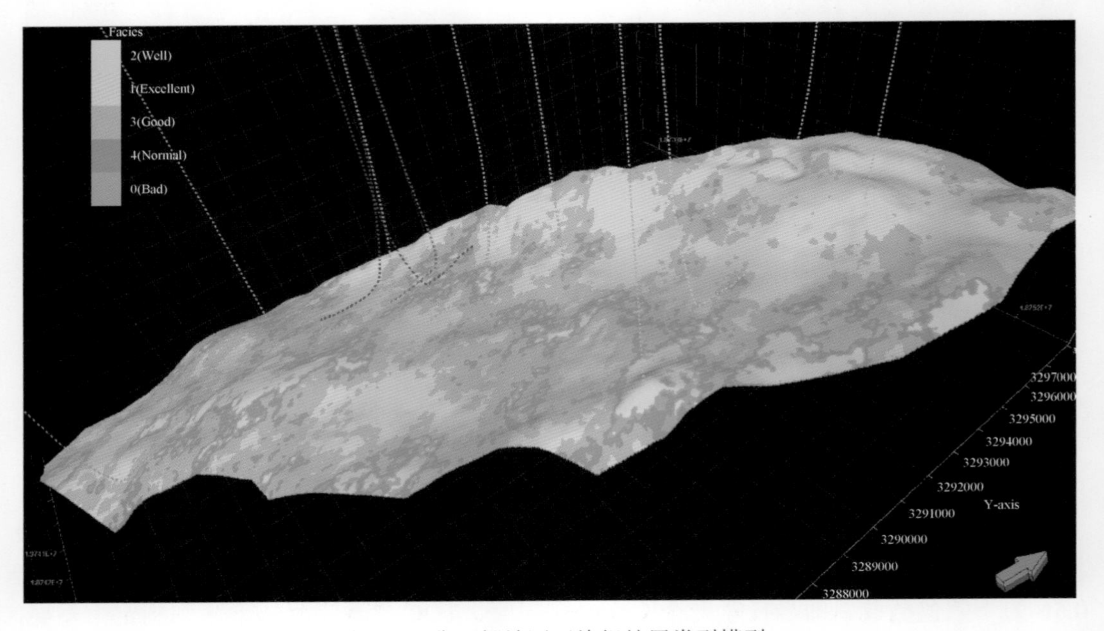

图 3-26　焦石坝地区五峰组储层类型模型

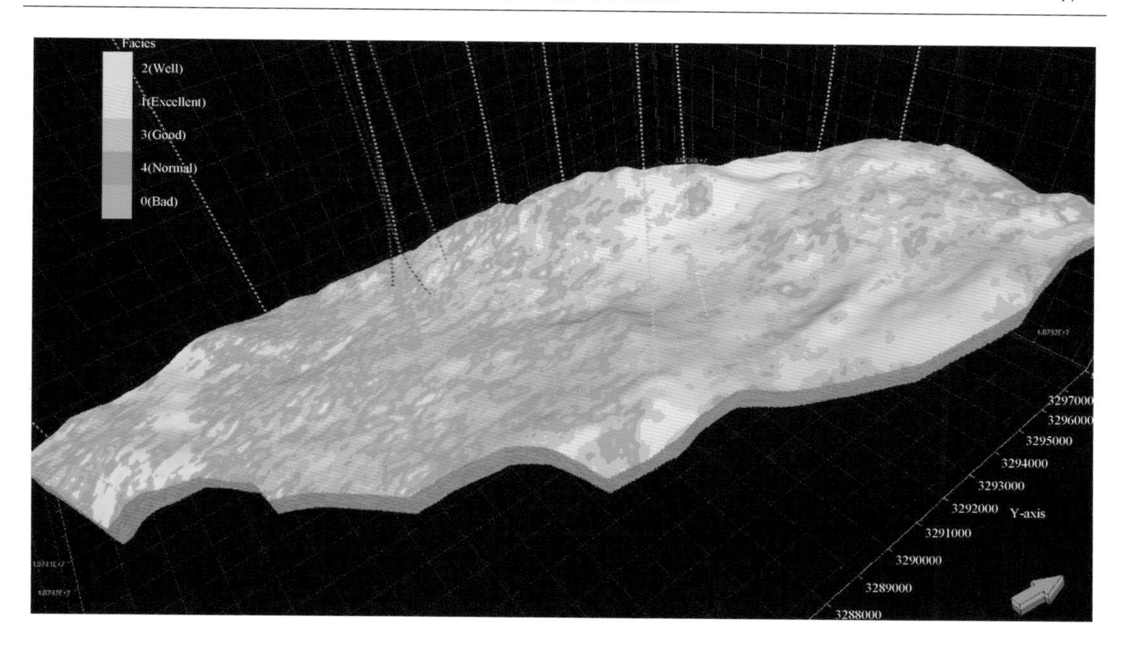

图 3-27　焦石坝地区龙马溪组底部储层类型模型

3.2.7 岩石力学与地应力参数模型

以 6-2HF、8-2HF、15-1HF、25-1HF、25-2HF 和 25-3HF 水平段为例，根据对岩石力学参数和地应力的测井解释分析进行单井岩石力学参数解释，如图 3-28～图 3-39 和表 3-4 所示，为缝网压裂可行性评价提供依据。本次建模引用焦石坝地区生产井 27 口，

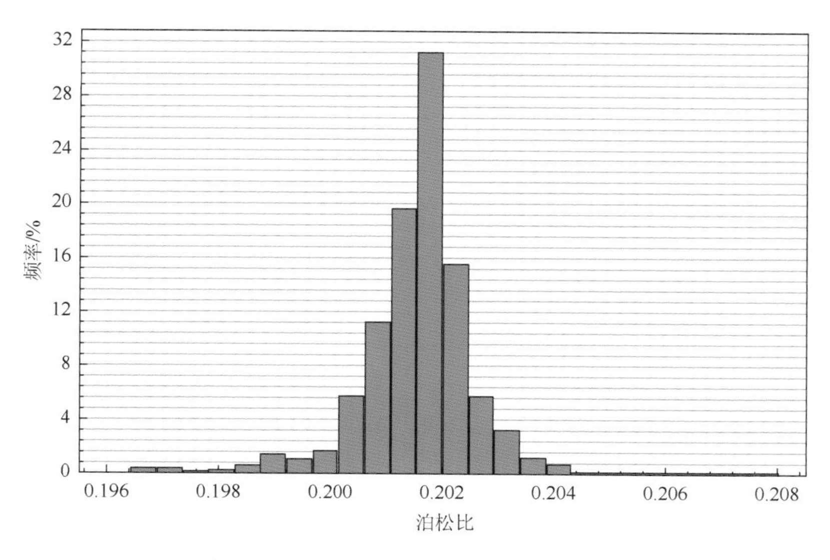

图 3-28　6-2HF 单井泊松比频率直方图

研究中，在对单井分层划分研究的基础上，采用普通克里金法建立各小层构造模型；针对研究区目的层，采用序贯指示模拟方法建立相模型及静态属性模型；采用算法稳健的序贯高斯模拟方法在相模型控制下，考虑岩性物性展布的控制因素建立岩石力学参数模型。

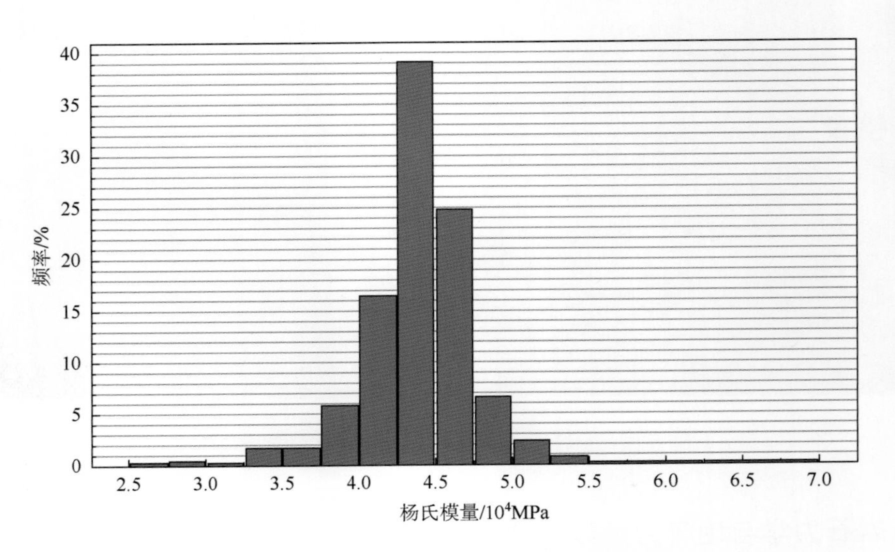

图 3-29　6-2HF 单井杨氏模量频率直方图

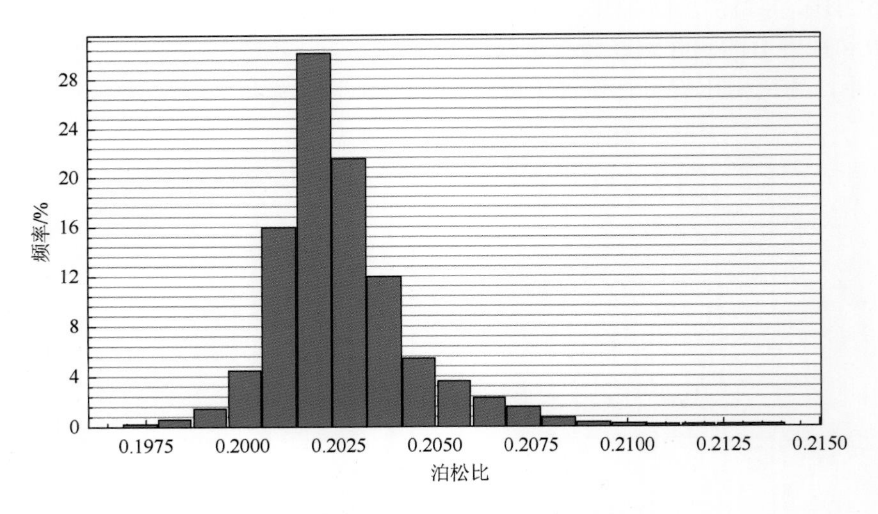

图 3-30　8-2HF 单井泊松比频率直方图

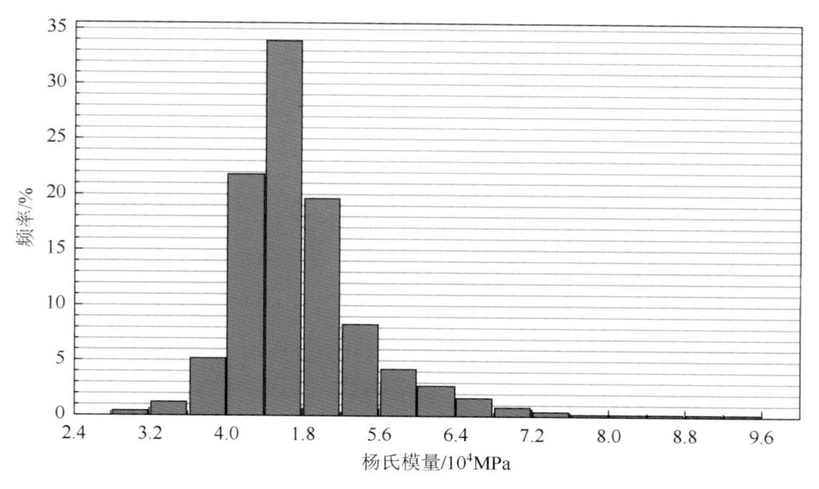

图 3-31　8-2HF 单井杨氏模量频率直方图

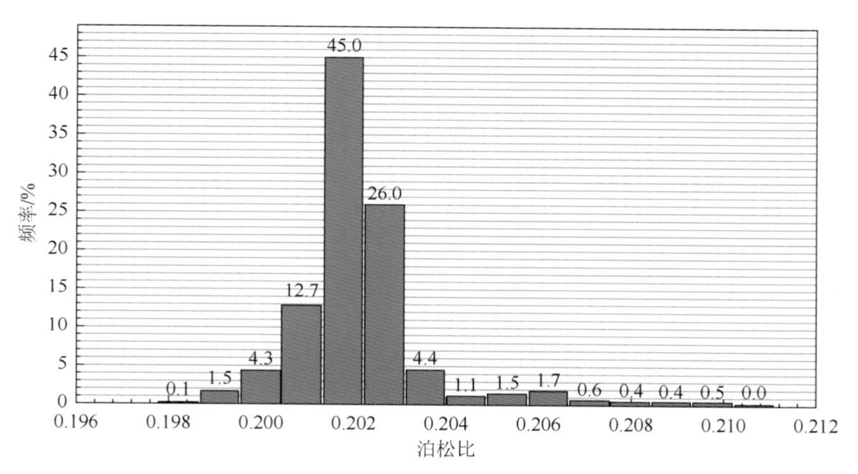

图 3-32　15-1HF 单井泊松比频率直方图

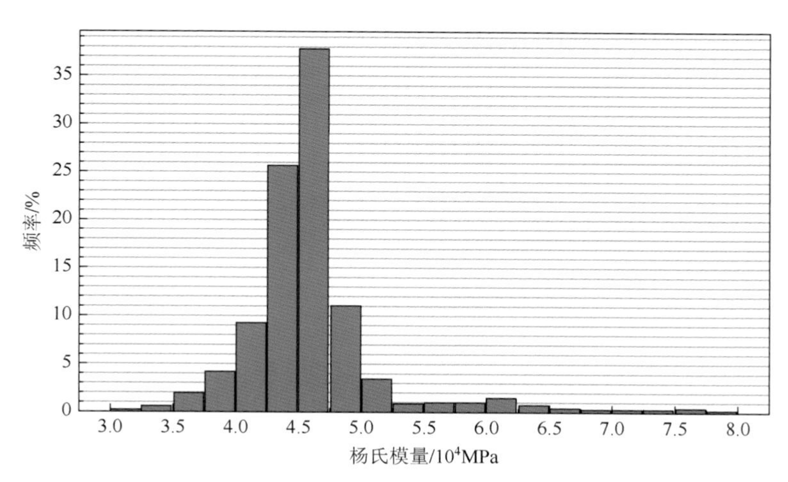

图 3-33　15-1HF 单井杨氏模量频率直方图

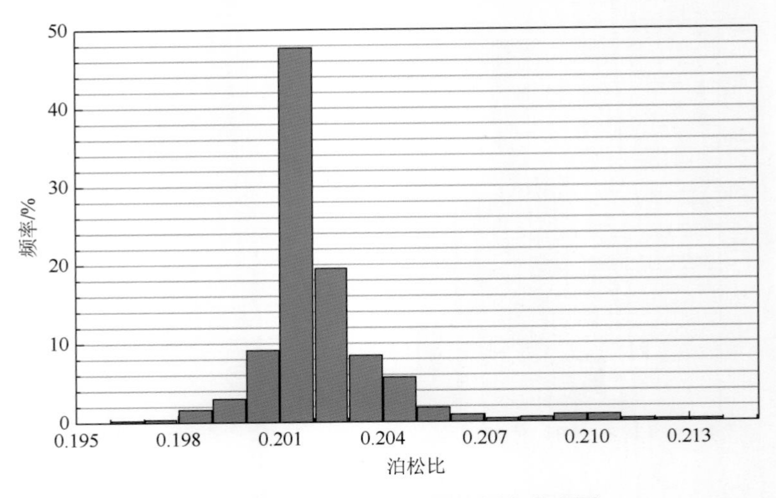

图 3-34　25-1HF 单井泊松比频率直方图

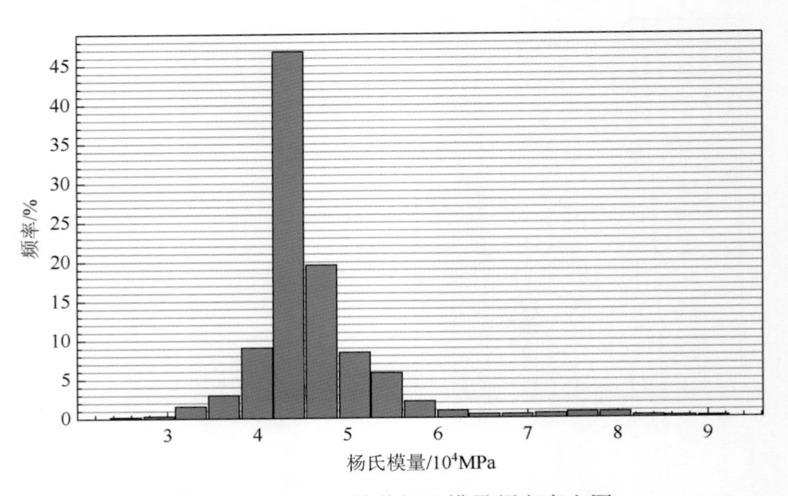

图 3-35　25-1HF 单井杨氏模量频率直方图

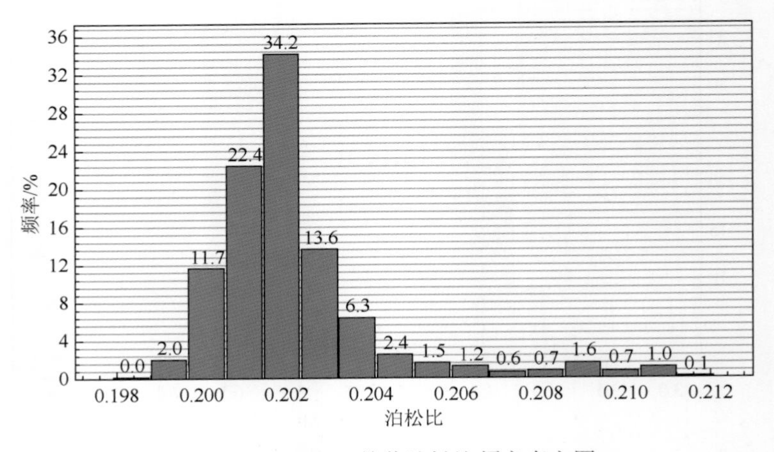

图 3-36　25-2HF 单井泊松比频率直方图

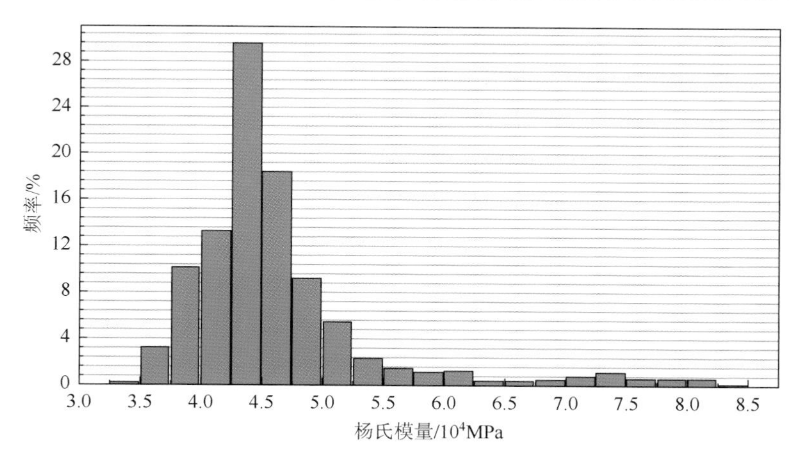

图 3-37　25-2HF 单井杨氏模量频率直方图

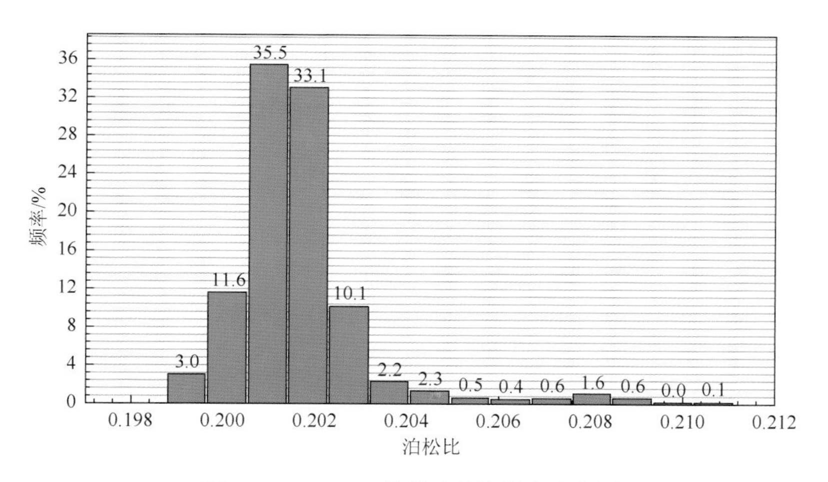

图 3-38　25-3HF 单井泊松比频率直方图

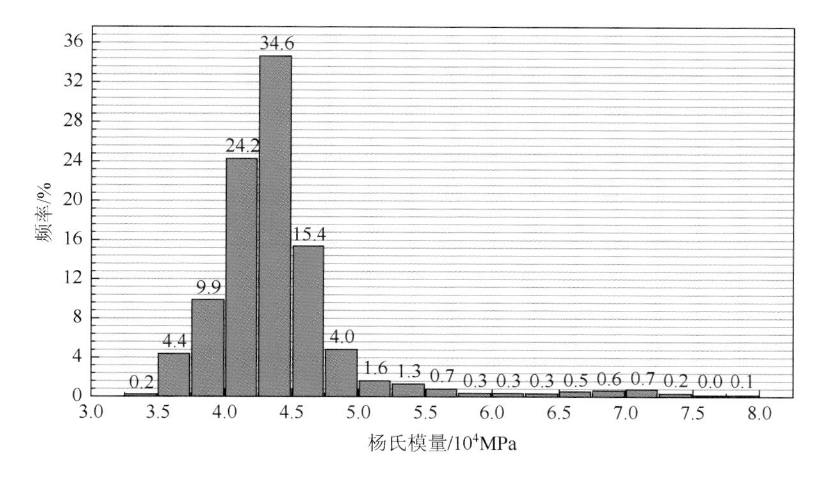

图 3-39　25-3HF 单井杨氏模量频率直方图

表 3-4　测井解释岩石力学参数分布规律

井名	泊松比	杨氏模量/(10^4MPa)	最大水平主应力/MPa	最小水平主应力/MPa	应力差/MPa
6-2HF	0.196～0.209	3.50～5.50	53.99～66.28	48.76～60.97	5.13～5.26
8-2HF	0.196～0.215	4.00～6.00	48.38～56.86	44.30～51.78	4.08～5.08
15-1HF	0.196～0.212	3.50～6.00	48.65～60.61	44.45～55.35	3.20～5.28
25-1HF	0.195～0.215	3.50～5.50	55.54～70.76	50.25～64.48	5.29～6.28
25-2HF	0.197～0.213	3.50～6.00	—	—	—
25-3HF	0.197～0.212	3.50～5.00	59.58～67.37	54.90～61.05	4.68～6.32
全区均值	0.194～0.215	3.50～4.50	47.92～71.01	43.25～65.19	4.50～6.00

（1）焦页 6-2HF 井水平段岩石力学参数解释。

通过对目的层内的泊松比和杨氏模量统计，可以发现 6-2HF 井大斜度至水平段页岩泊松比为 0.196～0.209，杨氏模量主要为 3.50×10^4～5.50×10^4MPa，其最大水平主应力为 53.99～66.28MPa，最小水平主应力为 48.76～60.97MPa，平均水平应力差为 5.13～5.26MPa。

（2）焦页 8-2HF 井水平段岩石力学参数解释。

通过对目的层内的泊松比和杨氏模量统计，可以发现 8-2HF 井大斜度至水平段页岩泊松比为 0.196～0.215，杨氏模量主要为 4.00×10^4～6.00×10^4MPa，其最大水平主应力为 48.38～56.86MPa，最小水平主应力为 44.30～51.78MPa，水平应力差为 4.08～5.08MPa。

（3）焦页 15-1HF 井水平段岩石力学参数解释。

通过对目的层内的泊松比和杨氏模量统计，可以发现 15-1HF 井大斜度至水平段页岩泊松比为 0.196～0.212，杨氏模量主要分布在 3.50×10^4～6.00×10^4MPa，其最大水平主应力为 48.65～60.61MPa，最小水平主应力为 44.45～55.35MPa，平均水平应力差为 3.20～5.28MPa。

（4）焦页 25-1HF 井水平段岩石力学参数解释。

通过对目的层内的泊松比和杨氏模量统计，可以发现 25-1HF 井水平段页岩泊松比为 0.195～0.215，杨氏模量主要分布在 3.50×10^4～5.50×10^4MPa，其最大水平主应力为 55.54～70.76MPa，最小水平主应力为 50.25～64.48MPa，平均水平应力差为 5.29～6.28MPa。

（5）焦页 25-2HF 井水平段岩石力学参数解释。

通过对目的层内的泊松比和杨氏模量统计，可以发现 25-2HF 井水平段页岩泊松比为 0.197～0.213，杨氏模量主要分布在 3.50×10^4～6.00×10^4MPa。25-2HF 测井解释中因缺少相关计算参数，故未能对其单井地应力做分析。

（6）焦页 25-3HF 井水平段岩石力学参数解释。

通过对目的层内的泊松比和杨氏模量统计，可以发现 25-3HF 井水平段页岩泊松比为 0.197～0.212，杨氏模量主要分布在 3.50×10^4～5.00×10^4MPa，其最大水平主应力为

59.58～67.37MPa，最小水平主应力为 54.90～61.05MPa，最大和最小水平主应力差为 4.68～6.32MPa。

1. 泊松比模型

根据前面基础地质研究和数据分析结果，结合岩石力学相关参数，获得涪陵焦石坝地区五峰组—龙马溪组底部泊松比模型栅状图、五峰组泊松比模型图、龙马溪组底部泊松比模型图（图 3-40～图 3-42）。总体来看，泊松比为 0.194～0.215，概率峰值为 0.32。北部（箭头方向）泊松比相对较高，南部泊松比最低，横向上较为连续，纵向上变化大。

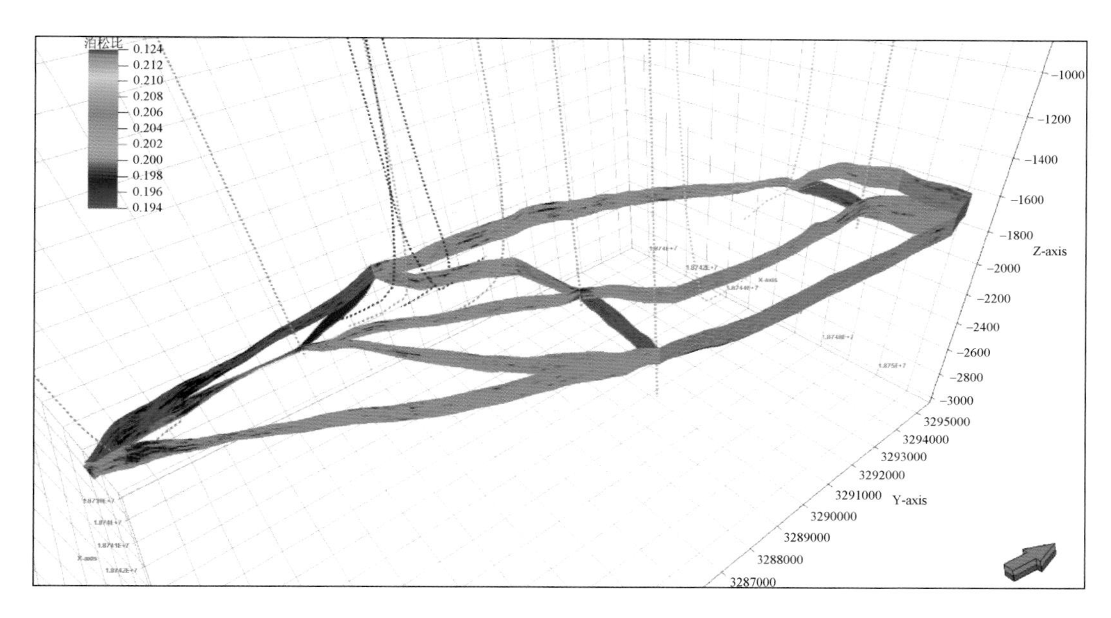

图 3-40 焦石坝地区五峰组—龙马溪组底部泊松比模型栅状图

2. 杨氏模量模型

根据前面基础地质研究和数据分析结果，结合岩石力学相关参数，获得涪陵焦石坝地区五峰组—龙马溪组底部杨氏模量模型。分析认为，区内杨氏模量主要为 3.5×10^4～4.5×10^4MPa，概率峰值为 0.41，北部区块相对较高，局部较低，南部区块相对较低，如图 3-43～图 3-45 所示。

3. 最大水平主应力模型

根据前面基础地质研究和数据分析结果，结合岩石力学相关参数，获得涪陵焦石坝地区五峰组—龙马溪组底部最大水平主应力模型。分析认为，区块内最大水平主应力为 47.92～71.01MPa，其中 58～60MPa 的概率峰值为 0.7，龙马溪组底部概率峰值为 0.72，

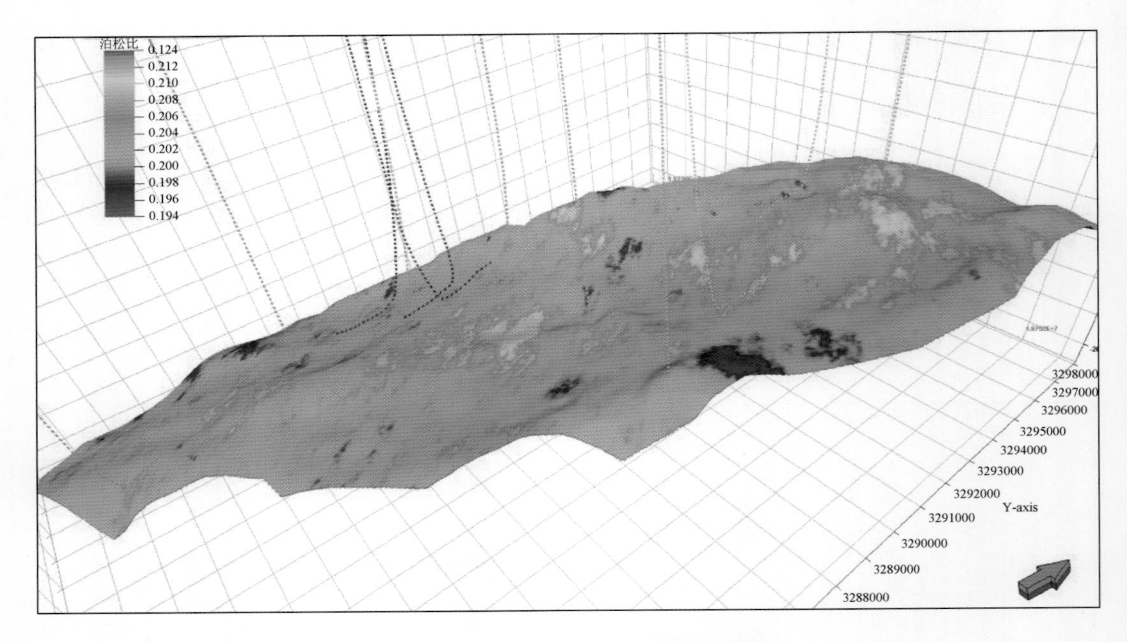

图 3-41　焦石坝地区五峰组泊松比模型

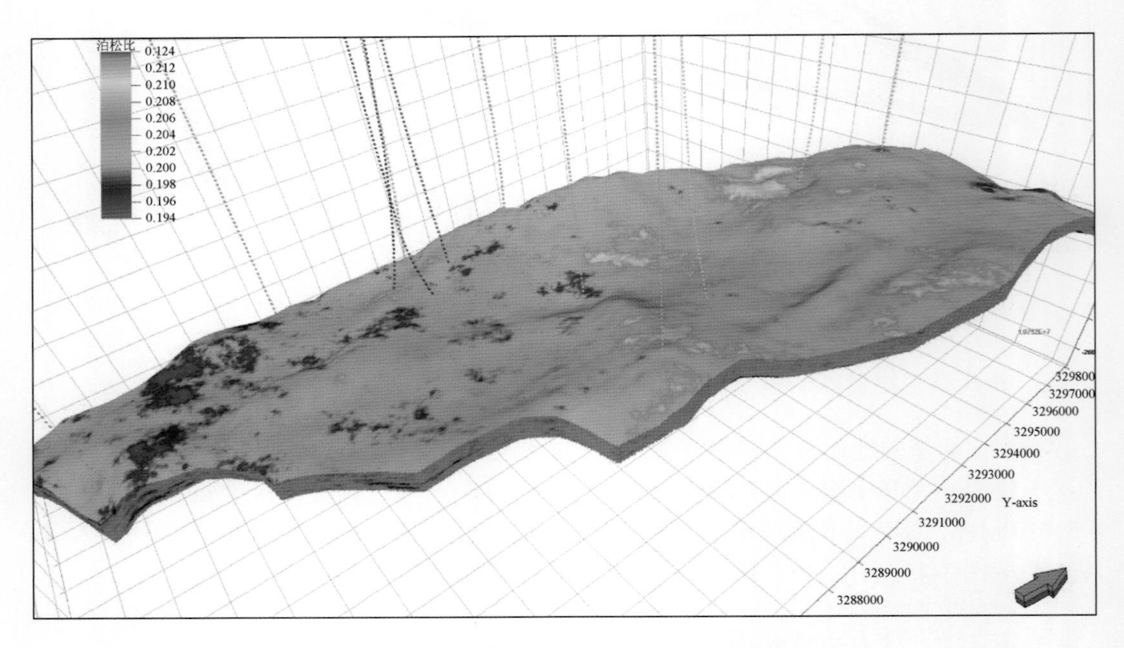

图 3-42　焦石坝地区龙马溪组底部泊松比模型

区块北部应力值较大，南部逐渐呈减小趋势；五峰组概率峰值为 0.62，区块中部、中上部等应力相对较大，而区块边界普遍较小（图 3-46、图 3-47）。

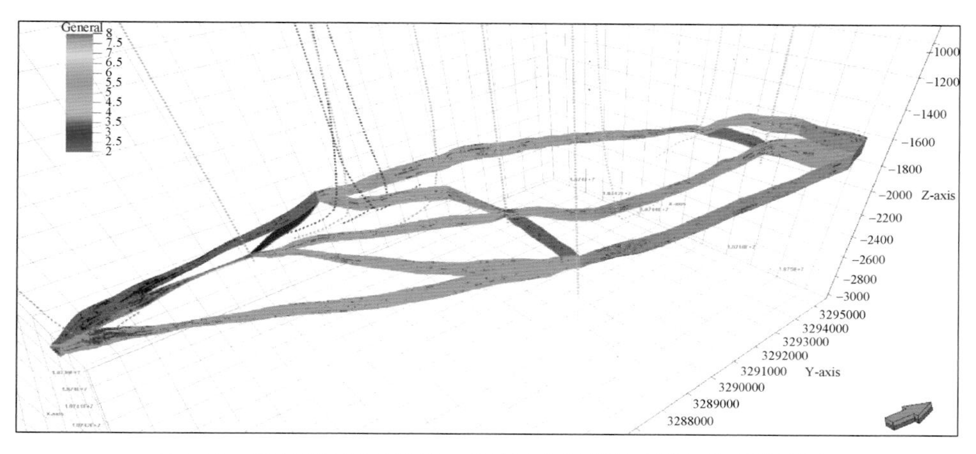

图3-43　焦石坝地区五峰组—龙马溪组底部杨氏模量模型栅状图

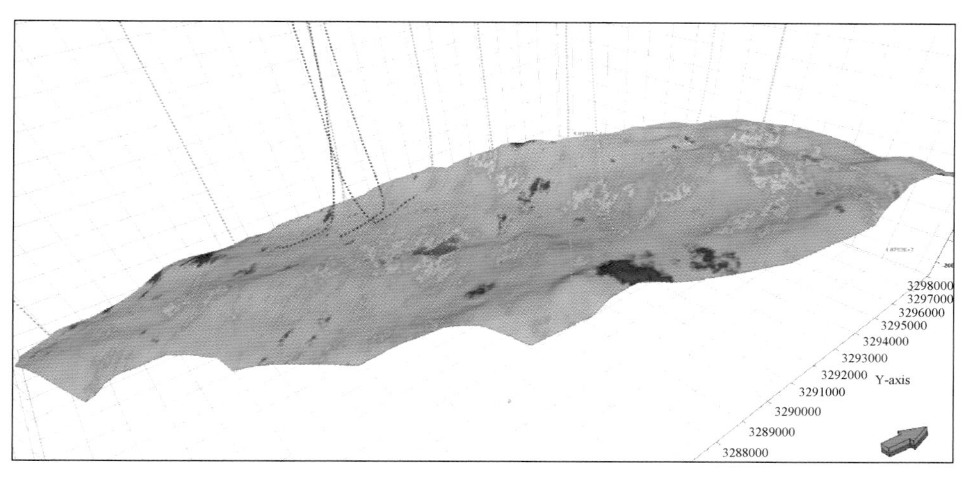

图3-44　焦石坝地区五峰组杨氏模量模型

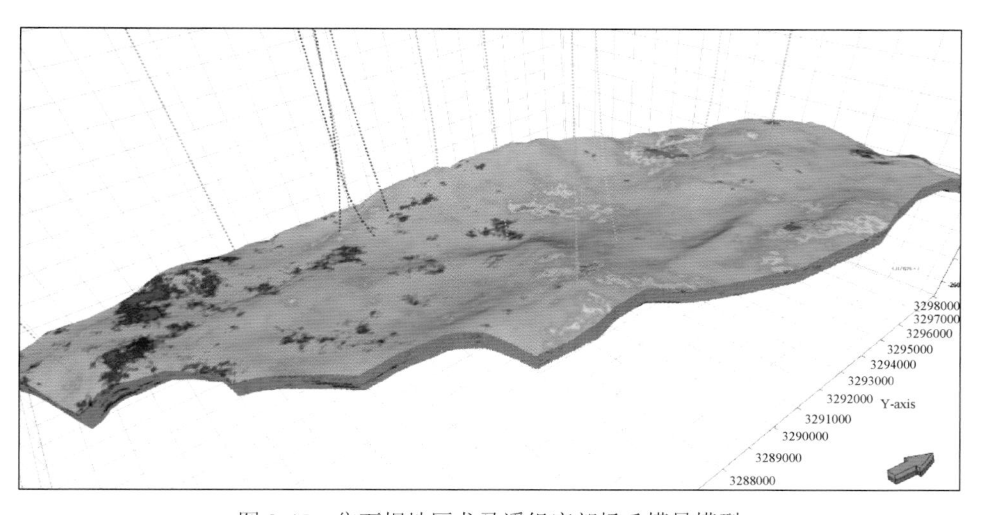

图3-45　焦石坝地区龙马溪组底部杨氏模量模型

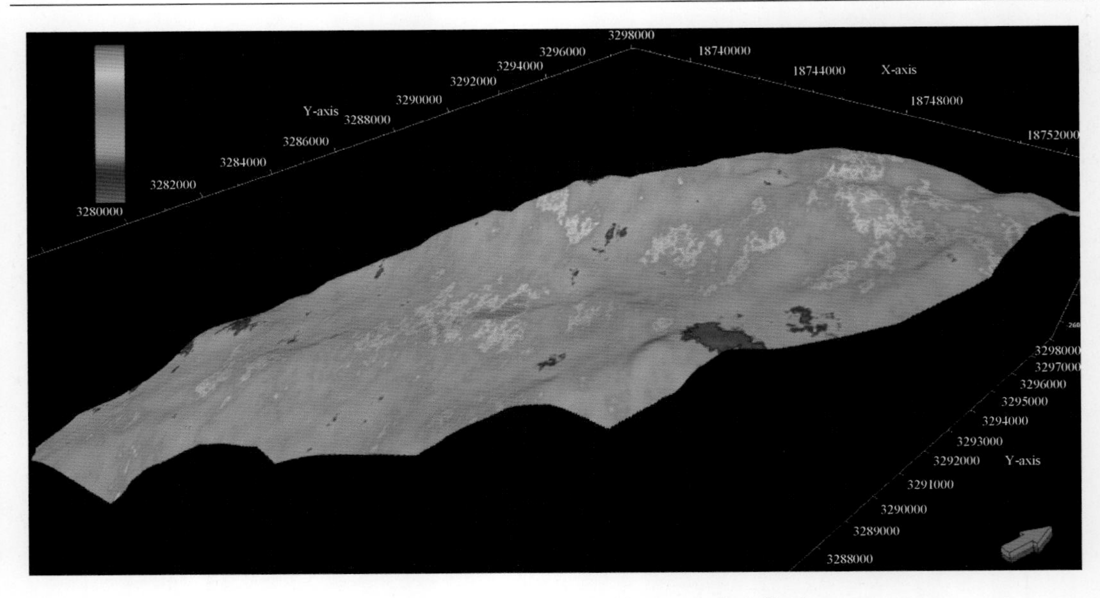

图 3-46　焦石坝地区五峰组最大水平主应力模型

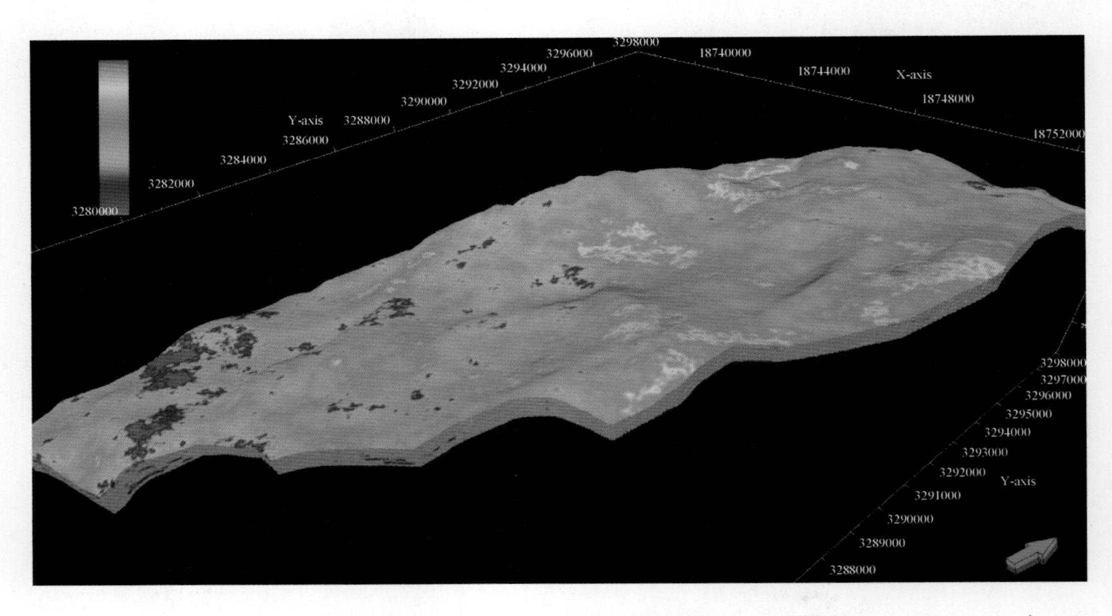

图 3-47　焦石坝地区龙马溪组底部最大水平主应力模型

4. 最小水平主应力模型

采用前文相同方法获得涪陵焦石坝地区五峰组—龙马溪组底部最小水平主应力模型。分析认为，区块内最小水平主应力为 43.25～65.19MPa，其中 54～55MPa 的概率峰值为 0.66，龙马溪组底部概率峰值为 0.52，区块北部应力值较大，南部逐渐呈减小趋势；五峰组概率峰值为 0.71，区块中部、中上部等应力相对较大，而区块边界普遍较小（图 3-48、图 3-49）。

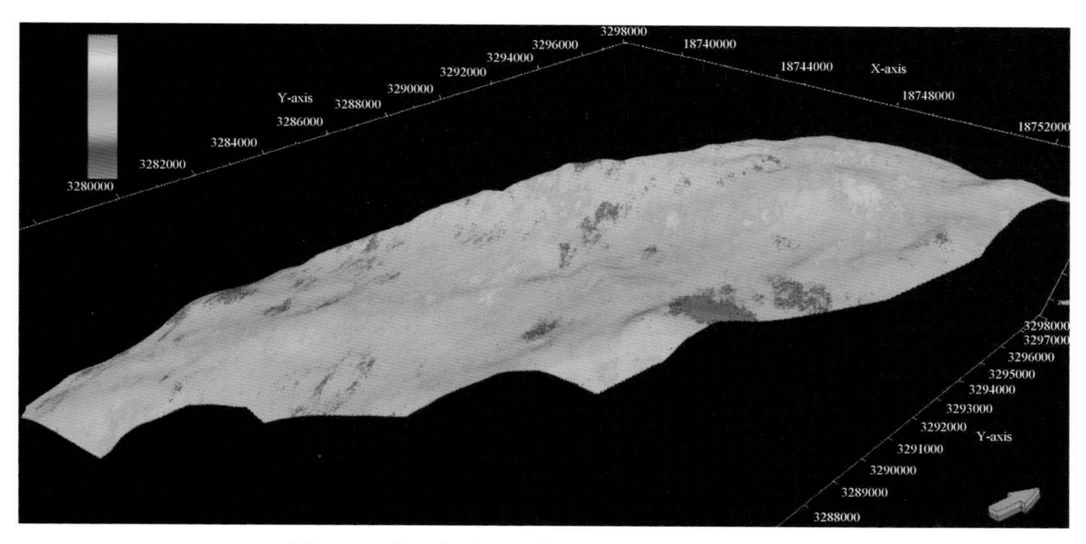

图 3-48　焦石坝地区五峰组最小水平主应力模型

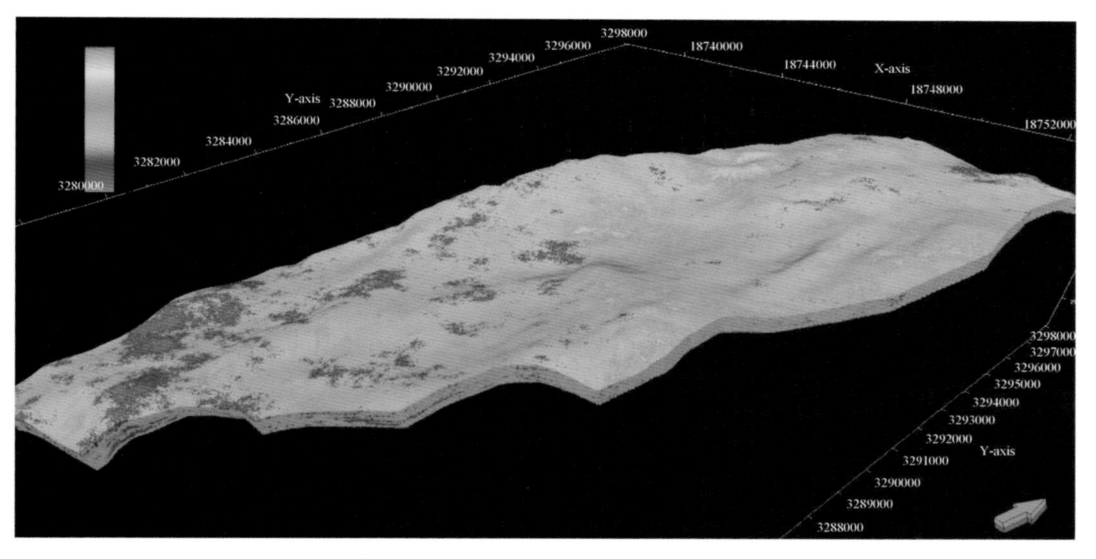

图 3-49　焦石坝地区龙马溪组底部最小水平主应力模型

3.2.8　温压特征模型

焦石坝地区地层压力参考焦页 11-4 井霍纳曲线外推求取的地层压力 32.31MPa 作为标准，根据“焦石坝页岩气单井地层压力推算模板”求得各单井的压裂前地层压力。通过研究发现焦石坝地区地层压力与垂向深度呈明显的正相关关系。对各单井地层压力、地层压力系数进行分析，通过 Petrel 软件插值计算焦石坝地区五峰组—龙马溪组底部地层压力变化分布情况，如图 3-50 所示。研究表明，焦石坝地区地层压力分布范围为 34～47MPa，地层压力随各质点所处垂向深度变化而变化，北部地层压力普遍较小，南部地区相对较高。

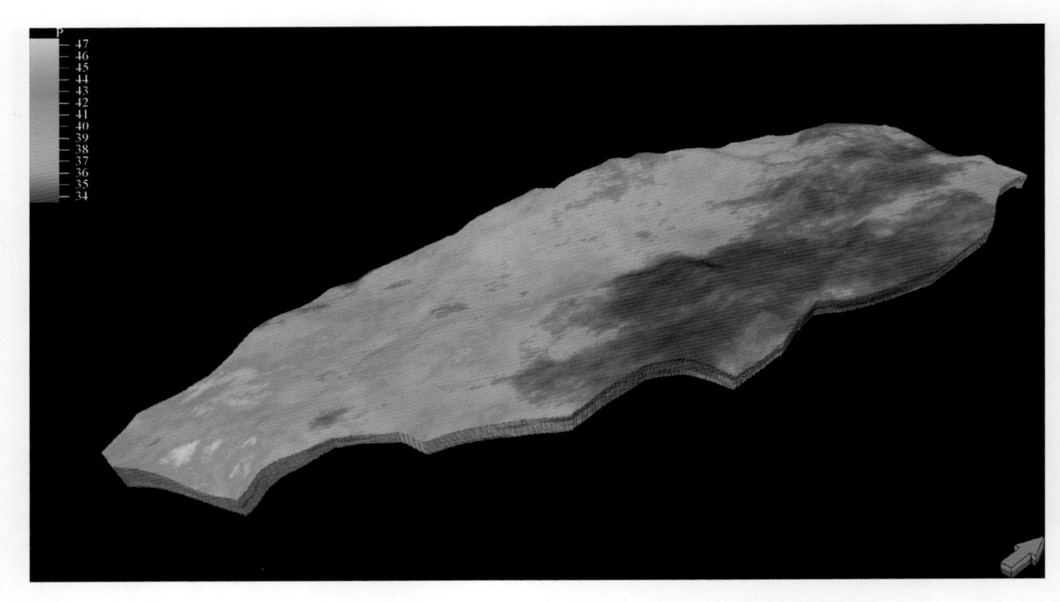

图 3-50　焦石坝地区五峰组—龙马溪组底部地层压力变化分布图

同理对焦石坝地区气层中部温度进行研究。分析各单井对靶点平均垂深与温度的关系，采用单井试气地质报告中焦石坝区块气层中部深度—气层中部温度关系公式，计算焦石坝地区五峰组—龙马溪组底部地层中部温度变化分布情况（图 3-51）。研究表明，焦石坝地区气层中部温度分布范围为 82～93℃，气层中部温度同样随各质点所处垂向深度变化而变化，总体来看，北部气层中部温度相对较低，而南部因相对深埋藏而表现出较高温度的特征。

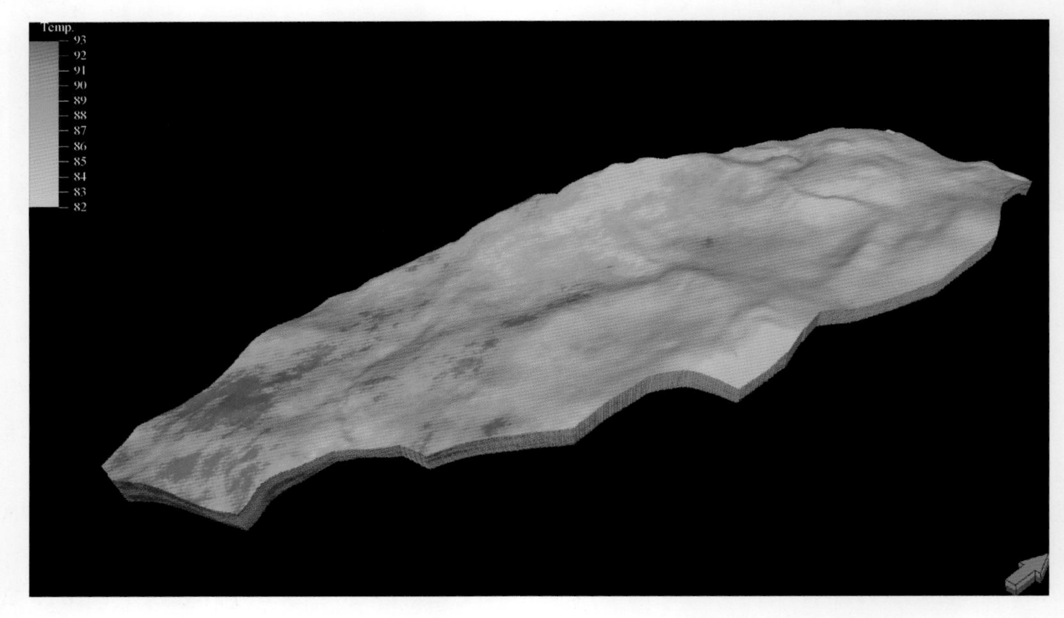

图 3-51　焦石坝地区五峰组—龙马溪组底部地层中部温度变化分布图

3.3 本章小结

基于本章研究，得到以下重要认识。

（1）论述了三维地质建模基本概念与原理，阐述了相关方法与流程。

（2）通过27口井的测井数据，运用现代模型建立软件对涪陵焦石坝页岩气田五峰组（地质分段第1层）—龙马溪组底部（地质分段第9层）进行地质模型的构建，解释了有关相模型、孔隙度、渗透率、含水饱和度、含气性和储层类型评价等静态模型，研究结果显示研究区北部和中部储层物性较好，向南部呈递减的趋势，有利储层基本成片分布，优质储层分布广泛。

（3）在修正涪陵页岩气焦石坝区块纵横声波关系构建和岩石力学动静参数校正基础上，解释了工区岩石力学强度参数分布、地应力分布、地层压力分布及储层温度分布。

参考文献

[1] 裘怿楠. 中国含油气盆地沉积学[M]. 北京：石油工业出版社， 1992.

[2] Van W J E，Graaff D，Ealey P J. Geological modeling for simulation studies[J]. AAPG Bulletin，1989，73（11）：1436-1444.

[3] Lake L W，Carroll H B. Reservoir characterization[M]. Orlando：Academic Press，1986.

[4] Weber K，Van Geuns L. Framework for constructing clastic reservoir simulation models[C]//paper SPE-19582 presented at the 64th Annual Technical Conference of the SPE，San Antonio，Texas，1989.

[5] 郭旭升，胡东风，魏志红，等. 涪陵页岩气田的发现与勘探认识[J]. 中国石油勘探，2016，21（3）：24-37.

第4章　离散随机天然裂缝模型

通常情况下，页岩储层中天然裂缝较为发育[1, 2]。天然裂缝是岩体中的不连续面，也被称为弱面，其强度远远小于岩石本体，更加容易发生破坏。因此在水力压裂过程中，由于流体压力和地层应力的改变，天然裂缝可发生张性破坏或剪切破坏，提高局部储层的表观渗透性，从而形成储层改造体积（SRV），实现体积压裂。

页岩储层中，大部分天然裂缝产状相似，即倾角与逼近角（最大水平主应力方向与天然裂缝平面夹角）表现出单轴方向性[3]。并且，页岩储层局部区域内的天然裂缝密度和形状变化通常符合一定的统计分布规律。因此，本章将天然裂缝中心位置、逼近角、倾角、长度、高度、宽度等几何参数分别按照相应的统计学分布规律，进行随机赋值，建立页岩储层中随机离散天然裂缝群的三维几何模型。

此外，本章通过张量计算推导出天然裂缝在地层中的受力状态，建立了三维天然裂缝的张性破坏与剪切破坏判断准则，对随机离散天然裂缝群在压裂过程中的局部破坏状态和破坏类型进行判定识别；最后，研究了天然裂缝发生破坏后导致储层表观渗透率变化的规律特征，推导出相应的方程，可以嵌入储层压力场模型的渗透率场中，进行耦合计算。

4.1　天然裂缝随机建模

天然裂缝是一种存在于岩石中的不连续面，由变形作用或物理成岩作用形成。根据不同的角度，天然裂缝有多种分类方法。按照成因可以分为构造缝、层理缝和溶蚀缝三类；按产状可以划分为垂直缝、高角度缝、低角度缝、水平缝和网状缝五类[4]。页岩储层中，既有高角度的近垂直构造缝，也有低角度的近水平层理缝，因此本书考虑具有不同逼近角和倾角的三维裂缝。

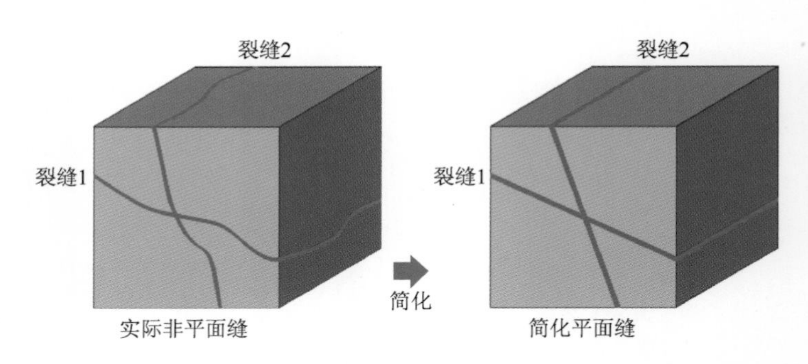

图4-1　非平面缝的平面化处理

实际地层中，三维天然裂缝面并非为标准平面。根据 Baecher 模型，可将非标准平面的天然裂缝简化为相应尺寸的矩形平面[5]，如图 4-1 所示。简化后的离散天然裂缝的主要特征参数包括：密度、长度、高度、逼近角和倾角。

4.1.1　天然裂缝密度

三维储层中的天然裂缝密度可由横向线密度、纵向线密度和垂向线密度三个变量表征。首先，假设目标储层模型沿 x、y、z 轴的边长分别为 X、Y、Z，根据以上分布规律，可先在裂缝生成体积单元内生成若干条随机分布的天然裂缝。其中，天然裂缝生成体积单元沿 x、y、z 轴的边长分别为

$$\begin{cases} X_{\mathrm{e}} = \rho_x \\ Y_{\mathrm{e}} = \rho_y \\ Z_{\mathrm{e}} = \rho_z \end{cases} \tag{4-1}$$

生成天然裂缝总条数为

$$N_{\mathrm{nf}} = (\rho_x \cdot \rho_y \cdot \rho_z)(X \cdot Y \cdot Z) \tag{4-2}$$

所有条天然裂缝中心点坐标值服从随机均匀分布，即

$$x_{\mathrm{e}} \sim U(-X_{\mathrm{e}}/2, X_{\mathrm{e}}/2) \tag{4-3}$$

$$y_{\mathrm{e}} \sim U(-Y_{\mathrm{e}}/2, Y_{\mathrm{e}}/2) \tag{4-4}$$

$$z_{\mathrm{e}} \sim U(-Z_{\mathrm{e}}/2, Z_{\mathrm{e}}/2) \tag{4-5}$$

式（4-1）～式（4-5）中，X、Y、Z 为储层模型沿 x、y、z 轴的边长（m）；X_{e}、Y_{e}、Z_{e} 为裂缝生成体积单元沿 x、y、z 轴的边长（m）；N_{nf} 为天然裂缝条数（条）；ρ_x、ρ_y、ρ_z 为天然裂缝在 x、y、z 方向上的线密度（m^{-1}）；x_{e}、y_{e}、z_{e} 为天然裂缝中心在裂缝生成体积单元中的三轴坐标（m）。

随后，所有裂缝中心点的 x、y、z 坐标值分别以 κ_x、κ_y、κ_z 的比例增加。

$$\begin{cases} x_{\mathrm{nf}} = x_{\mathrm{e}} \cdot \kappa_x \\ y_{\mathrm{nf}} = y_{\mathrm{e}} \cdot \kappa_y \\ z_{\mathrm{nf}} = z_{\mathrm{e}} \cdot \kappa_z \end{cases} \tag{4-6}$$

式中，x_{nf}、y_{nf}、z_{nf} 为天然裂缝中心在储层中的三轴坐标（m）；κ_x、κ_y、κ_z 为储层模型三轴尺寸与裂缝生成体积单元三轴尺寸之比，为无量纲。

$$\begin{cases} \kappa_x = \dfrac{X}{\rho_x} \\ \kappa_y = \dfrac{Y}{\rho_y} \\ \kappa_z = \dfrac{Z}{\rho_z} \end{cases} \tag{4-7}$$

4.1.2 天然裂缝尺寸

天然裂缝尺寸参数包括两个变量：长度和高度。一般来说，裂缝长度和高度符合正态分布[6]或指数分布[7]，本书选用正态分布描述裂缝长度和高度的随机性变化，即

$$L_{nf} \sim N(u_L, \sigma_L^2) \tag{4-8}$$

$$H_{nf} \sim N(u_H, \sigma_H^2) \tag{4-9}$$

式中，L_{nf}为天然裂缝长度（m）；u_L为天然裂缝平均长度（m）；σ_L为天然裂缝长度标准差（m）；H_{nf}为天然裂缝高度（m）；u_H为天然裂缝平均高度（m）；σ_H为天然裂缝高度标准差（m）。

4.1.3 天然裂缝产状

天然裂缝产状参数包括两个变量：逼近角和倾角。一般来说，裂缝逼近角和倾角符合半球正态分布、Fisher 分布、均匀分布或正态分布[8]，本书选用 Fisher 分布描述裂缝逼近角和倾角的随机性变化，即

$$\theta \sim F(u_\theta, \sigma_\theta^2) \tag{4-10}$$

$$\varphi \sim F(u_\varphi, \sigma_\varphi^2) \tag{4-11}$$

式中，θ为天然裂缝逼近角（°）；u_θ为天然裂缝平均逼近角（°）；σ_θ为天然裂缝逼近角标准差；φ为天然裂缝倾角（°）；u_φ为天然裂缝平均倾角（°）；σ_φ为天然裂缝倾角标准差。

4.1.4 建模实例

基于上述方式随机生成的裂缝各参数（表 4-1），即可完成随机天然裂缝的生成。首先，根据裂缝密度，确定天然裂缝生成数量，并为所有裂缝随机生成其中心坐标，随后根据相关参数的分布规律，随机赋予所有裂缝尺寸参数和产状参数，包括长度、高度、倾角和逼近角。

表 4-1 天然裂缝统计数据

密度/m^{-1}			尺寸/cm			产状/(°)		
x方向	y方向	z方向	长度	高度	方差值	逼近角	倾角	方差值
0.36	0.36	0.36	97	52	1	±9	±88	0.1

根据天然裂缝统计数据（表 4-1），即可对 100m×100m×100m 三维地层中天然裂缝群进行三维随机建模。其中，所有天然裂缝长度、高度、逼近角、倾角分布比例如图 4-2～图 4-5 所示，最终生成的随机天然裂缝模型如图 4-6 所示。

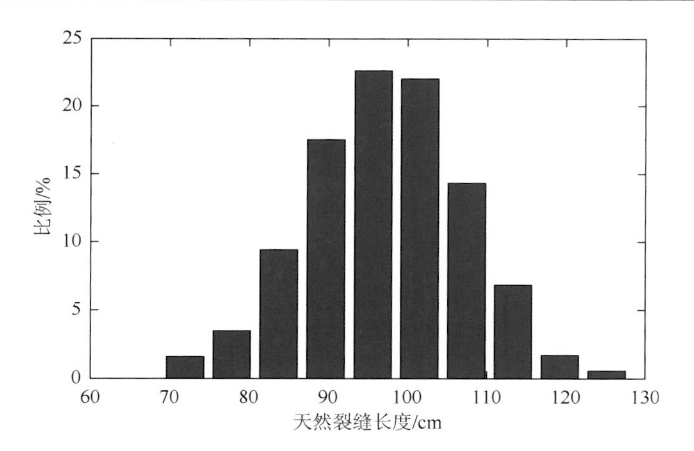

图 4-2　天然裂缝长度分布比例图

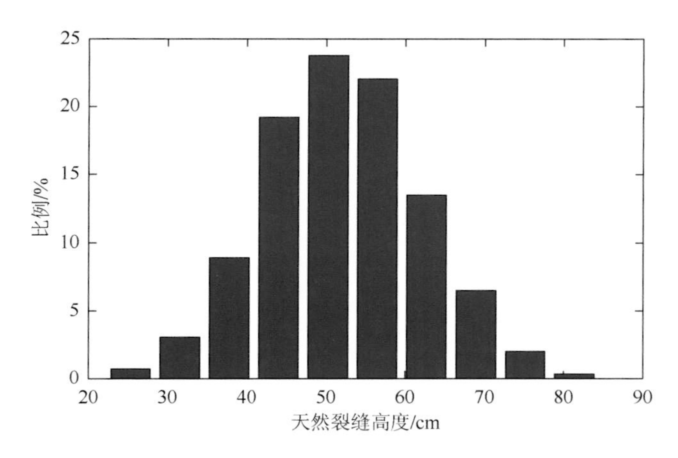

图 4-3　天然裂缝高度分布比例图

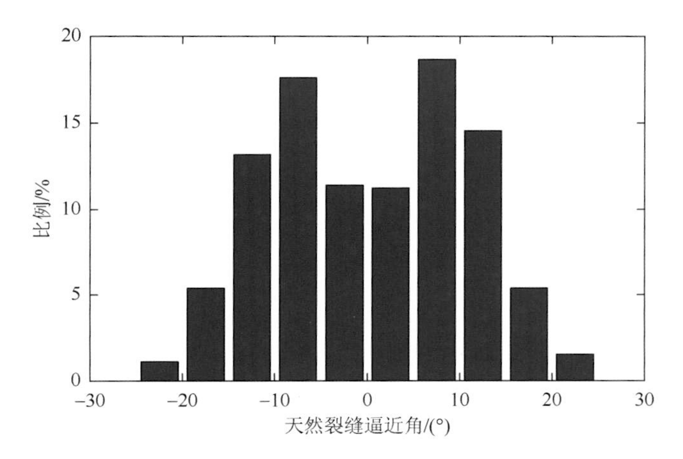

图 4-4　天然裂缝逼近角分布比例图

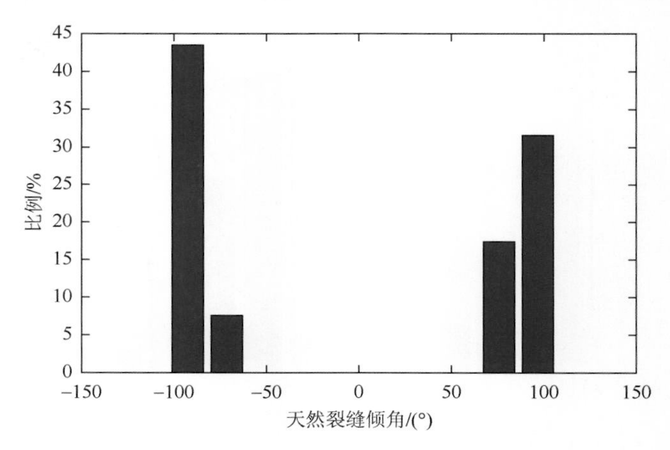

图 4-5　天然裂缝倾角分布比例图

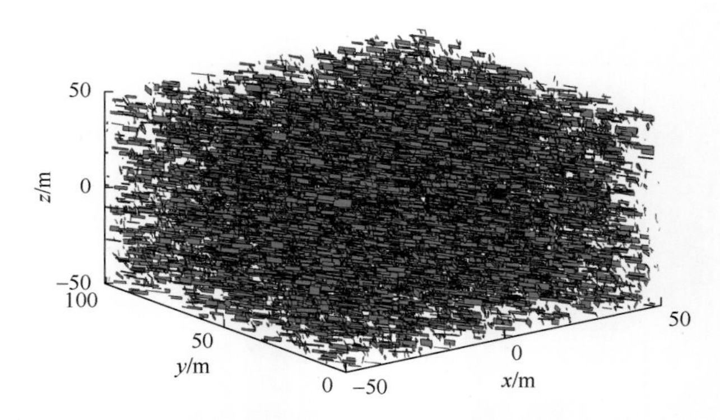

图 4-6　天然裂缝随机建模三维示意图

4.2　天然裂缝破坏准则

天然裂缝在储层中往往同时受到流体压力和地层应力的共同作用，当其受力状态超过某一临界值时，即会发生不同类型的破坏。目前，针对天然裂缝破坏的判断方法，通常是基于 Warpinski 准则[9]得出的天然裂缝张性破坏和剪切破坏准则。但是，此类破坏判断准则只适用于倾角接近 90°的近垂直天然裂缝，不适用于倾角较小的天然裂缝。本书基于 Warpinski 准则，通过张量运算[10, 11]，推导出适用于任意倾角和逼近角的天然裂缝破坏判断准则。

4.2.1　天然裂缝受力分析

针对地层中任意逼近角和倾角的天然裂缝进行受力分析，如图 4-7 所示。首先建立三维笛卡儿坐标系，其中 x 轴为最小水平主应力方向，y 轴为最大水平主应力方向，z 轴为垂向应力方向。地层应力即可表示为该坐标系中的二阶对称张量：

$$\bar{\bar{\boldsymbol{\sigma}}} = \sigma_{ij}\vec{\boldsymbol{e}}_i\vec{\boldsymbol{e}}_j = \begin{bmatrix} \sigma_{xx} & \sigma_{xy} & \sigma_{xz} \\ \sigma_{xy} & \sigma_{yy} & \sigma_{yz} \\ \sigma_{xz} & \sigma_{yz} & \sigma_{zz} \end{bmatrix} \tag{4-12}$$

式中，$\bar{\bar{\boldsymbol{\sigma}}}$ 为地应力二阶对称张量（MPa）；σ_{ij} 为应力张量分量；$\boldsymbol{e}$ 为标准正交基矢量；i、j 为坐标指标，取值为 x、y、z。

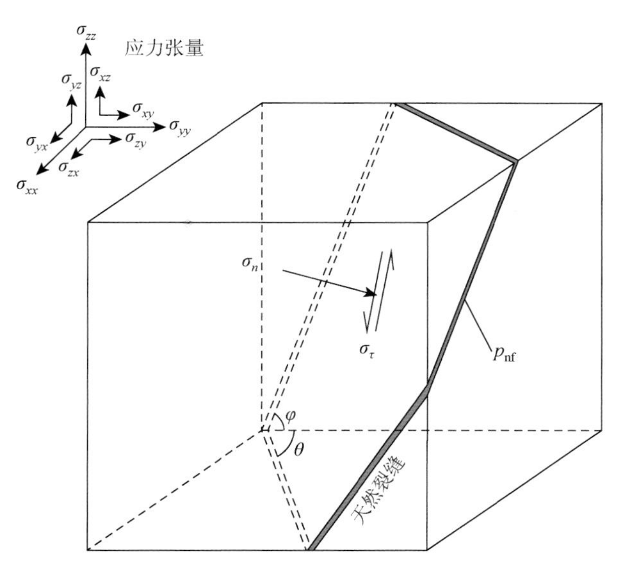

图 4-7　天然裂缝壁面受力分解

天然裂缝的单位法线向量为

$$\bar{\boldsymbol{n}} = n_i \bar{\boldsymbol{e}}_i = [n_x \quad n_y \quad n_z] \tag{4-13}$$

式中，$n_x = \sin(\varphi)\cdot\cos(\theta)$，$n_y = \sin(\varphi)\cdot\sin(\theta)$，$n_z = \cos(\varphi)$；$\bar{\boldsymbol{n}}$ 为天然裂缝单位法线向量，无量纲；n_i 为天然裂缝单位法线向量分量，无量纲；$\boldsymbol{e}_i$ 为坐标系单位向量，无量纲；θ 为天然裂缝逼近角，即与最大水平主应力方向夹角（°）；φ 为天然裂缝倾角（°）。

此时，作用在天然裂缝面上的力为地应力张量与裂缝壁面法向单位向量的点积[11]：

$$\bar{\boldsymbol{f}} = \bar{\bar{\boldsymbol{\sigma}}}\cdot\bar{\boldsymbol{n}} = \sigma_{ij}e_ie_j\cdot n_ke_k = \sigma_{ij}n_ke_i\delta_j^k = \sigma_{ij}n_je_i = \begin{bmatrix} \sigma_{xx}n_x + \sigma_{xy}n_y + \sigma_{xz}n_z \\ \sigma_{xy}n_x + \sigma_{yy}n_y + \sigma_{yz}n_z \\ \sigma_{xz}n_x + \sigma_{yz}n_y + \sigma_{zz}n_z \end{bmatrix} \tag{4-14}$$

式中，$\bar{\boldsymbol{f}}$ 为天然裂缝壁面所受作用力（Pa）；δ 为 Kronecker 符号；i、j、k 为坐标指标，取值为 x、y、z。

通过对天然裂缝壁面所受作用力与其法向单位向量进行点积，可将该作用力分解到裂缝壁面法线方向上，即为裂缝壁面受到的正应力值：

$$\begin{aligned} p_{\mathrm{n}} &= \bar{\boldsymbol{f}}\cdot\bar{\boldsymbol{n}} = n_ke_k\cdot\sigma_{ij}n_je_i = n_k\sigma_{ij}n_j\delta_i^k = n_i\sigma_{ij}n_j \\ &= \sigma_{xx}n_xn_x + \sigma_{xy}n_yn_x + \sigma_{xz}n_zn_x + \sigma_{xy}n_xn_y + \sigma_{yy}n_yn_y \\ &\quad + \sigma_{yz}n_zn_y + \sigma_{xz}n_xn_z + \sigma_{yz}n_yn_z + \sigma_{zz}n_zn_z \end{aligned} \tag{4-15}$$

式中，p_{n} 为天然裂缝壁面所受正应力值（Pa）。

根据力的合成原则，裂缝壁面所受作用力值与正应力值之间的平方差之平方根，即为天然裂缝面上作用力沿裂缝壁面方向的切应力值：

$$
\begin{aligned}
p_\tau &= \sqrt{\vec{f}\cdot\vec{f}-p_\text{n}^2}=\sqrt{\sigma_{ij}n_j e_i\cdot\sigma_{ij}n_j e_i-p_\text{n}^2}=\sqrt{\sigma_{ij}n_j\sigma_{ij}n_j-p_\text{n}^2} \\
&=[(\sigma_{xx}n_x+\sigma_{xy}n_y+\sigma_{xz}n_z)^2+(\sigma_{xy}n_x+\sigma_{yy}n_y+\sigma_{yz}n_z)^2 \\
&\quad+(\sigma_{xz}n_x+\sigma_{yz}n_y+\sigma_{zz}n_z)^2 \\
&\quad-(\sigma_{xx}n_x n_x+\sigma_{xy}n_y n_x+\sigma_{xz}n_z n_x+\sigma_{xy}n_x n_y+\sigma_{yy}n_y n_y \\
&\quad+\sigma_{yz}n_z n_y+\sigma_{xz}n_x n_z+\sigma_{yz}n_y n_z+\sigma_{zz}n_z n_z)^2]^{1/2}
\end{aligned} \tag{4-16}
$$

式中，p_τ为天然裂缝壁面所受切应力值（Pa）。

4.2.2 天然裂缝破坏判别式

根据 Warpinski 准则，当天然裂缝内流体压力大于其壁面所受正应力值与其抗张强度之和时，即会发生张性破坏，对应的判别式为

$$p_\text{nf} > p_\text{n} + S_\text{t} \tag{4-17}$$

类似的，当天然裂缝未发生张性破坏，并且其壁面所受切应力值大于其抗剪切强度时，即会发生剪切破坏，对应的判别式为

$$
\begin{cases}
p_\tau > \tau_0 + K_\text{f}\cdot(p_\text{n}-p_\text{nf}) \\
p_\text{nf} < p_\text{n} + S_\text{t}
\end{cases} \tag{4-18}
$$

式中，K_f为天然裂缝摩擦系数，无量纲；p_nf为天然裂缝内流体压力，等于当前储层压力p'（Pa）；S_t为天然裂缝抗张强度（Pa）；τ_0为天然裂缝内聚力（Pa）。

通过式（4-15）和式（4-16）可计算得到天然裂缝壁面的正应力和剪应力，再分别代入式（4-17）和式（4-18）破坏判断准则，即可进行天然裂缝破坏类型的判断。

4.2.3 天然裂缝破坏判断算例

根据上述天然裂缝判断准则可以看出，天然裂缝的破坏状态与地层应力值、天然裂缝倾角、逼近角、抗张强度、内聚力、摩擦系数等参数密切相关。本次算例中，主要研究在某一特定地质条件下，天然裂缝产状（即倾角与逼近角）对天然裂缝破坏的影响，算例中的具体地质参数如表 4-2 所示。

表 4-2 天然裂缝破坏判断实例参数表

参数	数值
最小水平主应力/MPa	50
最大水平主应力/MPa	55
垂向应力/MPa	60
天然裂缝抗张强度/MPa	1

续表

参数	数值
天然裂缝内聚力/MPa	1
天然裂缝摩擦系数（无量纲）	0.2

基于表 4-2 中的相关地质参数，代入天然裂缝破坏判别式，分别反求出天然裂缝发生张性破坏与剪切破坏的最小临界缝内压力。该临界压力越低，表明天然裂缝越容易发生破坏，反之则越难发生破坏。发生张性破坏和剪切破坏的临界缝内压力值分别如图 4-8 和图 4-9 所示。

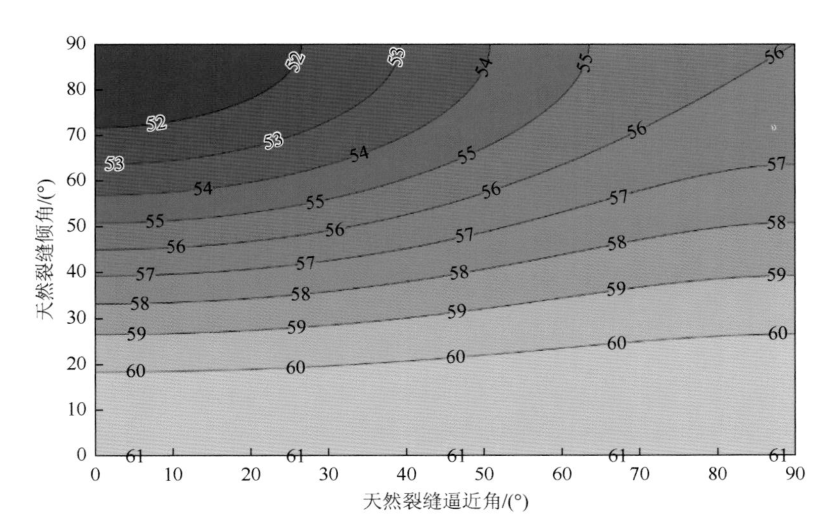

图 4-8　不同产状天然裂缝发生张性破坏的缝内临界压力（MPa）

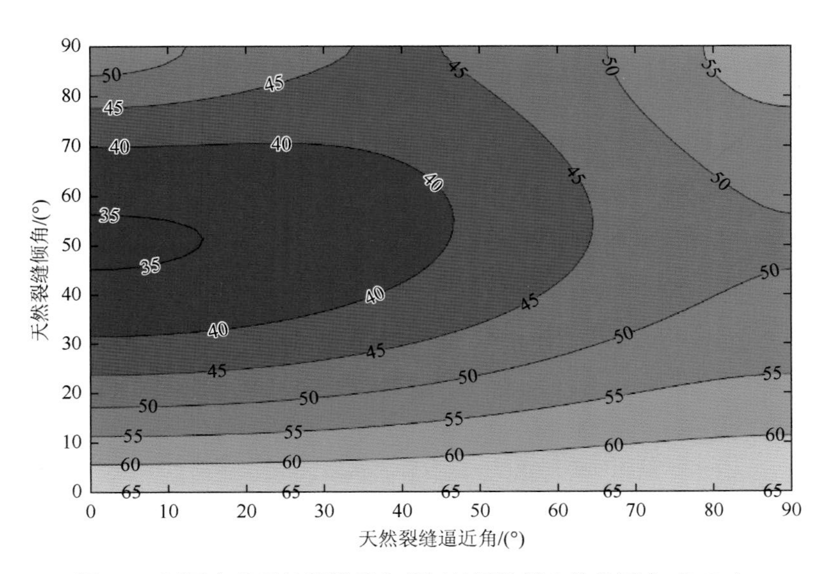

图 4-9　不同产状天然裂缝发生剪切破坏的缝内临界压力（MPa）

由图 4-8 可以看出，天然裂缝逼近角越大，发生张性破坏的缝内临界压力越大；天然裂缝倾角越大，发生张性破坏的缝内临界压力越小。这是由于当天然裂缝产状为“高倾角-低逼近角”时，裂缝壁面法向方向与地层主应力中最小应力（即水平最小主应力）方向较为一致，因此所受正应力较小，较容易发生张性破坏。由图 4-9 可以看出，天然裂缝产状对剪切破坏的缝内临界压力影响较为复杂。其中，天然裂缝逼近角越大，发生张性破坏的缝内临界压力越大；但天然裂缝倾角与发生张性破坏缝内临界压力不再是线性关系，而是当倾角约为 45°～55°时，发生张性破坏缝内临界压力最小。这是由于当天然裂缝产状为“中倾角-低逼近角”时，裂缝壁面法向方向介于地层主应力中最小应力（即水平最小主应力）方向和最大应力（即垂向应力）方向之间，此时受到的切向应力最大，最容易发生剪切破坏。

值得注意的是，只有当地层应力特点为垂向应力＞最大水平主应力＞最小水平主应力时（$\sigma_v>\sigma_H>\sigma_h$），裂缝产状对其发生破坏的影响才有上述类似规律，若地层应力特点发生变化时，如最大水平主应力＞垂向应力＞最小水平主应力时（$\sigma_H>\sigma_v>\sigma_h$），裂缝产状对其发生破坏的影响也会发生相应的变化。

4.3 天然裂缝破坏后的渗透率变化

当天然裂缝发生破坏后，无论是张性破坏还是剪切破坏，其裂缝开度都会增大，导致裂缝渗透率增加，进而显著提高储层表观渗透率。此外，由于天然裂缝具有特定的倾角和逼近角，其对储层表观渗透率的影响存在各向异性。

4.3.1 天然裂缝破坏状态对渗透率的影响

页岩压裂过程中，受储层压力和地应力共同作用，部分天然裂缝发生破坏，天然裂缝破坏后其渗透率与开度的平方成正比[12]：

$$k_{\text{nf}}=\frac{a_{\text{nf}}^2}{12} \tag{4-19}$$

式中，k_{nf}为沿天然裂缝平面任意方向上的渗透率（m^2）；a_{nf}为天然裂缝开度（m）。

剪切破坏天然裂缝开度为[13]

$$a_{\text{nf}}=\frac{\Delta p_{\tau}}{K_{\text{s}}}\tan(\varphi_{\text{dil}}) \tag{4-20}$$

式中，K_{s}为天然裂缝剪切向刚度（Pa/m）；Δp_{τ}为天然裂缝受到的有效剪切应力值（Pa）；φ_{dil}为天然裂缝剪切膨胀角（°）。

张性破坏天然裂缝开度为[14]

$$a_{\text{nf}}=\frac{p_{\text{nf}}-p_{\text{n}}}{K_{\text{n}}} \tag{4-21}$$

式中，K_{n}为天然裂缝法向刚度（Pa/m）；p_{nf}为天然裂缝内的流体压力（MPa）；p_{n}为天然裂缝受到的法向应力值（MPa）。

4.3.2　天然裂缝产状对渗透率各向异性的影响

页岩储层中发育的天然裂缝分布角度通常具有一致性，即其倾角和逼近角基本都分布在一定的主方向范围之内[3]。所以，随着天然裂缝分布角度的变化，4.3.1 节中提及的天然裂缝渗透率将不再是各向同性的球张量，而存在一定的各向异性。

假设天然裂缝为沿着最大主应力方向的垂直裂缝（即逼近角为 0°，倾角为 0°），如图 4-10 所示，则其渗透率张量则可以表示为

$$\vec{\vec{K}}_{\mathrm{nf}}\Big|_{\theta=0°,\varphi=0°}=\begin{vmatrix}k_{\mathrm{nf}} & 0 & 0\\ 0 & k_{\mathrm{nf}} & 0\\ 0 & 0 & 0\end{vmatrix} \tag{4-22}$$

式中，$\vec{\vec{K}}_{\mathrm{nf}}$ 为天然裂缝渗透率张量（D）；k_{nf} 为沿天然裂缝平面任意方向上的渗透率值（D）。

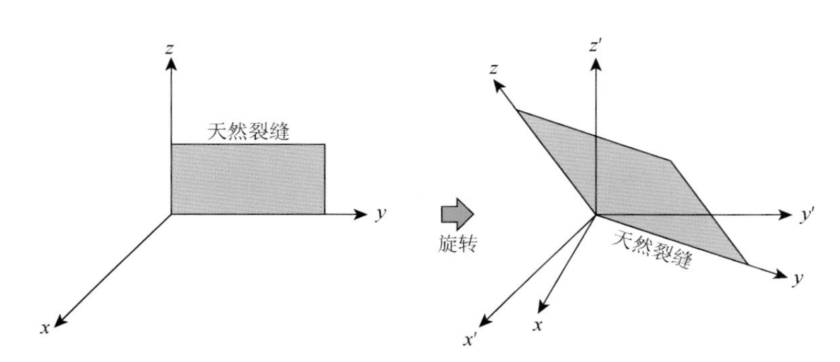

图 4-10　倾斜天然裂缝局部坐标旋转示意图

随后，将此天然裂缝经过三维旋转，使其倾角则变为 φ，逼近角变为 θ。则根据三维坐标系中的张量旋转变换规则，其渗透率张量变为

$$\vec{\vec{K}}_{\mathrm{nf}}\Big|_{\theta=0,\varphi=0}=A\cdot\begin{vmatrix}k_{\mathrm{nf}} & 0 & 0\\ 0 & k_{\mathrm{nf}} & 0\\ 0 & 0 & 0\end{vmatrix}\cdot A^{\mathrm{T}} \tag{4-23}$$

假设原始坐标系为 x-y-z，经过三维旋转后的坐标系统为 x'-y'-z'，则由几何关系可推导出两者坐标转换关系为

$$\begin{cases}x'=x\cos\varphi\cos\theta+y\sin\theta+z\sin\varphi\cos\theta\\ y'=-x\cos\varphi\sin\theta+y\cos\theta-z\sin\varphi\sin\theta\\ z'=-x\sin\varphi+z\cos\varphi\end{cases} \tag{4-24}$$

则式（4-23）式的变换矩阵 $\boldsymbol{A}$ 为[15]

$$\boldsymbol{A}=\begin{vmatrix}\dfrac{\partial x'}{\partial x} & \dfrac{\partial x'}{\partial y} & \dfrac{\partial x'}{\partial z}\\ \dfrac{\partial y'}{\partial x} & \dfrac{\partial y'}{\partial y} & \dfrac{\partial y'}{\partial z}\\ \dfrac{\partial z'}{\partial x} & \dfrac{\partial z'}{\partial y} & \dfrac{\partial z'}{\partial z}\end{vmatrix}=\begin{vmatrix}\cos\phi\cos\theta & \sin\theta & \sin\phi\cos\theta\\ -\cos\phi\sin\theta & \cos\theta & -\sin\phi\sin\theta\\ -\sin\phi & 0 & \cos\phi\end{vmatrix} \tag{4-25}$$

将 $\boldsymbol{A}$ 代入渗透率张量表达式，通过张量点乘后，化简得任意逼近角和倾角的天然裂缝渗透率张量：

$$\vec{\vec{\boldsymbol{K}}}_{\text{nf}}=\begin{vmatrix}K_{xx} & K_{xy} & K_{xz}\\ K_{yx} & K_{yy} & K_{yz}\\ K_{zx} & K_{zy} & K_{zz}\end{vmatrix} \tag{4-26}$$

其中，渗透率张量各分量表达式为

$$\begin{cases}K_{xx}=k_{\text{nf}}\cos^2\varphi\cos^2\theta+k_{\text{nf}}\sin^2\theta\\ K_{xy}=K_{yx}=-k_{\text{nf}}\cos^2\varphi\sin\theta\cos\theta+k_{\text{nf}}\cos\theta\sin\theta\\ K_{xz}=K_{xz}=-k_{\text{nf}}\cos\varphi\sin\varphi\cos\theta\\ K_{yy}=k_{\text{nf}}\cos^2\varphi\sin^2\theta+k_{\text{nf}}\cos^2\theta\\ K_{yz}=K_{zy}=k_{\text{nf}}\cos\varphi\sin\varphi\sin\theta\\ K_{zz}=k_{\text{nf}}\sin^2\varphi\end{cases} \tag{4-27}$$

从式（4-27）可以看出，天然裂缝的渗透率张量为非对角矩阵，且具有各向异性。当页岩储层中的天然裂缝主要为近水平缝（$\varphi\approx0°$）或近垂直缝（$\varphi\approx90°$）时，并且逼近角较小（$\theta\approx0°$）或较大（$\theta\approx90°$）时，式（4-27）中的渗透率张量的非对角元素——K_{xy}、K_{xz}、K_{yz} 取值较小，可忽略，渗透率全张量矩阵即可化简为对角矩阵：

$$\vec{\vec{\boldsymbol{K}}}_{\text{nf}}\Big|_{\varphi,\theta\to\left\{0\left|\frac{\pi}{2}\right.\right\}}\approx\begin{vmatrix}K_{xx} & 0 & 0\\ 0 & K_{yy} & 0\\ 0 & 0 & K_{zz}\end{vmatrix} \tag{4-28}$$

然而，当天然裂缝的逼近角和倾角不近似为 0°或 90°时，其渗透率张量中的非对角元素则不可忽略[4]。比如，当天然裂缝逼近角接近 45°时，忽略渗透率的非对角元素将导致最高 45%的计算误差[16]。此类情况下，仍然需要采用式（4-26）中的全张量形式。此时，储层压力场模型中的流动方程差分形式也需要由常规的七点差分法改为十九点差分法，运算量也会随之大幅增加。第 6 章将基于渗透率全张量形式，推导出相应的储层压力场流动方程及其十九点差分方程。

4.3.3 天然裂缝破坏对储层表观渗透率的影响

压裂过程中对天然裂缝破坏判断时，可基于天然裂缝离散模型，获得各条天然裂缝面在储层模型中的位置信息，并利用上述准则对所有天然裂缝任意点的破坏状态进行判断，最后将破坏导致的各向异性渗透率张量增量赋值到相应的储层（网格）点中，从而模拟天然裂缝破坏导致的局部储层渗透性增强的现象。流程示意图如图 4-11 所示。

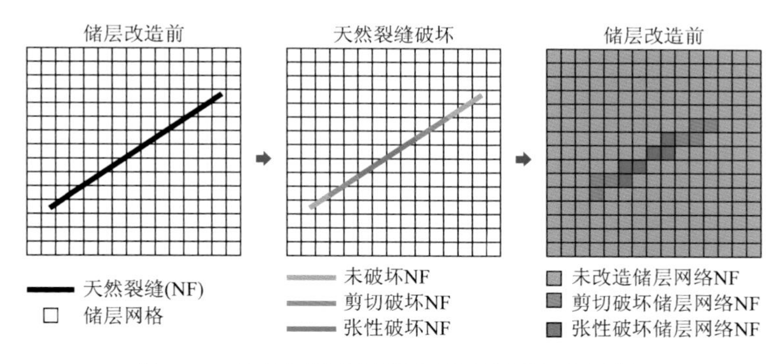

图 4-11　天然裂缝破坏导致局部储层渗透率增加

储层任意网格中天然裂缝发生破坏后，其表观渗透率张量可表示为

$$\vec{\vec{K}} = \vec{\vec{K}}_{\mathrm{m}} + \sum \vec{\vec{K}}_{\mathrm{nf}} \tag{4-29}$$

式中，$\vec{\vec{K}}$ 为储层表观渗透率张量（D）；$\vec{\vec{K}}_{\mathrm{nf}}$ 为天然裂缝发生破坏后的渗透率张量（D）；$\vec{\vec{K}}_{\mathrm{m}}$ 为储层基质渗透率张量（D）。值得注意的是，当某网格内不止一条天然裂缝发生破坏，则该网格内储层表观渗透率为基质渗透率张量与所有发生破坏的天然裂缝渗透率张量之和。

水力压裂过程中，天然裂缝会持续发生破坏，因此储层表观渗透率也将持续变化。为此，本章中天然裂缝的破坏准则与其相关的渗透率变化模型与第 6 章中的储层压力场模型具有紧密的关联，两者需要耦合求解。

4.4　本 章 小 结

基于本章研究，得到以下重要认识。

（1）基于页岩储层天然裂缝分布几何特征，根据相关统计分布规律提出了三维随机离散天然裂缝模型的生成方法。

（2）通过对天然裂缝在储层中的受力分析，建立了任意产状天然裂缝的剪切破坏与张性破坏判断准则方程组。

（3）利用所建立的天然裂缝破坏判断准则，对特定地质条件下的天然裂缝破坏难易程度进行了算例研究，并发现当地层应力条件为垂向应力＞最大水平主应力＞最小水平主应力（$\sigma_{\mathrm{v}} > \sigma_{\mathrm{H}} > \sigma_{\mathrm{h}}$）时，具备“高倾角-低逼近角”特征的天然裂缝容易发生张性破坏；具备“中倾角-低逼近角”特征的天然裂缝容易发生剪切破坏。

（4）页岩压裂过程中，随着天然裂缝发生破坏，其储层表观渗透率可能显著提高。根据天然裂缝几何、力学，以及流动特征，建立了天然裂缝破坏与储层表观渗透率变化的数学关系，为研究页岩压裂过程中的流体压力场变化提供了基础。

（5）页岩水平井压裂过程中，天然裂缝破坏与储层压力变化、地层应力变化密切相关。为此，本章中的储层压力模型主要与第 6 章中的地层应力模型和储层压力模型有较强的关联，各模型之间需要进行耦合计算。其中，储层压力模型为天然裂缝模型提供压力参数，地层应力模型为天然裂缝模型提供应力参数，天然裂缝模型为储层压力场模型提供渗透率场变化情况。

参 考 文 献

[1] Cho Y，Ozkan E，Apaydin O G. Pressure-dependent natural-fracture permeability in shale and its effect on shale-gas well production[J]. SPE Reservoir Evaluation & Engineering，2013，16（02）：216-228.

[2] Walton I，Mclennan J. The role of natural fractures in shale gas production[C]//Paper ISRM-ICHF 2013-046 presented at the ISRM International Conference for Effective and Sustainable Hydraulic Fracturing，20-22 May，2013，Brisbane，Australia.

[3] Warpinski N R. Hydraulic fracturing in tight，fissured media[J]. Journal of Petroleum Technology，1991，43（02）：146-209.

[4] 潘东亮. 天然裂缝性油藏等效介质法数值模拟研究[D]. 北京：中国石油大学，2007.

[5] Baecher G B，Lanney N A，Einstein H H. Statistical description of rock properties and sampling[C]//Paper ARMA 77-0400 presented at the The 18th U. S. Symposium on Rock Mechanics，22-24 June，1977，Golden，Colorado.

[6] Lee S H，Jensen C L，Lough M F. An efficient finite difference model for flow in a reservoir with multiple length-scale fractures[C]//SPE Annual Technical Conference and Exhibition，3-6 October，1999，Houston，Texas.

[7] Coats K H. Implicit compositional simulation of single-porosity and dual-porosity reservoirs[C]//Paper SPE 18427 presented at the SPE Symposium on Reservoir Simulation，6-8 February，1989，Houston，Texas.

[8] Tran N H，Chen Z，Rahman S S. Characterizing and modelling of naturally fractured reservoirs with the use of object-based global optimization[C]//Paper PETSOC 2003-179 presented at the Canadian International Petroleum Conference，10-12 June，2003，Calgary，Alberta.

[9] Warpinski N R，Teufel L W. Influence of geologic discontinuities on hydraulic fracture propagation[J]. Journal of Petroleum Technology，1987，39（02）：209-220.

[10] Lass H，Walker M. Vector and tensor analysis[J]. American Journal of Physics，1950，18（9）：583-584.

[11] Sokolnikoff I S. Tensor Analysis：Theory and Applications[M]. New Jersey：Wiley，1951.

[12] Weng X，Sesetty V，Kresse O. Investigation of shear-induced permeability in unconventional reservoirs[C]//Paper ARMA 2015-121 presented at the 49th U. S. Rock Mechanics/Geomechanics Symposium，28 June-1 July，2015，San Francisco，California.

[13] Hossain M M，Rahman M K，Rahman S S. A shear dilation stimulation model for production enhancement from naturally fractured reservoirs[J]. SPE Journal，2002，7（02）：183-195.

[14] Guo J，Liu Y. A comprehensive model for simulating fracturing fluid leakoff in natural fractures[J]. Journal of Natural Gas Science and Engineering，2014，21：977-985.

[15] 张耀良，朱卫兵. 张量分析及其在连续介质力学中的应用[M]，哈尔滨：哈尔滨工程大学出版社，2005.

[16] Fanchi J R. Directional permeability[J]. SPE Reservoir Evaluation & Engineering，2008，11（03）：565-568.

第 5 章　水力裂缝延伸模拟

目前，国内外页岩气田的主要增产措施为水平井分段多簇缝网压裂，其施工特点包括高泵注排量、大压裂液量、低压裂液黏度、多压裂段、多簇射孔等。因此，页岩压裂过程中水力裂缝的延伸行为与常规压裂有所不同。

首先，水平井各压裂段存在多个射孔簇（通常为 2～6 个），压裂过程中有多条水力裂缝同时起裂并延伸，而由于应力干扰效应，水力裂缝不再沿平面进行延伸形成对称双翼裂缝，而会发生非平面转向延伸[1-5]。其次，由于压裂液通常为滑溜水，黏度较低，加之压裂过程中水力裂缝附近的页岩天然裂缝会被激活，大量压裂液将流入激活后的天然裂缝网络中，造成压裂液的大量滤失，导致页岩压裂施工后压裂液的返排率通常仅为 10%～20%[6, 7]。本章将针对页岩水平井缝网压裂过程中水力裂缝延伸的主要特征，建立相应的数学模型，该模型主要包括物质平衡方程、缝内流动方程、裂缝转向方程以及多裂缝流量分配方程。

5.1　物质平衡方程

根据物质平衡原理，单条水力裂缝内的物质平衡方程为

$$\frac{\partial q(s,t)}{\partial s}=q_{\mathrm{L}}(s,t)h_{\mathrm{f}}+\frac{\partial w_{\mathrm{f}}(s,t)}{\partial t}h_{\mathrm{f}} \tag{5-1}$$

式中，q 为水力裂缝内流量（$\mathrm{m^3/s}$）；h_{f} 为水力裂缝高度（m）；w_{f} 为水力裂缝开度（m）；s 为裂缝长度方向坐标（m）；t 为时间（s）；q_{L} 为压裂液滤失速度（m/s）。

同时，根据物质平衡原理，注入压裂液量应等于裂缝体积增量加压裂液滤失量，故全局物质平衡方程为

$$\int_0^t q_{\mathrm{T}}\mathrm{d}t=\sum_1^N\int_0^{L_{\mathrm{f},i}(t)}h_{\mathrm{f}}w_{\mathrm{f}}\mathrm{d}s+\sum_1^N\int_0^{L_{\mathrm{f},i}(t)}\int_0^t q_{\mathrm{L}}(s,t)\mathrm{d}t\mathrm{d}s \tag{5-2}$$

其中，压裂液注入总量应等于各条水力裂缝所分得流量之和：

$$q_{\mathrm{T}}=\sum_{i=1}^N q_i \tag{5-3}$$

式中，q_{T} 为泵注总流量（$\mathrm{m^3/s}$）；q_i 为第 i 条水力裂缝分得流量（$\mathrm{m^3/s}$）；$L_{\mathrm{f},i}$ 为第 i 条水力裂缝长度（m）；N 为水力裂缝条数（条）。

5.2　缝内流动方程

页岩压裂施工通常采用滑溜水，具有牛顿流体特性，不可压缩，故水力裂缝内压降方程可表示为[8]

$$\frac{\partial p}{\partial s}=-\frac{64\mu}{\pi h_{\mathrm{f}} w_{\mathrm{f}}^{3}} q \tag{5-4}$$

式中，p 为缝内压力（Pa）；s 为裂缝长度方向坐标（m）；μ 为液体黏度（mPa·s）；h_{f} 为裂缝高度（m）；w_{f} 为裂缝开度（m）；q 为裂缝内流量（m^3/s）。

初始条件为

$$L_{\mathrm{f}}\big|_{t=0}=0 \tag{5-5}$$

边界条件为

$$w_{\mathrm{f}}\big|_{s=L_{\mathrm{f}}}=0 \tag{5-6}$$

$$p\big|_{s=L_{\mathrm{f}}}=\sigma_{\mathrm{c}}\big|_{s=L_{\mathrm{f}}} \tag{5-7}$$

$$q\big|_{s=L_{\mathrm{f}}}=0 \tag{5-8}$$

$$q\big|_{s=0}=q_{\text{inlet}} \tag{5-9}$$

式中，L_{f} 为水力裂缝长度（m）；σ_{c} 为裂缝壁面闭合应力（Pa）；q_{inlet} 为水力裂缝入口流量（m^3/s）。

在常规压裂模拟中，式（5-9）中的裂缝宽度可由以下方程求得[9, 10]

$$w_{\mathrm{f}}(z)=\frac{(1-\nu)\sqrt{h_{\mathrm{f}}^{2}-4z^{2}}\,(p-\sigma_{c})}{G} \tag{5-10}$$

式中，ν 为泊松比，无量纲；z 为裂缝高度方向坐标（m）；p 为裂缝内压力（Pa）；σ_{c} 为裂缝壁面闭合应力（Pa）；G 为剪切模量（Pa）。

但是，页岩分簇压裂模型涉及多条水力裂缝同时延伸，故需考虑各裂缝之间的应力干扰效应。因此，本书模型中，在通过位移不连续法（displacement discontinuity method，DDM）计算地层应力变化的同时，获得每条裂缝的动态宽度，并将之与裂缝内压降方程进行耦合求解，确定水力裂缝延伸参数。

进行裂缝延伸计算时，首先将缝内压降方程和连续性方程两式联立，得

$$\frac{\pi h_{\mathrm{f}}}{64\mu}\frac{\partial}{\partial s}\left(w_{\mathrm{f}}^{3}\frac{\partial p}{\partial s}\right)=q_{\mathrm{L}}(s,t)h_{\mathrm{f}}+\frac{\partial w_{\mathrm{f}}(s,t)}{\partial t}h_{\mathrm{f}} \tag{5-11}$$

式（5-11）可利用有限差分方法计算，选用中心差分法，同时采用向后隐式差分，其差分格式如下：

$$\begin{aligned}&\frac{\pi}{64\mu\Delta s}\left\{[(w_{\mathrm{f}})_{i+1/2}^{n}]^{3}\left(\frac{\partial p}{\partial s}\right)_{i+1/2}^{n}-[(w_{\mathrm{f}})_{i-1/2}^{n}]^{3}\left(\frac{\partial p}{\partial s}\right)_{i-1/2}^{n}\right\}\\&=q_{\mathrm{L}}+\frac{\pi}{4}\frac{(w_{\mathrm{f}})_{i}^{n}-(w_{\mathrm{f}})_{i}^{n-1}}{\Delta t}\end{aligned} \tag{5-12}$$

其中，网格边界压力梯度为

$$\left(\frac{\partial p}{\partial s}\right)_{i+1/2}^{n}=\frac{p_{i+1}^{n}-p_{i}^{n}}{\Delta s} \tag{5-13}$$

$$\left(\frac{\partial p}{\partial s}\right)_{i-1/2}^{n}=\frac{p_{i}^{n}-p_{i-1}^{n}}{\Delta s} \tag{5-14}$$

代入式（5-12），得

$$\begin{aligned}&\frac{\pi\Delta t}{64\mu\Delta s^2}\{[(w_f)_{i+1/2}^n]^3(p_{i+1}^n-p_i^n)-[(w_f)_{i-1/2}^n]^3(p_i^n-p_{i-1}^n)\}\\&=q_L+\frac{\pi}{4}[(w_f)_i^n-(w_f)_i^{n-1}]\end{aligned} \tag{5-15}$$

整理同类项，得

$$\begin{aligned}&\frac{\pi\Delta t}{64\mu\Delta s^2}\{((w_f)_{i+1/2}^n)^3p_{i+1}^n-[((w_f)_{i+1/2}^n)^3+((w_f)_{i-1/2}^n)^3]p_i^n+((w_f)_{i-1/2}^n)^3p_{i-1}^n\}\\&=q_L+\frac{\pi}{4}[(w_f)_i^n-(w_f)_i^{n-1}]\end{aligned} \tag{5-16}$$

其中，网格边界缝宽为

$$(w_f)_{i+1/2}^n=\frac{(w_f)_i^n+(w_f)_{i+1}^n}{2} \tag{5-17}$$

$$(w_f)_{i-1/2}^n=\frac{(w_f)_{i-1}^n+(w_f)_i^n}{2} \tag{5-18}$$

代入式（5-16），得

$$\begin{aligned}&\frac{\pi\Delta t}{64\mu\Delta s^2}\left\{\left(\frac{(w_f)_i^n+(w_f)_{i+1}^n}{2}\right)^3p_{i+1}^n\right.\\&\left.-\left[\left(\frac{(w_f)_i^n+(w_f)_{i+1}^n}{2}\right)^3+\left(\frac{(w_f)_{i-1}^n+(w_f)_i^n}{2}\right)^3\right]p_i^n+\left(\frac{(w_f)_{i-1}^n+(w_f)_i^n}{2}\right)^3p_{i-1}^n\right\}\\&=q_L+\frac{\pi}{4}[-(w_f)_i^n-(w_f)_i^{n-1}]\end{aligned} \tag{5-19}$$

式（5-19）可化简为标准的一维三点差分格式：

$$W_ip_{i+1}^n+C_ip_i^n+E_ip_{i-1}^n=Q_i \tag{5-20}$$

式（5-20）中系数分别为

$$W_i=\frac{\pi\Delta t}{64\mu\Delta s^2}\left(\frac{(w_f)_i^n+(w_f)_{i+1}^n}{2}\right)^3 \tag{5-21}$$

$$C_i=-\frac{\pi\Delta t}{64\mu\Delta s^2}\left[\left(\frac{(w_f)_i^n+(w_f)_{i+1}^n}{2}\right)^3+\left(\frac{(w_f)_{i-1}^n+(w_f)_i^n}{2}\right)^3\right]=-(W_i+E_i) \tag{5-22}$$

$$E_i=\frac{\pi\Delta t}{64\mu\Delta s^2}\left(\frac{(w_f)_{i-1}^n+(w_f)_i^n}{2}\right)^3 \tag{5-23}$$

$$Q_i=q_L+\frac{\pi}{4}[(w_f)_i^n-(w_f)_i^{n-1}] \tag{5-24}$$

式（5-24）中的 q_L 为水力裂缝压裂液滤失速度，在常规压裂模拟中通常由 Carter 滤失模型计算。然而，对于天然裂缝发育的页岩储层来说，压裂液滤失量与储层中天然裂缝参数及其破坏情况密切相关。所以，需要利用第 6 章中的储层压力场模型计算滤失速度，并代入裂缝延伸模型的式（5-24）中进行耦合求解。其中，利用压力场模型求解裂缝滤失速度的方程如下：

$$
\begin{aligned}
q_{\mathrm{L}} &= \left(\frac{\bar{\bar{\boldsymbol{K}}}}{\mu}\nabla p\right)\cdot(\vec{\boldsymbol{n}}_{\mathrm{fs}}) \\
&= \frac{1}{2\mu\Delta X}\{[(K_{xx})_{\mathrm{f}}+(K_{xx})_{x-}](p_{\mathrm{f}}-p_{x-})+[(K_{xx})_{\mathrm{f}}+(K_{xx})_{x+}](p_{\mathrm{f}}-p_{x+})\} \\
&\quad+\frac{1}{2\mu\Delta Y}\{[(K_{xy})_{\mathrm{f}}+(K_{xy})_{y-}](p_{\mathrm{f}}-p_{y-})+[(K_{xy})_{\mathrm{f}}+(K_{xy})_{y+}](p_{\mathrm{f}}-p_{y+})\} \\
&\quad+\frac{1}{2\mu\Delta Z}\{[(K_{xz})_{\mathrm{f}}+(K_{xz})_{z-}](p_{\mathrm{f}}-p_{z-})+[(K_{xz})_{\mathrm{f}}+(K_{xz})_{z+}](p_{\mathrm{f}}-p_{z+})\}
\end{aligned}
\tag{5-25}
$$

式中，q_{L}为裂缝壁面压裂液滤失速度（m/s）；$\bar{\bar{\boldsymbol{K}}}$为天然裂缝储层表观渗透率张量（D）；$\vec{\boldsymbol{n}}_{\mathrm{fs}}$为垂直于裂缝壁面的单位向量；$K_{xx}$、$K_{xy}$、$K_{xz}$为天然裂缝储层渗透率张量分量（D）；$\mu$为压裂液黏度（mPa·s）；$p$为流体压力（Pa），$\Delta t$为滤失时间（s）；$\Delta X$、$\Delta Y$、$\Delta Z$为压力场三维模型中$x$、$y$、$z$轴方向网格边长（m）；下标f表示水力裂缝所在网格单元；$x\pm$、$y\pm$、$z\pm$分别表示水力裂缝网格单元$\pm x$、$\pm y$、$\pm z$方向的相邻网格单元。

5.3　裂缝转向方程

水力裂缝延伸过程中，其尖端周围应力场分布如图5-1所示，可表示为[11]

$$\sigma_r=\frac{1}{2\sqrt{2\pi r}}\left[K_{\mathrm{I}}(3-\cos\theta)\cos\frac{\theta}{2}+K_{\mathrm{II}}(3\cos\theta-1)\sin\frac{\theta}{2}\right] \tag{5-26}$$

$$\sigma_\theta=\frac{1}{2\sqrt{2\pi r}}\cos\frac{\theta}{2}[K_{\mathrm{I}}(1+\cos\theta)-3K_{\mathrm{II}}\sin\theta] \tag{5-27}$$

$$\tau_{r\theta}=\frac{1}{2\sqrt{2\pi r}}\cos\frac{\theta}{2}[K_{\mathrm{I}}\sin\theta+K_{\mathrm{II}}(3\cos\theta-1)] \tag{5-28}$$

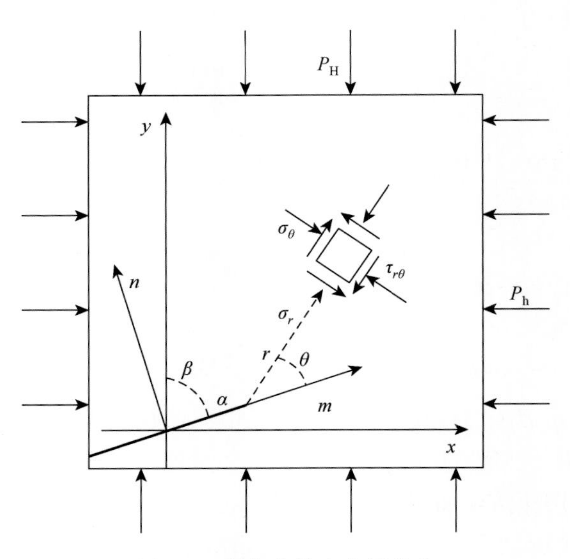

图 5-1　裂缝尖端应力场分布

式中，σ_r为裂缝尖端径向应力（Pa）；σ_θ为裂缝尖端周向应力（Pa）；$\tau_{r\theta}$为裂缝尖端切向应力（Pa）；r，θ为裂缝尖端附近点极坐标（m，°）；K_{I}、K_{II}为第一、第二类应力强度因子（$\text{Pa}\cdot\text{m}^{1/2}$）。

根据最大周向应力理论，裂缝尖端延伸方向应该沿着周向应力（σ_θ）达到最大时的方向起裂，即需满足以下条件：

$$\frac{\partial\sigma_\theta}{\partial\theta}=0 \tag{5-29}$$

$$\frac{\partial^2\sigma_\theta}{\partial\theta^2}<0 \tag{5-30}$$

将上述条件代入裂缝尖端应力场方程中，得到

$$\cos\frac{\theta_{\text{HF}}}{2}[K_{\text{I}}\sin\theta_{\text{HF}}+K_{\text{II}}(3\cos\theta_{\text{HF}}-1)]=0 \tag{5-31}$$

由于裂缝不可能沿原方向的反向进行延伸，故$\theta_{\text{HF}}\neq\pm\pi$，即$\cos(\theta_{\text{HF}}/2)\neq0$，式（5-31）化简为

$$K_{\text{I}}\sin\theta_{\text{HF}}+K_{\text{II}}(3\cos\theta_{\text{HF}}-1)=0 \tag{5-32}$$

其中，计算出裂缝缝尖单元的第一类与第二类应力强度因子K_{I}、K_{II}，需要在第6章中的地层应力场模型中，利用DDM求解得出[12, 13]

$$K_{\text{I}}=\frac{\sqrt{2\pi}G}{4(1-\nu)\sqrt{a}}D_{\text{n}} \tag{5-33}$$

$$K_{\text{II}}=\frac{\sqrt{2\pi}G}{4(1-\nu)\sqrt{a}}D_{\text{s}} \tag{5-34}$$

式中，K_{I}、K_{II}为第一、第二类应力强度因子（$\text{Pa}\cdot\text{m}^{1/2}$）；$G$为储层岩石剪切模量（Pa）；$D_{\text{n}}$、$D_{\text{s}}$分别为裂缝尖端元法向、切向应变（m）；$\nu$为储层岩石泊松比，无量纲；$a$为DDM模型离散裂缝单元长度的一半（m）；$\theta_{\text{HF}}$为水力裂缝延伸转向角（°）。

裂缝转向后，将不再沿着原始地层最大主应力方向延伸，所以施加在裂缝壁面的闭合应力不再等于原始最小主应力，需要单独计算。

假设原始最大主应力沿y方向，最小主应力沿x方向，裂缝初始延伸方向即为y方向，当受到附近裂缝的应力干扰后，发生转向且转向角度为θ_{HF}，则转向后裂缝法向向量为$\vec{\boldsymbol{n}}=(\cos\theta_{\text{HF}},-\sin\theta_{\text{HF}})$。此时，根据应力张量计算法则，作用在裂缝壁面的正应力（闭合应力）为

$$\begin{aligned}\sigma_{\text{c}}&=\vec{\boldsymbol{n}}\cdot\bar{\bar{\boldsymbol{\sigma}}}\cdot\vec{\boldsymbol{n}}^{\text{T}}\\&=\begin{vmatrix}\cos\theta_{\text{HF}} & -\sin\theta_{\text{HF}} & 0\end{vmatrix}\cdot\begin{vmatrix}\sigma_{\text{h}} & 0 & 0\\0 & \sigma_{\text{H}} & 0\\0 & 0 & \sigma_{\text{v}}\end{vmatrix}\cdot\begin{vmatrix}\cos\theta_{\text{HF}}\\-\sin\theta_{\text{HF}}\\0\end{vmatrix}\\&=\sigma_{\text{h}}\cos^2\theta_{\text{HF}}+\sigma_{\text{H}}\sin^2\theta_{\text{HF}}\end{aligned} \tag{5-35}$$

式中，σ_{H}为最大水平主应力（Pa）；σ_{h}为最小水平主应力（Pa）。

当裂缝垂直于最小主应力方向延伸时，转向角$\theta_{\text{HF}}=0°$，则$\sigma_{\text{c}}=\sigma_{\text{h}}$；当裂缝垂直于最大主应力方向延伸时，转向角$\theta_{\text{HF}}=90°$，则$\sigma_{\text{c}}=\sigma_{\text{H}}$。

在最大水平主应力不等于最小水平主应力的条件下，裂缝转向延伸后，各单元闭合应力不再相同，转向角度越大的单元，闭合应力越高。例如，当缝口净压力为5MPa、地层应力差为5MPa、裂缝转向为5°时，裂缝闭合应力升高大约为0.15MPa。所以，有必要将该闭合应力代入裂缝延伸模型的缝宽计算过程中，考虑裂缝转向后由闭合应力变化引起的缝内净压力升高，使模型计算更加精确。

5.4　多裂缝流量分配方程

多条水力裂缝同时起裂延伸时，应力干扰效应除了引起裂缝延伸转向之外，还会导致压裂液在各条裂缝的入口处流量出现明显不同，故需要建立流量分配方程，对各条水力裂缝缝口流量进行计算。

5.4.1　沿程压降

页岩水平井单段缝网压裂中，假设共有 n 簇射孔簇，即 n 条水力裂缝同时延伸，则压裂液流量分配情况如图5-2所示。根据Kirchhoff's第二定律可知，在忽略井筒储集效应的条件下，水平井跟端压力等于水力裂缝缝口压力、射孔孔摩阻压降与水平井段沿程压降之和[14]：

$$p_{\text{heel}} = p_{\text{fi},i} + \Delta p_{\text{pf},i} + \sum_{j=1}^{i} \Delta p_{\text{w},j} \tag{5-36}$$

式中，p_{heel} 为水平井跟端压力（Pa）；$p_{\text{fi},i}$ 为第 i 条裂缝首个单元内压力（Pa）；$\Delta p_{\text{pf},i}$ 为第 i 条裂缝射孔孔眼处的摩阻压降（Pa）；$\Delta p_{\text{w},j}$ 为第 j 水平井段沿程压降（Pa）。下标中：i 表示裂缝编号；j 表示水平井段编号。

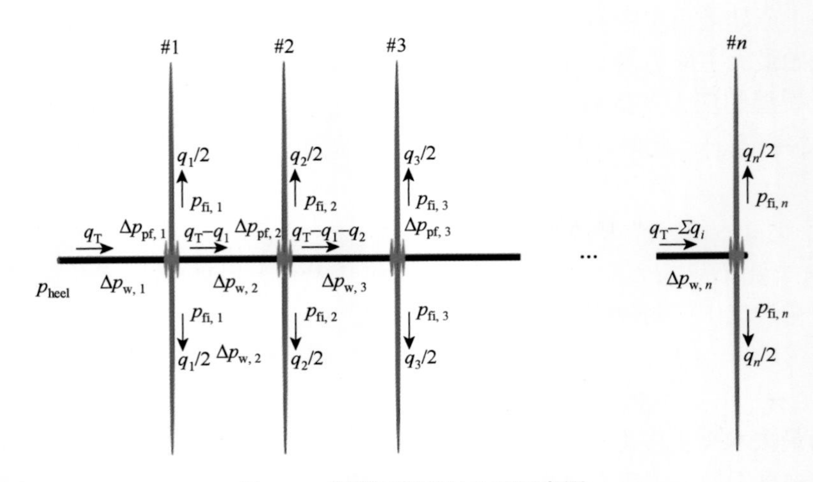

图5-2　分簇压裂流量分配示意图

其中，各项沿程压降项表达式为

$$\Delta p_{\mathrm{pf},i}=8.1\frac{q_i^2\rho}{n_{\mathrm{pf},i}^2 d_{\mathrm{pf},i}^4\alpha_{\mathrm{pf},i}^2} \tag{5-37}$$

$$\Delta p_{\mathrm{w},j}=C_{\mathrm{w}}\sum_{j=1}^{i}L_{\mathrm{w},j}q_{\mathrm{w},j}^{n'} \tag{5-38}$$

$$q_{\mathrm{w},j}=q_{\mathrm{T}}-\sum_{k=1}^{j-1}q_k \tag{5-39}$$

$$q_{\mathrm{w},j}=q_{\mathrm{T}}\quad (j=1) \tag{5-40}$$

$$C_{\mathrm{w}}=\begin{cases}2^{3n'+2}\pi^{-n'}k'\left(\dfrac{1+3n'}{n'}\right)d_{\mathrm{w}}^{-(3n'+1)} & \text{(幂律流体)}\\ \dfrac{128\mu}{\pi d_{\mathrm{w}}^4} & \text{(牛顿流体)}\end{cases} \tag{5-41}$$

式中，n_{pf} 为射孔孔眼数量（个）；d_{pf} 为射孔孔眼直径（m）；α 为孔眼流量系数，一般取 0.8～0.85，无量纲；ρ 为压裂液密度（$\mathrm{kg/m^3}$）；k'为幂律流体稠度系数（Pa·s）；n'为幂律流体流动行为指数，无量纲；μ 为牛顿流体黏度（Pa·s）；$L_{\mathrm{w},j}$ 为第 j 段水平井长度（m）；$q_{\mathrm{w},j}$ 为第 j 段水平井流量（$\mathrm{m^3/s}$）；q_{T} 为压裂液总流量（$\mathrm{m^3/s}$）；q_k 为第 k 条裂缝内总流量（$\mathrm{m^3/s}$）；d_{w} 为水平井筒直径（m）。

5.4.2　流量分配

根据物质平衡原理，可列出全局物质守恒方程：

$$q_{\mathrm{T}}-\sum_{i=1}^{N}q_i=0 \tag{5-42}$$

再根据沿程压降方程，列出 N 个方程：

$$p_{\mathrm{fi},i}+\Delta p_{\mathrm{pf},i}+\sum_{j=1}^{i}\Delta p_{\mathrm{w},j}-p_{\mathrm{heel}}=0\qquad (i\in 1\sim N) \tag{5-43}$$

联立式（5-42）和式（5-43），可得一组 N+1 阶非线性方程组，可采用牛顿迭代法求解 N+1 个未知量（$q_1, q_2, \cdots, q_n, p_{\mathrm{heel}}$）：

首先，构造以下函数：

$$f_i=p_{\mathrm{fi},i}+\Delta p_{\mathrm{pf},i}+\Delta p_{\mathrm{w},j}-p_{\mathrm{heel}}\qquad (i\in 1\sim N) \tag{5-44}$$

$$f_{n+1}=q_{\mathrm{T}}-\sum_{i=1}^{N}q_i \tag{5-45}$$

则以上非线性方程组的雅可比矩阵可由构造函数求出：

$$
\boldsymbol{J}=\begin{vmatrix}
\dfrac{\partial f_1}{\partial q_1} & \cdots & \dfrac{\partial f_1}{\partial q_n} & \dfrac{\partial f_1}{\partial p_{\mathrm{heel}}} \\
\dfrac{\partial f_2}{\partial q_1} & \cdots & \dfrac{\partial f_2}{\partial q_n} & \dfrac{\partial f_2}{\partial p_{\mathrm{heel}}} \\
\vdots & & & \vdots \\
\dfrac{\partial f_n}{\partial q_1} & \cdots & \dfrac{\partial f_n}{\partial q_n} & \dfrac{\partial f_n}{\partial p_{\mathrm{heel}}} \\
\dfrac{\partial f_{n+1}}{\partial q_1} & \cdots & \dfrac{\partial f_{n+1}}{\partial q_n} & \dfrac{\partial f_{n+1}}{\partial p_{\mathrm{heel}}}
\end{vmatrix} \tag{5-46}
$$

其中：

$$
\begin{aligned}
f_1 &= p_{\mathrm{fi},1}+8.1\frac{q_{\mathrm{pf},1}^2\rho}{n_{\mathrm{pf},1}^2 d_{\mathrm{pf},1}^4\alpha_{\mathrm{pf},1}^2}+\frac{128\mu}{\pi d_{\mathrm{w}}^4}L_{\mathrm{w},1}q_{\mathrm{w},1}-p_{\mathrm{heel}} \\
&= p_{\mathrm{fi},1}+8.1\frac{q_{\mathrm{pf},1}^2\rho}{n_{\mathrm{pf},1}^2 d_{\mathrm{pf},1}^4\alpha_{\mathrm{pf},1}^2}+\frac{128\mu}{\pi d_{\mathrm{w}}^4}L_{\mathrm{w},1}(q_1+q_2+\cdots+q_n)-p_{\mathrm{heel}}
\end{aligned} \tag{5-47}
$$

$$
\begin{aligned}
f_2 &= p_{\mathrm{fi},2}+8.1\frac{q_{\mathrm{pf},2}^2\rho}{n_{\mathrm{pf},2}^2 d_{\mathrm{pf},2}^4\alpha_{\mathrm{pf},2}^2}+\frac{128\mu}{\pi d_{\mathrm{w}}^4}L_{\mathrm{w},1}q_{\mathrm{w},1}^1+\frac{128\mu}{\pi d_{\mathrm{w}}^4}L_{\mathrm{w},2}q_{\mathrm{w},2}-p_{\mathrm{heel}} \\
&= p_{\mathrm{fi},2}+8.1\frac{q_{\mathrm{pf},2}^2\rho}{n_{\mathrm{pf},2}^2 d_{\mathrm{pf},2}^4\alpha_{\mathrm{pf},2}^2}+\frac{128\mu}{\pi d_{\mathrm{w}}^4}L_{\mathrm{w},1}(q_1+q_2+\cdots+q_n) \\
&\quad +\frac{128\mu}{\pi d_{\mathrm{w}}^4}L_{\mathrm{w},2}(q_2+\cdots+q_n)-p_{\mathrm{heel}}
\end{aligned} \tag{5-48}
$$

$$
\vdots
$$

$$
\begin{aligned}
f_n &= p_{\mathrm{fi},n}+8.1\frac{q_{\mathrm{pf},n}^2\rho}{n_{\mathrm{pf},n}^2 d_{\mathrm{pf},n}^4\alpha_{\mathrm{pf},n}^2}+\frac{128\mu}{\pi d_{\mathrm{w}}^4}\sum_{j=1}^{n}L_{\mathrm{w},j}q_{\mathrm{w},j}-p_{\mathrm{heel}} \\
&= p_{\mathrm{fi},n}+8.1\frac{q_{\mathrm{pf},n}^2\rho}{n_{\mathrm{pf},n}^2 d_{\mathrm{pf},n}^4\alpha_{\mathrm{pf},n}^2}+\frac{128\mu}{\pi d_{\mathrm{w}}^4}L_{\mathrm{w},1}(q_1+q_2+\cdots+q_n) \\
&\quad +\frac{128\mu}{\pi d_{\mathrm{w}}^4}L_{\mathrm{w},2}(q_2+\cdots+q_n)+\cdots+\frac{128\mu}{\pi d_{\mathrm{w}}^4}L_{\mathrm{w},n}(q_n)-p_{\mathrm{heel}}
\end{aligned} \tag{5-49}
$$

$$
f_{n+1}=q_{\mathrm{T}}-(q_1+q_2+\cdots q_n) \tag{5-50}
$$

对式（5-46）～式（5-50）分别求偏导：

$$
\begin{aligned}
\frac{\partial f_1}{\partial q_1} &= \frac{\partial\left(p_{\mathrm{fi},1}+8.1\dfrac{q_{\mathrm{pf},1}^2\rho}{n_{\mathrm{pf},1}^2 d_{\mathrm{pf},1}^4\alpha_{\mathrm{pf},1}^2}+\dfrac{128\mu}{\pi d_{\mathrm{w}}^4}L_{\mathrm{w},1}q_{\mathrm{w},1}-p_{\mathrm{heel}}\right)}{\partial q_1} \\
&= 16.2\frac{\rho}{n_{\mathrm{pf},1}^2 d_{\mathrm{pf},1}^4\alpha_{\mathrm{pf},1}^2}q_1+\frac{128\mu L_{\mathrm{w},1}}{\pi d_{\mathrm{w}}^4}
\end{aligned} \tag{5-51}
$$

$$\begin{aligned}\frac{\partial f_1}{\partial q_2}&=\frac{\partial\left(p_{\mathrm{fi},1}+8.1\dfrac{q_{\mathrm{pf},1}^2\rho}{n_{\mathrm{pf},1}^2d_{\mathrm{pf},1}^4\alpha_{\mathrm{pf},1}^2}+\dfrac{128\mu}{\pi d_{\mathrm{w}}^4}L_{\mathrm{w},1}q_{\mathrm{w},1}-p_{\mathrm{heel}}\right)}{\partial q_2}\\&=\frac{128\mu L_{\mathrm{w},1}}{\pi d_{\mathrm{w}}^4}\end{aligned}\tag{5-52}$$

$$\vdots$$

$$\begin{aligned}\frac{\partial f_1}{\partial q_n}&=\frac{\partial\left(p_{\mathrm{fi},1}+8.1\dfrac{q_{\mathrm{pf},1}^2\rho}{n_{\mathrm{pf},1}^2d_{\mathrm{pf},1}^4\alpha_{\mathrm{pf},1}^2}+\dfrac{128\mu}{\pi d_{\mathrm{w}}^4}L_{\mathrm{w},1}q_{\mathrm{w},1}-p_{\mathrm{heel}}\right)}{\partial q_n}\\&=\frac{128\mu L_{\mathrm{w},1}}{\pi d_{\mathrm{w}}^4}\end{aligned}\tag{5-53}$$

$$\begin{aligned}\frac{\partial f_1}{\partial p_{\mathrm{heel}}}&=\frac{\partial\left(p_{\mathrm{fi},1}+0.135\dfrac{q_{\mathrm{pf},1}^2\rho}{n_{\mathrm{pf},1}^2d_{\mathrm{pf},1}^4\alpha_{\mathrm{pf},1}^2}+\dfrac{128\mu}{\pi d_{\mathrm{w}}^4}L_{\mathrm{w},1}q_{\mathrm{w},1}-p_{\mathrm{heel}}\right)}{\partial p_{\mathrm{heel}}}\\&=-1\end{aligned}\tag{5-54}$$

$$\vdots$$

$$\begin{aligned}\frac{\partial f_2}{\partial q_1}&=\frac{\partial\left(p_{\mathrm{fi},2}+8.1\dfrac{q_{\mathrm{pf},2}^2\rho}{n_{\mathrm{pf},2}^2d_{\mathrm{pf},2}^4\alpha_{\mathrm{pf},2}^2}+\dfrac{128\mu}{\pi d_{\mathrm{w}}^4}L_{\mathrm{w},1}q_{\mathrm{w},1}^1+\dfrac{128\mu}{\pi d_{\mathrm{w}}^4}L_{\mathrm{w},2}q_{\mathrm{w},2}-p_{\mathrm{heel}}\right)}{\partial q_1}\\&=\frac{128\mu}{\pi d_{\mathrm{w}}^4}L_{\mathrm{w},1}\end{aligned}\tag{5-55}$$

$$\begin{aligned}\frac{\partial f_2}{\partial q_2}&=\frac{\partial\left(p_{\mathrm{fi},2}+8.1\dfrac{q_{\mathrm{pf},2}^2\rho}{n_{\mathrm{pf},2}^2d_{\mathrm{pf},2}^4\alpha_{\mathrm{pf},2}^2}+\dfrac{128\mu}{\pi d_{\mathrm{w}}^4}L_{\mathrm{w},1}q_{\mathrm{w},1}^1+\dfrac{128\mu}{\pi d_{\mathrm{w}}^4}L_{\mathrm{w},2}q_{\mathrm{w},2}-p_{\mathrm{heel}}\right)}{\partial q_1}\\&=16.2\frac{\rho}{n_{\mathrm{pf},2}^2d_{\mathrm{pf},2}^4\alpha_{\mathrm{pf},2}^2}q_2+\frac{128\mu}{\pi d_{\mathrm{w}}^4}L_{\mathrm{w},1}+\frac{128\mu}{\pi d_{\mathrm{w}}^4}L_{\mathrm{w},2}\end{aligned}\tag{5-56}$$

$$\vdots$$

$$\begin{aligned}\frac{\partial f_2}{\partial q_n}&=\frac{\partial\left(p_{\mathrm{fi},n}+8.1\dfrac{q_{\mathrm{pf},n}^2\rho}{n_{\mathrm{pf},n}^2d_{\mathrm{pf},n}^4\alpha_{\mathrm{pf},n}^2}+\dfrac{128\mu}{\pi d_{\mathrm{w}}^4}\sum\limits_{j=1}^{n}L_{\mathrm{w},j}q_{\mathrm{w},j}-p_{\mathrm{heel}}\right)}{\partial q_n}\\&=\frac{128\mu}{\pi d_{\mathrm{w}}^4}L_{\mathrm{w},1}+\frac{128\mu}{\pi d_{\mathrm{w}}^4}L_{\mathrm{w},2}\end{aligned}\tag{5-57}$$

$$\begin{aligned}\frac{\partial f_2}{\partial p_{\mathrm{heel}}}&=\frac{\partial\left(p_{\mathrm{fi},n}+8.1\dfrac{q_{\mathrm{pf},n}^2\rho}{n_{\mathrm{pf},n}^2d_{\mathrm{pf},n}^4\alpha_{\mathrm{pf},n}^2}+\dfrac{128\mu}{\pi d_{\mathrm{w}}^4}\sum\limits_{j=1}^{n}L_{\mathrm{w},j}q_{\mathrm{w},j}-p_{\mathrm{heel}}\right)}{\partial p_{\mathrm{heel}}}\\&=-1\end{aligned}\tag{5-58}$$

$$\vdots$$

$$\frac{\partial f_n}{\partial q_1}=\frac{\partial\left(p_{\mathrm{fi},n}+0.135\frac{q_{\mathrm{pf},n}^2\rho}{n_{\mathrm{pf},n}^2 d_{\mathrm{pf},n}^4\alpha_{\mathrm{pf},n}^2}+\frac{128\mu}{\pi d_{\mathrm{w}}^4}\sum_{j=1}^{n}L_{\mathrm{w},j}q_{\mathrm{w},j}-p_{\mathrm{heel}}\right)}{\partial q_1}=\frac{128\mu}{\pi d_{\mathrm{w}}^4}L_{\mathrm{w},1} \tag{5-59}$$

$$\frac{\partial f_n}{\partial q_2}=\frac{\partial\left(p_{\mathrm{fi},n}+0.135\frac{q_{\mathrm{pf},n}^2\rho}{n_{\mathrm{pf},n}^2 d_{\mathrm{pf},n}^4\alpha_{\mathrm{pf},n}^2}+\frac{128\mu}{\pi d_{\mathrm{w}}^4}\sum_{j=1}^{n}L_{\mathrm{w},j}q_{\mathrm{w},j}-p_{\mathrm{heel}}\right)}{\partial q_2}=\frac{128\mu}{\pi d_{\mathrm{w}}^4}L_{\mathrm{w},1}+\frac{128\mu}{\pi d_{\mathrm{w}}^4}L_{\mathrm{w},2} \tag{5-60}$$

$$\frac{\partial f_n}{\partial q_n}=\frac{\partial\left(p_{\mathrm{fi},n}+8.1\frac{q_{\mathrm{pf},n}^2\rho}{n_{\mathrm{pf},n}^2 d_{\mathrm{pf},n}^4\alpha_{\mathrm{pf},n}^2}+\frac{128\mu}{\pi d_{\mathrm{w}}^4}\sum_{j=1}^{n}L_{\mathrm{w},j}q_{\mathrm{w},j}-p_{\mathrm{heel}}\right)}{\partial q_n}=16.2\frac{\rho}{n_{\mathrm{pf},n}^2 d_{\mathrm{pf},n}^4\alpha_{\mathrm{pf},n}^2}q_n+\frac{128\mu}{\pi d_{\mathrm{w}}^4}L_{\mathrm{w},1}+\frac{128\mu}{\pi d_{\mathrm{w}}^4}L_{\mathrm{w},2}+\cdots+\frac{128\mu}{\pi d_{\mathrm{w}}^4}L_{\mathrm{w},n} \tag{5-61}$$

$$\frac{\partial f_n}{\partial p_{\mathrm{heel}}}=\frac{\partial\left(p_{\mathrm{fi},n}+8.1\frac{q_{\mathrm{pf},n}^2\rho}{n_{\mathrm{pf},n}^2 d_{\mathrm{pf},n}^4\alpha_{\mathrm{pf},n}^2}+\frac{128\mu}{\pi d_{\mathrm{w}}^4}\sum_{j=1}^{n}L_{\mathrm{w},j}q_{\mathrm{w},j}-p_{\mathrm{heel}}\right)}{\partial p_{\mathrm{heel}}}=-1 \tag{5-62}$$

$$\vdots$$

$$\frac{\partial f_{n+1}}{\partial q_1}=\frac{\partial[q_{\mathrm{T}}-(q_1+q_2+\cdots+q_n)]}{\partial q_1}=-1 \tag{5-63}$$

$$\frac{\partial f_{n+1}}{\partial q_2}=\frac{\partial[q_{\mathrm{T}}-(q_1+q_2+\cdots+q_n)]}{\partial q_2}=-1 \tag{5-64}$$

$$\vdots$$

$$\frac{\partial f_{n+1}}{\partial q_n}=\frac{\partial[q_{\mathrm{T}}-(q_1+q_2+\cdots+q_n)]}{\partial q_n}=-1 \tag{5-65}$$

$$\frac{\partial f_{n+1}}{\partial p_{\mathrm{heel}}}=\frac{\partial[q_{\mathrm{T}}-(q_1+q_2+\cdots+q_n)]}{\partial p_{\mathrm{heel}}}=0 \tag{5-66}$$

综合以上诸式，雅可比矩阵元素通式可写为

$$
\frac{\partial f_I}{\partial p_\mathrm{J}}=\begin{cases}\displaystyle\sum_{i=1}^{\min(I,J)}\frac{128\mu}{\pi d_\mathrm{w}^4}L_{\mathrm{w},i} & (J\neq \mathrm{heel};I\neq J;I\neq n+1)\\ \displaystyle\sum_{i=1}^{\min(I,J)}\frac{128\mu}{\pi d_\mathrm{w}^4}L_{\mathrm{w},i}+16.2\frac{\rho}{n_{\mathrm{pf},1}^2 d_{\mathrm{pf},1}^4\alpha_{\mathrm{pf},1}^2}q_J & (J\neq \mathrm{heel};I=J;I\neq n+1)\\ -1 & (J=\mathrm{heel};I\neq n+1)\\ -1 & (J\neq \mathrm{heel};I=n+1)\\ 0 & (J=\mathrm{heel};I=n+1)\end{cases} \tag{5-67}
$$

按照上述各式构建好雅可比矩阵后，即可利用牛顿迭代方法，对流量分配非线性方程组进行求解，迭代公式为

$$
\boldsymbol{Q}\leftarrow\boldsymbol{Q}-\boldsymbol{J}^{-1}\boldsymbol{F} \tag{5-68}
$$

其中：

$$
\boldsymbol{Q}=[q_1 \quad q_2 \quad \cdots \quad p_\mathrm{heel}]^\mathrm{T} \tag{5-69}
$$

$$
\boldsymbol{F}=[f_1 \quad f_2 \quad \cdots \quad f_{\mathrm{n}+1}]^\mathrm{T} \tag{5-70}
$$

迭代初值可赋为

$$
q_i^0=\frac{q_\mathrm{T}}{N} \qquad (i\in 1\sim N) \tag{5-71}
$$

$$
p_\mathrm{heel}^0=p_{\mathrm{fi},1}(q_i^0)+\Delta p_{\mathrm{pf},1}(q_i^0)+\Delta p_{\mathrm{w},1}(q_i^0) \tag{5-72}
$$

5.5　计算实例

利用所建立的页岩压裂水力裂缝延伸模型，分别对单水力裂缝与双水力裂缝延伸的情况进行了模拟计算，并将模拟结果与解析解和已发表论文中的数值解进行对比分析。

5.5.1　单裂缝延伸模拟

根据页岩压裂水力裂缝延伸模型，进行了单裂缝延伸模拟计算，此算例基本参数如表 5-1 所示。

表 5-1　单裂缝延伸模拟计算基本参数

参数	数值
压裂液黏度/(mPa·s)	100
泵注排量/(m^3/min)	2.18
杨氏模量/GPa	45
泊松比（无量纲）	0.2
裂缝高度/m	61
最小水平主应力/MPa	30.68

通过计算，得到单裂缝延伸半长、缝口净压力、缝口平均开度随时间的变化曲线，并与 PKN 和 KGD 两种经典模型的解析解进行了对比，如图 5-3 所示。

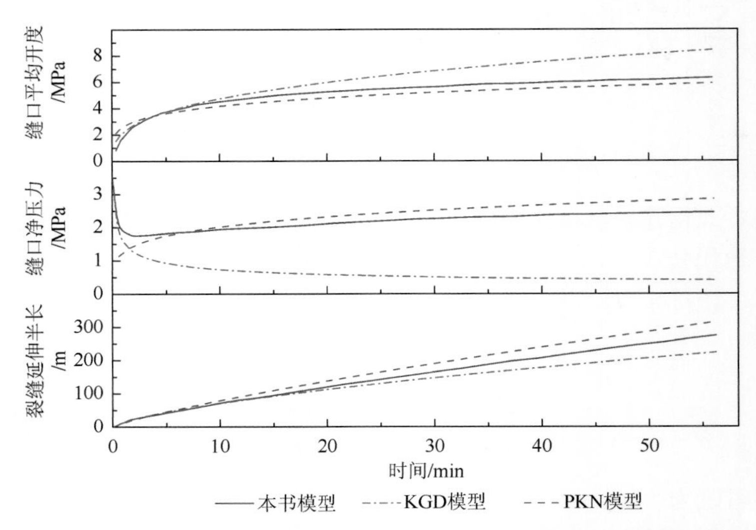

图 5-3　单水力裂缝延伸半长、缝口净压力、缝口平均开度随时间变化

KGD 与 PKN 模型都是专门用于常规单一平面水力裂缝延伸计算的经典模型，但两者假设条件略有不同。KGD 模型假设裂缝平面应变在水平面上，且裂缝垂直截面为矩形，即沿缝高方向上裂缝开度不变；PKN 模型假设裂缝平面应变在垂直面上，且裂缝垂直截面为椭圆形，即沿缝高方向上裂缝开度变化。由于上述假设条件的不同，使得当水力裂缝长度小于或约等于高度的情况下，KGD 模型的计算结果更为准确；而当水力裂缝长度大于高度的情况下，PKN 模型的计算结果则更为准确[15]。

从图 5-3 中可以看出，通过页岩压裂水力裂缝延伸模型得到的计算结果，缝口净压力在水力压裂初期较高，随后快速降低再缓慢升高，压力变化趋势在水力压裂初期与 KGD 模型结果较为一致，该阶段水力裂缝长度小于高度；而在水力压裂中后期与 PKN 模型结果较为吻合，该阶段水力裂缝长度大于高度。对比结果证实了页岩压裂水力裂缝延伸模型计算单缝延伸的可靠性。

5.5.2　双裂缝延伸模拟

根据页岩压裂水力裂缝延伸模型，本章进行了双裂缝延伸模拟计算，此算例基本参数如表 5-2 所示。

表 5-2　双裂缝延伸模拟计算基本参数

参数	数值
压裂液黏度/(mPa·s)	100
泵注排量/(m^3/min)	3.17

续表

参数	数值
杨氏模量/GPa	43.78
泊松比（无量纲）	0.2
裂缝高度/m	60.96
最小水平主应力/MPa	30.68
射孔簇间距/m	10

分别在不同水平应力差的条件下，模拟出两条水力裂缝的转向延伸路径，并与已公开发表论文中的相同算例的数值结果进行了对比，如图 5-4 所示。

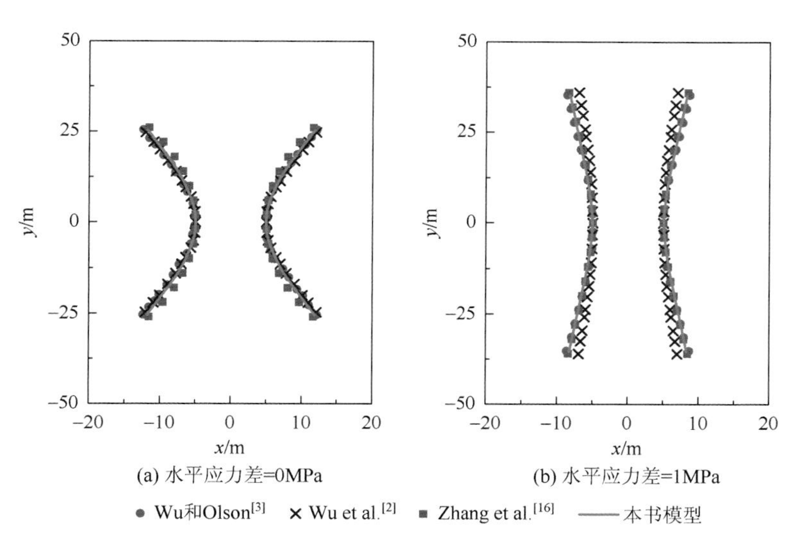

图 5-4　双水力裂缝在不同水平应力差条件下的延伸路径

图 5-4 绘制了三种不同的数值方法在相同参数条件下的计算结果，包括：Zhang 等 2007 年的 CSIRO 裂缝模拟器[16]、Wu 等 2012 年的 UFM 非常规裂缝模型[2]，以及 Wu 和 Olson 2015 年的 FPM 裂缝延伸模型[3]。模拟结果表明，两条水力裂缝同时并排延伸时，由于应力干扰效应，两者都呈现相互远离的转向延伸现象；在其他条件相同的情况下，水平地应力差越小，裂缝延伸转向的程度就越明显。此外，通过对比可以发现，本书建立的页岩压裂水力裂缝延伸模型计算出的双裂缝延伸路径与上述三种数值计算方法一致，证实了页岩压裂水力裂缝延伸模型计算多缝转向延伸的可靠性。

5.6　本 章 小 结

基于本章研究，得到以下重要认识。

（1）针对页岩压裂过程中多条水力裂缝同时起裂、非均匀延伸、转向延伸、压裂液大量滤失等特点，建立了相应的水力裂缝延伸模型。该模型主要包括物质平衡方程、缝内流动方程、裂缝转向方程、多裂缝流量分配方程，能够模拟非平面水力裂缝转向延伸、多条水力裂缝非均匀延伸等现象。

（2）利用所建立的页岩压裂水力裂缝延伸模型，分别对单水力裂缝与双水力裂缝延伸的情况进行了模拟计算。其中，单缝延伸计算结果与经典模型解析解较为吻合，双缝延伸模拟结果和已发表论文中的数值解一致，证实了该模型的可靠性。

（3）页岩水平井压裂过程中，水力裂缝延伸与地层应力和储层压力变化密切相关。为此，本章中的页岩压裂水力裂缝延伸模型主要与第6章中的地层应力场模型和储层压力场模型有较强的关联，模型之间需要进行耦合计算。其中，水力裂缝延伸模型为地层应力场模型提供水力裂缝几何参数与缝内压力参数，水力裂缝延伸模型为储层压力场模型提供缝内压力参数，地层应力模型为水力裂缝延伸模型提供水力裂缝开度参数，储层压力场模型为水力裂缝延伸模型提供水力裂缝滤失量参数。

参 考 文 献

[1] Bunger A P，Jeffrey R G，Kear J，et al. Experimental investigation of the interaction among closely spaced hydraulic fractures[C]//45th U. S. Rock Mechanics/Geomechanics Symposium，26-29 June，2011，San Francisco，California.

[2] Wu R，Kresse O，Weng X，et al. Modeling of interaction of hydraulic fractures in complex fracture networks[C]//Paper SPE 152052 presented at the SPE Hydraulic Fracturing Technology Conference，6-8 February，2012，The Woodlands，Texas，USA.

[3] Wu K，Olson J E. Simultaneous multifracture treatments：Fully coupled fluid flow and fracture mechanics for horizontal wells[J]. SPE Journal，2015，20（02）：337-346.

[4] Hou B，Chen M，Wan C，et al. Laboratory studies of fracture geometry in multistage hydraulic fracturing under triaxial stresses[J]. Chemistry and Technology of Fuels and Oils，2017，53（2）：219-226.

[5] Tan P，Jin Y，Hou B，et al. Experimental investigation on fracture initiation and non-planar propagation of hydraulic fractures in coal seams[J]. Petroleum Exploration and Development，2017，44（3）：470-476.

[6] Vidic R D，Brantley S L，Vandenbossche J M，et al. Impact of shale gas development on regional water quality[J]. Science，2013，340（6134）：1235009.

[7] Ghanbari E，Dehghanpour H. Impact of rock fabric on water imbibition and salt diffusion in gas shales[J]. International Journal of Coal Geology，2015，138：55-67.

[8] Valk P，Economides M J. Hydraulic Fracture Mechanics[M]：New York：Wiley，1995.

[9] Perkins T K，Kern L R. Widths of hydraulic fractures[J]. Journal of Petroleum Technology，1961，13（09）：937-949.

[10] Nordgren R P. Propagation of a vertical hydraulic fracture[J]. Society of Petroleum Engineers Journal，1972，12（04）：306-314.

[11] Sih G C，Madenci E. Crack growth resistance characterized by the strain energy density function[J]. Engineering Fracture Mechanics，1983，18（6）：1159-1171.

[12] Olson J E. Fracture mechanics analysis of joints and veins[D]. California，Stanford University，1990.

[13] Olson J E. Fracture aperture，length and pattern geometry development under biaxial loading：A numerical study with applications to natural，cross-jointed systems[J]. Geological Society，London，Special Publications，2007，289（1）：123-142.

[14] Elbel J L，Piggott A R，Mack M G. Numerical modeling of multilayer fracture treatments[C]//Paper SPE 23982 presented at the Permian Basin Oil and Gas Recovery Conference，18-20 March，1992，Midland，Texas.

[15] Economides M J，Nolte K G，Ahmed U，et al. Reservoir stimulation[M]. New York：Wiley Chichester，2000.

[16] Zhang X，Jeffrey R G，Thiercelin M. Deflection and propagation of fluid-driven fractures at frictional bedding interfaces：a numerical investigation[J]. Journal of Structural Geology，2007，29（3）：396-410.

第 6 章　多物理场耦合计算

6.1　页岩压裂地层应力场变化机理与模型

页岩水平井缝网压裂过程中，多条水力裂缝同时张开，导致周围地层岩石产生弹性形变，从而产生诱导应力。求解连续介质中应力-应变问题的数值计算方法主要包括：有限差分法（finite difference method，FDM）、有限元法（finite element method，FEM）、离散元法（discrete element method，DEM）以及边界元法（boundary element method，BEM）。其中，边界元法中的位移不连续法（displacement discontinuity method，DDM）较为适合求解无限大弹性介质中包含不连续单元（如裂缝、井筒、孔洞）的应力-应变问题[1]。

本章基于弹性力学理论模型，利用位移不连续法计算由水力裂缝产生的诱导应力场。该方法优势在于无须在整个求解域内划分网格，而仅需对离散裂缝进行网格划分，故其网格维度比求解模型维度少一维，计算量大大减少，精度较高。此外，由于不连续位移法网格划分较为简单，运算量小，故可在每个时步内更新网格，形成动态网格，适合用于模拟裂缝的转向延伸行为。

6.1.1　位移不连续法

位移不连续法由 Crouch 于 1976 年首次提出[2]，在无限大线弹性体中通过位移不连续的离散单元模拟裂缝、孔洞等单元。单个位移不连续单元如图 6-1 所示，单元半长为 a，裂缝上下壁面分别为 $y=0^+$与 $y=0^-$，当裂缝受到外部应力等载荷的作用时，单元上、下面将发生相对运动，可分解为切向相对位移（D_x）与法向相对位移（D_y），即位移不连续量：

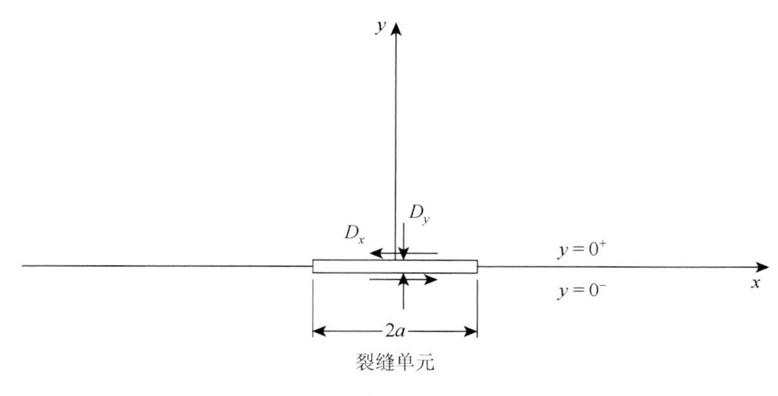

图 6-1　裂缝位移不连续单元

$$D_x = u_x(x,0^-) - u_x(x,0^+) \tag{6-1}$$

$$D_y = u_y(x,0^-) - u_y(x,0^+) \tag{6-2}$$

式中，u_x、u_y 分别为裂缝单元面沿 x 方向和 y 方向位移（m）。

1. 控制方程

对于均匀各向同性的线弹性体来说，u_x、u_y 分别为

$$u_x = B_x - \frac{1}{4(1-\nu)}\frac{\partial}{\partial x}(xB_x + yB_y + \beta) \tag{6-3}$$

$$u_y = B_y - \frac{1}{4(1-\nu)}\frac{\partial}{\partial y}(xB_x + yB_y + \beta) \tag{6-4}$$

式中，B_x、B_y、β 为 Papkovitch 函数，满足拉普拉斯方程：

$$\nabla^2 B_x = 0 \tag{6-5}$$

$$\nabla^2 B_y = 0 \tag{6-6}$$

$$\nabla^2 \beta = 0 \tag{6-7}$$

对于位移不连续模型中 Papkovitch 函数的选择，需满足不连续位移面（$y=0$）的剪切应力为零或法向应力为零。

（1）若 Papkovitch 函数选取以下表达式：

$$B_x = 0 \tag{6-8}$$

$$B_y = 4(1-\nu)\frac{\partial \phi}{\partial y} \tag{6-9}$$

$$\beta = 4(1-\nu)(1-2\nu)\phi \tag{6-10}$$

其中，$\nabla^2\phi = 0$，则不连续位移与应力可由调和函数 ϕ 表达：

$$u_x = -(1-2\nu)\frac{\partial \phi}{\partial x} - y\frac{\partial^2 \phi}{\partial x \partial y} \tag{6-11}$$

$$u_y = (1-\nu)\frac{\partial \phi}{\partial y} - y\frac{\partial^2 \phi}{\partial y^2} \tag{6-12}$$

$$\sigma_{xx} = 2G\left(\frac{\partial^2 \phi}{\partial y^2} + y\frac{\partial^3 \phi}{\partial y^3}\right) \tag{6-13}$$

$$\sigma_{yy} = 2G\left(\frac{\partial^2 \phi}{\partial y^2} - y\frac{\partial^3 \phi}{\partial y^3}\right) \tag{6-14}$$

$$\sigma_{xy} = -2Gy\frac{\partial^3 \phi}{\partial x \partial y^2} \tag{6-15}$$

式中，G 为材料剪切模量（Pa）。当 $y=0$ 时，$\sigma_{xy}=0$，即不连续位移面切向应力为零。

（2）若 Papkovitch 函数选取以下表达式：

$$B_x = 0 \tag{6-16}$$

$$B_y = 4(1-\nu)\frac{\partial \chi}{\partial x} \tag{6-17}$$

$$\beta = 8(1-\nu)^2 \int \frac{\partial \chi}{\partial x} \mathrm{d}y \tag{6-18}$$

其中，$\nabla^2 \chi = 0$，则不连续位移与应力可由调和函数 χ 表达：

$$u_x = 2(1-\nu)\frac{\partial \chi}{\partial y} + y\frac{\partial^2 \chi}{\partial y^2} \tag{6-19}$$

$$u_y = (1-2\nu)\frac{\partial \chi}{\partial x} - y\frac{\partial^2 \chi}{\partial x \partial y} \tag{6-20}$$

$$\sigma_{xx} = 2G\left(2\frac{\partial^2 \chi}{\partial x \partial y} + y\frac{\partial^3 \chi}{\partial x \partial y^2}\right) \tag{6-21}$$

$$\sigma_{yy} = -2Gy\frac{\partial^3 \chi}{\partial x \partial y^2} \tag{6-22}$$

$$\sigma_{xy} = 2G\left(\frac{\partial^2 \chi}{\partial y^2} + y\frac{\partial^3 \chi}{\partial y^3}\right) \tag{6-23}$$

式（6-19）～式（6-23）中，当 $y = 0$ 时，$\sigma_{yy} = 0$，即不连续位移面法向应力为零。

利用以上两类 Papkovitch 函数，可对无限大或半无限大模型的特定边界问题进行求解。常位移不连续边界问题的边界条件表达式如下：

$$\sigma_{xy}(x,0) = 0, \quad -\infty < x < \infty \tag{6-24}$$

$$u_y(x,0) = 0, \quad |x| > a \tag{6-25}$$

$$\lim_{y \to 0^+} u_y(x,y) - \lim_{y \to 0^-} u_y(x,y) = \hat{u}_y, \quad |x| < a \tag{6-26}$$

代入该组边界条件，可求解出 Papkovitch 函数中的 ϕ 与 χ：

$$\begin{aligned}\phi(x,y) = \frac{\hat{u}_y}{4\pi(1-\nu)}\Bigg[& y\arctan\left(\frac{x+a}{y}\right) - y\arctan\left(\frac{x-a}{y}\right) \\ & +(x+a)\ln\sqrt{(x+a)^2+y^2} - (x-a)\ln\sqrt{(x-a)^2+y^2}\Bigg]\end{aligned} \tag{6-27}$$

$$\begin{aligned}\chi(x,y) = \frac{\hat{u}_x}{4\pi(1-\nu)}\Bigg[& y\arctan\left(\frac{x+a}{y}\right) - y\arctan\left(\frac{x-a}{y}\right) \\ & +(x+a)\ln\sqrt{(x+a)^2+y^2} - (x+a)\ln\sqrt{(x+a)^2+y^2}\Bigg]\end{aligned} \tag{6-28}$$

2. *求解方法*

基于控制方程，能够解决涉及复杂边界问题弹性的问题，如无限大地层中的承压裂缝模型，如图 6-2 所示。

关于直线承压裂缝问题的边界条件定义如下，假设裂缝总长为 2*b*，缝内压力为正：

$$\sigma_{xy}(x,0) = 0, \quad -\infty < x < \infty \tag{6-29}$$

$$\sigma_{yy}(x,0) = p, \quad |x| < b \tag{6-30}$$

$$\sigma_{yy}(x,0) = 0, \quad |x| > b \tag{6-31}$$

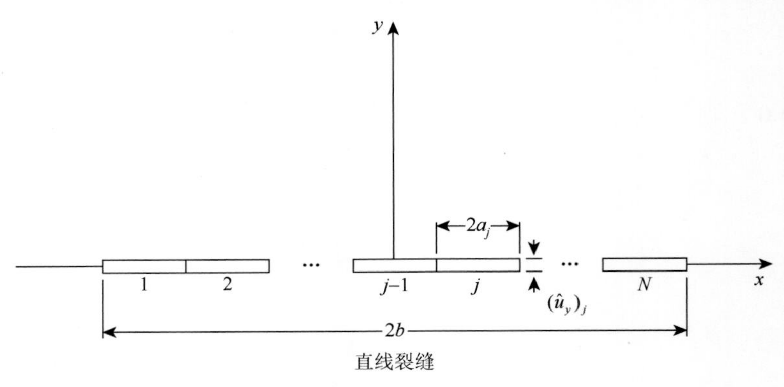

图 6-2　承压裂缝模型

根据物理原理，该模型中应力和位移在无限远处都应为零，裂缝表面法向位移分布的精确计算方程为

$$u_y(x)=\frac{-2(1-\nu)p\sqrt{b^2-x^2}}{G} \tag{6-32}$$

式中的负号是根据应力正负取值的选择决定的。为了解决不连续的位移问题，裂缝被离散成 N 个法相位移不连续的裂缝，在对称情况下，裂缝两边的切向位移是相等的，只有法向位移是不连续的。故可通过公式计算在 $z=0$ 上的（$-a, a$）区间，由于不连续的 $\hat{u}$ 所产生的法向应力分布为

$$\sigma_{yy}(x,0)=\frac{aG\hat{u}}{\pi(1-\nu)}\frac{1}{x^2+a^2} \tag{6-33}$$

则由第 j 个裂缝单元产生的位移 $(\hat{u}_y)_j$ 对第 i 个裂缝单元上所产生的应力 $(\sigma_{yy})_i$ 为

$$\sigma_{yy}(x,0)=\frac{G}{\pi(1-\nu)}\frac{a_j}{(x_i-x_j)^2+a_j^2}(\hat{u}_y)_j \tag{6-34}$$

式中，x_i 和 x_j 为裂缝单元中心 x 坐标。

通过叠加，全部 N 个裂缝单元的法相位移在第 i 裂缝单元上产生的全部应力为

$$\sigma_{yy}(x,0)=\frac{G}{\pi(1-\nu)}\sum_{j=1}^{N}\frac{a_j}{(x_i-x_j)^2+a_j^2}(\hat{u}_y)_j \tag{6-35}$$

那么，在（x_i–a_i，x_i+a_i）中的任意点的近似法向应力均可以求出。为此，解决直线加压裂缝的问题就转换为求解含有 N 个未知数和 N 个方程的线性问题：

$$p=\frac{G}{\pi(1-\nu)}\sum_{j=1}^{N}\frac{a_j}{(x_i-x_j)^2+a_j^2}(\hat{u}_y)_j \quad i\in(1,2,3,\cdots,N) \tag{6-36}$$

通过对上述内容中弹性问题求解方法进行归纳、推广，即可得到在 x-y 坐标系统中任意方向的裂缝单元在任意位置产生的法向位移和切向位移。

针对无限大介质中多段离散裂缝单元模型，建立全局 x-y 坐标与裂缝单元局部 ξ-ζ 坐标系，其中 ξ 沿裂缝面切向，ζ 裂缝面法向，沿如图 6-3 所示。其中，全局坐标与局部坐标转换公式如下：

$$\xi=n(x-c)-l(y-d) \tag{6-37}$$

$$\zeta=l(x-c)+n(y-d) \tag{6-38}$$

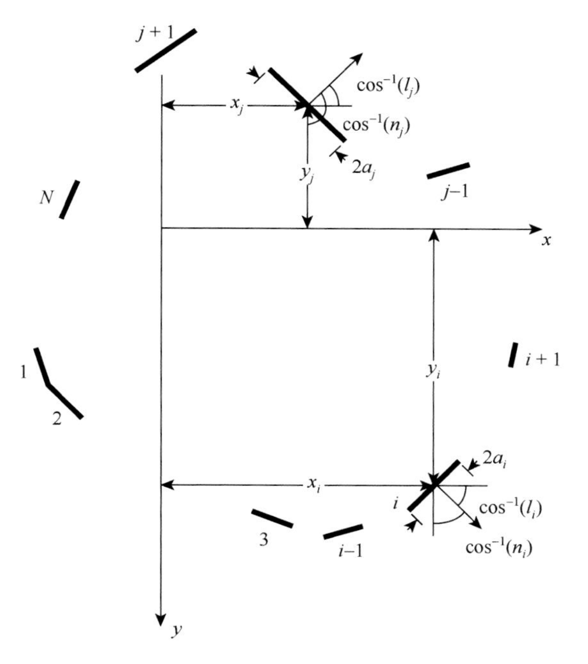

图 6-3　任意方向离散裂缝单元系统

在该式中 l 和 n 分别是 ζ 轴与 x 轴和 y 轴夹角的余弦值；c 和 d 分别为 ξ-ζ 局部坐标坐标系统的原点到全局坐标 x 轴和 y 轴的距离。位移 u_ξ 和 u_ζ 可以从调和方程 $\phi(\xi,\zeta)$ 和 $\chi(\xi,\zeta)$ 推出，并用 ξ 和 ζ 代替 x 和 y：

$$u_\xi = -(1-2\nu)\frac{\partial \phi}{\partial \xi} + 2(1-\nu)\frac{\partial \chi}{\partial \zeta} - \zeta\frac{\partial}{\partial \xi}\left(\frac{\partial \chi}{\partial \xi} + \frac{\partial \phi}{\partial \zeta}\right) \tag{6-39}$$

$$u_\zeta = 2(1-\nu)\frac{\partial \phi}{\partial \zeta} + (1-2\nu)\frac{\partial \chi}{\partial \xi} - \zeta\frac{\partial}{\partial \zeta}\left(\frac{\partial \chi}{\partial \xi} + \frac{\partial \phi}{\partial \zeta}\right) \tag{6-40}$$

通过坐标转换关系，可以得出在 x-y 全局坐标系统中的位移：

$$u_x = nu_\xi + lu_\zeta \tag{6-41}$$

$$u_y = -lu_\xi + nu_\zeta \tag{6-42}$$

代入、推导得

$$\begin{aligned} u_x = {} & [l^2 + (l^2 - n^2)(1-2\nu)]\frac{\partial \phi}{\partial x} + nl(3-4\nu)\frac{\partial \phi}{\partial y} - \zeta\frac{\partial}{\partial x}\left(l\frac{\partial \phi}{\partial x} + n\frac{\partial \phi}{\partial y}\right) \\ & + nl(3-4\nu)\frac{\partial \chi}{\partial x} + [n^2 + (n^2 - l^2)(1-2\nu)]\frac{\partial \chi}{\partial y} - \zeta\frac{\partial}{\partial x}\left(n\frac{\partial \chi}{\partial x} - l\frac{\partial \chi}{\partial y}\right) \end{aligned} \tag{6-43}$$

$$\begin{aligned} u_y = {} & nl(3-4\nu)\frac{\partial \phi}{\partial x} + [n^2 + (n^2 - l^2)(1-2\nu)]\frac{\partial \chi}{\partial y} - \zeta\frac{\partial}{\partial y}\left(l\frac{\partial \phi}{\partial x} + n\frac{\partial \phi}{\partial y}\right) \\ & - [l^2 + (l^2 - n^2)(1-2\nu)]\frac{\partial \chi}{\partial x} - nl(3-4\nu)\frac{\partial \chi}{\partial y} - \zeta\frac{\partial}{\partial y}\left(n\frac{\partial \chi}{\partial x} - l\frac{\partial \chi}{\partial y}\right) \end{aligned} \tag{6-44}$$

将上述位移量代入应力方程中，即可推导得出应力张量各分量表达式：

$$\sigma_{xx}=2G\left[(n^2-l^2)\frac{\partial^2\phi}{\partial y^2}+2nl\frac{\partial^2\phi}{\partial x\partial y}-2nl\frac{\partial^2\chi}{\partial y^2}+2n^2\frac{\partial^2\chi}{\partial x\partial y}\right.$$
$$\left.+\zeta\frac{\partial^2}{\partial y^2}\left(l\frac{\partial\phi}{\partial x}+n\frac{\partial\phi}{\partial y}+n\frac{\partial\chi}{\partial x}-l\frac{\partial\chi}{\partial y}\right)\right] \tag{6-45}$$

$$\sigma_{yy}=2G\left[(n^2-l^2)\frac{\partial^2\phi}{\partial y^2}+2nl\frac{\partial^2\phi}{\partial x\partial y}-2nl\frac{\partial^2\chi}{\partial y^2}-2l^2\frac{\partial^2\chi}{\partial x\partial y}\right.$$
$$\left.-\zeta\frac{\partial^2}{\partial y^2}\left(l\frac{\partial\phi}{\partial x}+n\frac{\partial\phi}{\partial y}+n\frac{\partial\chi}{\partial x}-l\frac{\partial\chi}{\partial y}\right)\right] \tag{6-46}$$

$$\sigma_{xy}=2G\left[\frac{\partial^2\chi}{\partial y^2}+\zeta\frac{\partial^2}{\partial y^2}\left(l\frac{\partial\phi}{\partial y}-n\frac{\partial\phi}{\partial x}+l\frac{\partial\chi}{\partial x}+n\frac{\partial\chi}{\partial y}\right)\right] \tag{6-47}$$

裂缝单元上，即$|\xi|<a$且$\zeta=0$时，产生的不连续位移u_ξ和u_ζ分别是$\hat{u}_\xi$和$\hat{u}_\zeta$，故对于裂缝单元局部坐标系，调和方程写为

$$\phi(\xi,\zeta)=\frac{\hat{u}_\zeta}{4\pi(1-\nu)}\left[\zeta\arctan\left(\frac{\xi+a}{\zeta}\right)-\zeta\arctan\left(\frac{\xi-a}{\zeta}\right)\right.$$
$$\left.+(\xi+a)\ln\sqrt{(\xi+a)^2+\zeta^2}-(\xi-a)\ln\sqrt{(\xi-a)^2+\zeta^2}\right] \tag{6-48}$$

$$\chi(\xi,\zeta)=\frac{\hat{u}_\xi}{4\pi(1-\nu)}\left[\zeta\arctan\left(\frac{\xi+a}{\zeta}\right)-\zeta\arctan\left(\frac{\xi-a}{\zeta}\right)\right.$$
$$\left.+(\xi+a)\ln\sqrt{(\xi+a)^2+\zeta^2}-(\xi-a)\ln\sqrt{(\xi-a)^2+\zeta^2}\right] \tag{6-49}$$

化简为

$$\phi(\xi,\zeta)=\frac{\hat{u}_\zeta}{4\pi(1-\nu)}f(\xi,\zeta) \tag{6-50}$$

$$\chi(\xi,\zeta)=\frac{\hat{u}_\xi}{4\pi(1-\nu)}f(\xi,\zeta) \tag{6-51}$$

应力和位移方程中，将用到方程$f(\xi,\zeta)$的6类各阶偏导数，其表达式如下：

$$F_1=l_j\left[\arctan\left(\frac{\xi_{ij}+a_j}{\zeta_{ij}}\right)-\arctan\left(\frac{\xi_{ij}-a_j}{\zeta_{ij}}\right)\right]$$
$$+n_j\left\{\frac{1}{2}\ln[(\xi_{ij}+a_j)^2+\zeta_{ij}^2]-\frac{1}{2}\ln[(\xi_{ij}-a_j)^2+\zeta_{ij}^2]\right\} \tag{6-52}$$

$$F_2=n_j\left[\arctan\left(\frac{\xi_{ij}+a_j}{\zeta_{ij}}\right)-\arctan\left(\frac{\xi_{ij}-a_j}{\zeta_{ij}}\right)\right]$$
$$-l_j\left\{\frac{1}{2}\ln[(\xi_{ij}+a_j)^2+\zeta_{ij}^2]-\frac{1}{2}\ln[(\xi_{ij}-a_j)^2+\zeta_{ij}^2]\right\} \tag{6-53}$$

$$F_3=\frac{(n_j^2-l_j^2)\zeta_{ij}-2n_jl_j(\xi_{ij}+a_j)}{(\xi_{ij}+a_j)^2+\zeta_{ij}^2}-\frac{(n_j^2-l_j^2)\zeta_{ij}-2n_jl_j(\xi_{ij}-a_j)}{(\xi_{ij}-a_j)^2+\zeta_{ij}^2} \tag{6-54}$$

$$F_4=-\frac{2n_jl_j\zeta_{ij}+(n_j^2-l_j^2)(\xi_{ij}+a_j)}{(\xi_{ij}+a_j)^2+\zeta_{ij}^2}+\frac{2n_jl_j\zeta_{ij}+(n_j^2-l_j^2)(\xi_{ij}-a_j)}{(\xi_{ij}-a_j)^2+\zeta_{ij}^2} \tag{6-55}$$

$$\begin{aligned}F_5=&\frac{n_j(n_j^2-3l_j^2)[(\xi_{ij}+a_j)^2-\zeta_{ij}^2]+2l_j(3n_j^2-l_j^2)(\xi_{ij}+a_j)\zeta_{ij}}{[(\xi+a_j)^2+\zeta_{ij}^2]^2}\\&-\frac{n_j(n_j^2-3l_j^2)[(\xi_{ij}-a_j)^2-\zeta_{ij}^2]+2l_j(3n_j^2-l_j^2)(\xi_{ij}-a_j)\zeta_{ij}}{[(\xi_{ij}-a_j)^2+\zeta_{ij}^2]^2}\end{aligned} \tag{6-56}$$

$$\begin{aligned}F_6=&\frac{2n_j(n_j^2-3l_j^2)(\xi_{ij}+a_j)\zeta_{ij}-l_j(3n_j^2-l_j^2)[(\xi_{ij}+a_j)^2-\zeta_{ij}^2]}{[(\xi_{ij}+a_j)^2+\zeta_{ij}^2]^2}\\&-\frac{2n_j(n_j^2-3l_j^2)(\xi_{ij}-a_j)\zeta_{ij}-l_j(3n_j^2-l_j^2)[(\xi_{ij}-a_j)^2-\zeta_{ij}^2]}{[(\xi_{ij}-a_j)^2+\zeta_{ij}^2]^2}\end{aligned} \tag{6-57}$$

式中，ζ_{ij}、ξ_{ij}为局部坐标值（m）；a_j为j单元长度的 1/2（m）。

把式（6-52）～式（6-57）代入位移和应力方程中，则可以得到位移-应力求解方程组：

$$\begin{aligned}u_x=&\frac{\hat{u}_n}{4\pi(1-\nu)}\{[l^2+(l^2-n^2)(1-2\nu)]F_1+nl(3-4\nu)F_2-\zeta[nF_3-lF_4]\}\\&+\frac{\hat{u}_t}{4\pi(1-\nu)}\{nl(3-4\nu)F_1+[n^2+(n^2-l^2)(1-2\nu)]F_2+\zeta[lF_3+nF_4]\}\end{aligned} \tag{6-58}$$

$$\begin{aligned}u_y=&\frac{\hat{u}_n}{4\pi(1-\nu)}\{nl(3-4\nu)F_1+[n^2+(n^2-l^2)(1-2\nu)]F_2-\zeta[lF_3+nF_4]\}\\&+\frac{\hat{u}_t}{4\pi(1-\nu)}\{[l^2+(l^2-n^2)(1-2\nu)]F_1+nl(3-4\nu)F_2+\zeta[nF_3-lF_4]\}\end{aligned} \tag{6-59}$$

$$\begin{aligned}\sigma_{xx}=&\frac{G\hat{u}_n}{2\pi(1-\nu)}[2nlF_3+(n^2-l^2)F_4+\zeta(lF_5+nF_6)]\\&+\frac{G\hat{u}_t}{2\pi(1-\nu)}[2n^2F_3-2nlF_4+\zeta(nF_5-lF_6)]\end{aligned} \tag{6-60}$$

$$\begin{aligned}\sigma_{xy}=&\frac{G\hat{u}_n}{2\pi(1-\nu)}[2nlF_3+(n^2-l^2)F_4-\zeta(lF_5+nF_6)]\\&-\frac{G\hat{u}_t}{2\pi(1-\nu)}[2l^2F_3+2nlF_4+\zeta(nF_5-lF_6)]\end{aligned} \tag{6-61}$$

$$\begin{aligned}\sigma_{xy}=&\frac{G\hat{u}_n}{2\pi(1-\nu)}\zeta(lF_6-nF_5)\\&+\frac{G\hat{u}_t}{2\pi(1-\nu)}[F_4+\zeta(lF_5+nF_6)]\end{aligned} \tag{6-62}$$

6.1.2 水平井多簇非平面裂缝诱导应力场求解方法

水平井缝网压裂时，通常采用分段分簇的方式，单段压裂中通常有多条水力裂缝同时从射孔点起裂并延伸。延伸时水力裂缝之间的应力干扰作用，导致各裂缝会出现转向延伸的现象。

建立如图 6-4 所示 x-y 二维笛卡尔坐标系，将模型中的位移不连续边界，即水力裂缝离散为 N 段，每段长度 $2a_i$。分别以每段中心为原点建立该单元 ξ-ζ 局部坐标系，其中，ξ 沿离散裂缝单元切向方向，ζ 沿离散裂缝单元法向方向。

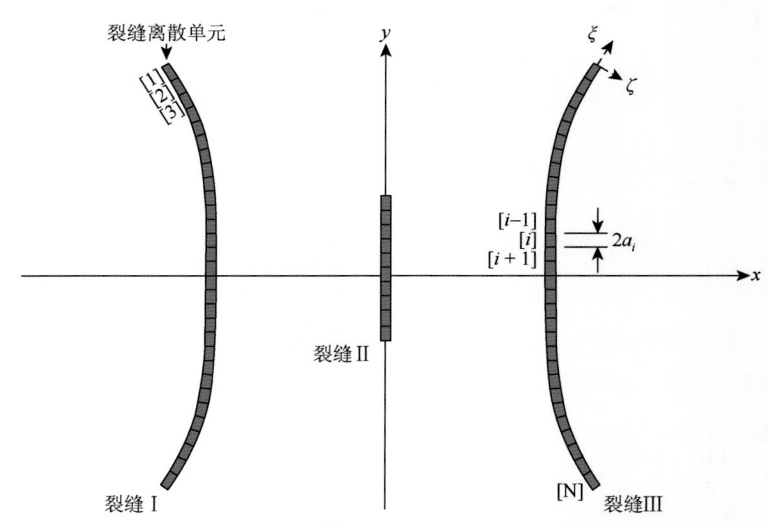

图 6-4　水力裂缝离散单元 x-y 截面示意图

注：[1]，[2]，[3]，[i−1]，[i]，[i + 1]，[N]为离散单元序号；a_i 为离散单元半长。

根据 DDM，首先建立离散裂缝 i 单元受到所有单元作用下的应力平衡方程组：

$$(\sigma_{\mathrm{t}})_i = \sum_{j=1}^{N}(A_{\mathrm{tt}})_{ij}(\hat{u}_{\mathrm{t}})_j + \sum_{j=1}^{N}(A_{tn})_{ij}(\hat{u}_{\mathrm{n}})_j \tag{6-63}$$

$$(\sigma_{\mathrm{n}})_i = \sum_{j=1}^{N}(A_{\mathrm{nt}})_{ij}(\hat{u}_{\mathrm{t}})_j + \sum_{j=1}^{N}(A_{\mathrm{nn}})_{ij}(\hat{u}_{\mathrm{n}})_j \tag{6-64}$$

其中：

$$\begin{aligned}(A_{\mathrm{tt}})_{ij} = \frac{G}{2\pi(1-\nu)}&[2n_j l_j(n_j^2 + l_j^2)F_3 + (n_j^2 - l_j^2)F_4 \\ &+ 2n_j l_j \zeta_{ij}(n_j F_5 - l_j F_6) + \zeta_{ij}(n_j^2 - l_j^2)(l_j F_5 + n_j F_6)]\end{aligned} \tag{6-65}$$

$$(A_{\mathrm{tn}})_{ij} = \frac{G}{2\pi(1-\nu)}[2n_j l_j \zeta_{ij}(l_j F_5 + n_j F_6) + (n_j^2 - l_j^2)\zeta_{ij}(l_j F_6 - n_j F_5)] \tag{6-66}$$

$$\begin{aligned}(A_{\mathrm{nt}})_{ij} = \frac{G}{2\pi(1-\nu)}&[(2n_j l_j - 2n_j l_j^3 - 2n_j^3 l_j)F_4 \\ &+ \zeta_{ij}(l_j^2 - n_j^2)(n_j F_5 - l_j F_6) + 2n_j l_j \zeta_{ij}(l_j F_5 + n_j F_6)]\end{aligned} \tag{6-67}$$

$$\begin{aligned}(A_{\mathrm{nn}})_{ij} = \frac{G}{2\pi(1-\nu)}&[(2n_j l_j^3 + 2n_j^3 l_j)F_3 + (n_j^2 - l_j^2)(l_j^2 + n_j^2)F_4 \\ &+ \zeta_{ij}(l_j^2 - n_j^2)(l_j F_5 + n_j F_6) + 2n_j l_j \zeta_{ij}(l_j F_6 - n_j F_5)]\end{aligned} \tag{6-68}$$

式中，$(\sigma_t)_i$、$(\sigma_n)_i$ 分别为 i 单元在局部坐标系内所受切应力和正应力（Pa）；$(\hat{u}_t)_j$、$(\hat{u}_n)_j$ 分别为 j 单元在局部坐标系内的切向位移和法向位移（m）；$(A_{tt})_{ij}$、$(A_{nt})_{ij}$、$(A_{tn})_{ij}$、$(A_{nn})_{ij}$ 分别为 j 单元切向位移和法向位移不连续量分别在 i 单元上引起的切向应力分量和法向应力分量，i，j 取值 1～N；G 为地层剪切模量（Pa）；ν 为地层泊松比（无量纲）；n_j 为全局坐标 z 轴与 j 单元局部坐标 ζ 轴夹角余弦值（无量纲）；l_j 为全局坐标 x 轴与 j 单元局部坐标 ξ 轴夹角余弦值（无量纲）；F_k 为 Papkovitch 函数偏导方程（$k\in\{3\sim6\}$）。

经典的 DDM 为二维平面模型，通常假设垂直于模型平面方向裂缝延伸长度为无穷大，即无限缝高，但实际压裂过程中水力裂缝缝高延伸有限，故需要引入三维修正系数[3-5]，以考虑有限缝高对应力场和位移场的影响：

$$(D)_{ij}=1-\frac{d_{ij}^{\beta}}{\left[d_{ij}^2+\left(\frac{h_f}{\alpha}\right)^2\right]^{\frac{\beta}{2}}} \tag{6-69}$$

式中，$(D)_{ij}$ 为三维裂缝修正系数（无量纲）；h_f 为水力裂缝高度（m）；d_{ij} 为裂缝 i 单元与 j 单元的距离（m）；α、β 为理论修正常数（$\alpha=1$；$\beta=2.3$）（无量纲）；i、j 取值 1～N。

将三维修正系数与应力平衡方程组右端各项依次相乘，得

$$(\sigma_t)_i=\sum_{j=1}^{N}(D)_{ij}(A_{tt})_{ij}(\hat{u}_t)_j+\sum_{j=1}^{N}(D)_{ij}(A_{tn})_{ij}(\hat{u}_n)_j \tag{6-70}$$

$$(\sigma_n)_i=\sum_{j=1}^{N}(D)_{ij}(A_{nt})_{ij}(\hat{u}_t)_j+\sum_{j=1}^{N}(D)_{ij}(A_{nn})_{ij}(\hat{u}_n)_j \tag{6-71}$$

假设水力裂缝处于张开状态，裂缝内部净压力（$p-\sigma_c$）为正，则任意 i 单元应力边界条件如下：

$$(\sigma_t)_i=0 \tag{6-72}$$

$$(\sigma_n)_i=-(p-\sigma_c)_i \tag{6-73}$$

式中，p 为水力裂缝内压力（Pa）；σ_c 为水力裂缝壁面闭合应力（Pa）。

根据裂缝离散单元应力边界条件，联立式（6-63）、（6-64）进行求解。由于共划分离散单元 N 个，故该方程组总共有 $2N$ 个线性方程，包含未知数 $(\hat{u}_t)_i$ 和 $(\hat{u}_n)_i$ 共 $2N$ 个，故方程组存在唯一解。其中，裂缝单元法向位移 $(\hat{u}_n)_i$ 即为水力裂缝开度 w_f，在利用第 5 章裂缝延伸模型计算水力裂缝参数过程中，需要将其作为裂缝开度代入式（6-11）中，进行耦合求解。

求解得出 $(\hat{u}_t)_i$ 和 $(\hat{u}_n)_i$ 后，代入以下方程进行求和，即可计算出坐标平面域内任一点的诱导应力分量和应变分量：

$$\begin{aligned}\Delta\sigma_{xx}=&\frac{G\hat{u}_n}{2\pi(1-\nu)}[2nlF_3+(n^2-l^2)F_4+\zeta(lF_5+nF_6)]\\&+\frac{G\hat{u}_t}{2\pi(1-\nu)}[2n^2F_3-2nlF_4+\zeta(nF_5-lF_6)]\end{aligned} \tag{6-74}$$

$$\begin{aligned}\Delta\sigma_{yy}&=\frac{G\hat{u}_{\mathrm{n}}}{2\pi(1-\nu)}[2nlF_3+(n^2-l^2)F_4-\zeta(lF_5+nF_6)]\\&\quad-\frac{G\hat{u}_{\mathrm{t}}}{2\pi(1-\nu)}[2l^2F_3+2nlF_4+\zeta(nF_5-lF_6)]\end{aligned}\tag{6-75}$$

$$\Delta\sigma_{xy}=\frac{G\hat{u}_{\mathrm{n}}}{2\pi(1-\nu)}\zeta(lF_6-nF_5)+\frac{G\hat{u}_{\mathrm{t}}}{2\pi(1-\nu)}[F_4+\zeta(lF_5+nF_6)]\tag{6-76}$$

$$\Delta\sigma_{zz}=\nu(\Delta\sigma_{xx}+\Delta\sigma_{yy})\tag{6-77}$$

$$\begin{aligned}u_x&=\frac{\hat{u}_{\mathrm{n}}}{4\pi(1-\nu)}\{[l^2+(l^2-n^2)(1-2\nu)]F_1+nl(3-4\nu)F_2-\zeta(nF_3-lF_4)\}\\&\quad+\frac{\hat{u}_{\mathrm{t}}}{4\pi(1-\nu)}\{nl(3-4\nu)F_1+[n^2+(n^2-l^2)(1-2\nu)]F_2+\zeta(lF_3+nF_4)\}\end{aligned}\tag{6-78}$$

$$\begin{aligned}u_y&=\frac{\hat{u}_{\mathrm{n}}}{4\pi(1-\nu)}\{nl(3-4\nu)F_1+[n^2+(n^2-l^2)(1-2\nu)]F_2-\zeta(lF_3+nF_4)\}\\&\quad+\frac{\hat{u}_{\mathrm{t}}}{4\pi(1-\nu)}\{[l^2+(l^2-n^2)(1-2\nu)]F_1+nl(3-4\nu)F_2+\zeta(nF_3-lF_4)\}\end{aligned}\tag{6-79}$$

式中，$\Delta\sigma_{xx}$、$\Delta\sigma_{yy}$、$\Delta\sigma_{zz}$、$\Delta\sigma_{xy}$ 为地层诱导应力分量（MPa）；u_x、u_z 为地层诱导应变分量（m）。

全局坐标与局部坐标转换方程如下所示：

$$\xi_{ij}=n_j(x_i-x_j)-l_j(y_i-y_j)\tag{6-80}$$

$$\zeta_{ij}=l_j(x_i-x_j)+n_j(y_i-y_j)\tag{6-81}$$

式中，ζ_{ij}、ξ_{ij} 为局部坐标值（m）；a_j 为 j 单元长度的 1/2（m）。

由于原始地应力场和诱导应力场均为三维二阶张量场，其分量可以进行线性叠加。所以，根据式（6-74）～式（6-77）计算得到诱导应力后，可利用叠加原理计算当前地应力场，地层中任意点当前应力张量可表示为

$$\begin{bmatrix}\sigma_{xx}&\sigma_{xy}&\sigma_{xz}\\\sigma_{yx}&\sigma_{yy}&\sigma_{yz}\\\sigma_{zx}&\sigma_{zy}&\sigma_{zz}\end{bmatrix}=\begin{bmatrix}\sigma_{xx}^{(0)}+\Delta\sigma_{xx}&\sigma_{xy}^{(0)}&\sigma_{xz}^{(0)}+\Delta\sigma_{xz}\\\sigma_{yx}^{(0)}&\sigma_{yy}^{(0)}+\Delta\sigma_{yy}&\sigma_{yz}^{(0)}\\\sigma_{zx}^{(0)}+\Delta\sigma_{xz}&\sigma_{zy}^{(0)}&\sigma_{zz}^{(0)}+\Delta\sigma_{zz}\end{bmatrix}\tag{6-82}$$

式中，$\sigma_{xx}^{(0)}$、$\sigma_{yy}^{(0)}$、$\sigma_{zz}^{(0)}$、$\sigma_{xy}^{(0)}$、$\sigma_{yz}^{(0)}$、$\sigma_{xz}^{(0)}$ 为原始地应力值分量（Pa）；σ_{xx}、σ_{yy}、σ_{zz}、σ_{xy}、σ_{yz}、σ_{xz} 为当前地应力值分量（Pa）。

6.1.3　计算实例

利用所建立的页岩压裂地层应力模型，分别对单水力裂缝与双水力裂缝诱导应力进行计算，并将计算结果与其他数值方法的结果进行了对比分析。

1. 单裂缝诱导应力计算

根据页岩压裂地层应力模型，利用位移不连续法对单条裂缝（图 6-5）产生的诱导应力进行数值计算，此算例基本参数如表 6-1 所示。

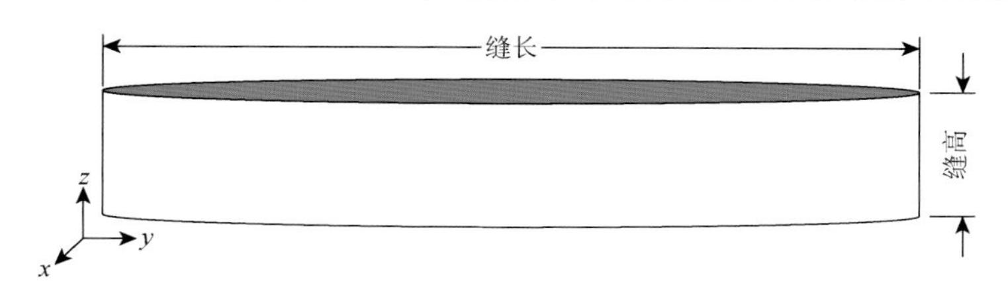

图 6-5　单缝诱导应力计算模型

表 6-1　单裂缝诱导应力计算参数

参数	数值
裂缝高度/m	30.5
裂缝长度/m	122
最小水平主应力/MPa	50
最大水平主应力/MPa	42
缝内净压力/MPa	2
杨氏模量/GPa	27.6
泊松比（无量纲）	0.25

通过计算，得到单裂缝模型中，裂缝无因次距离与无因次诱导应力的变化曲线，并将其与三维 DDM 模型[6-8]计算结果进行了对比，如图 6-6 所示。三维 DDM 基于边界元方法，在二维裂缝上进行网格划分，计算结果更为精确，但计算量更大。

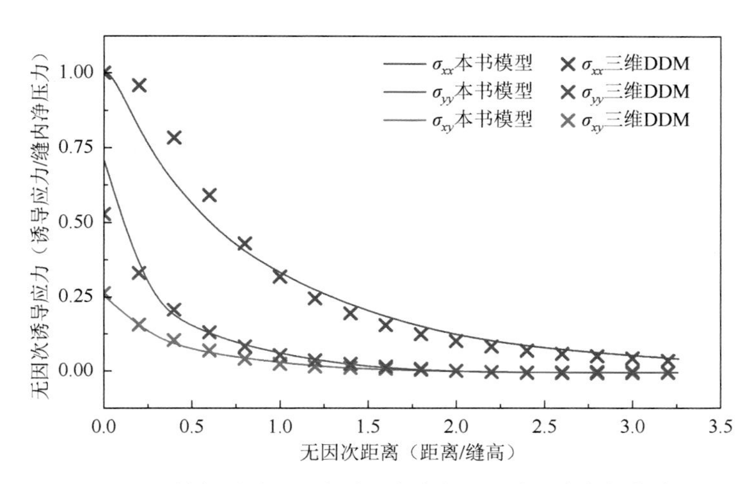

图 6-6　单条裂缝无因次诱导应力与无因次距离变化曲线

由图 6-6 可以看出，单条水力裂缝附近存在较大的诱导应力，其中垂直于裂缝壁面方向的诱导应力分量大于沿裂缝壁面方向的诱导应力分量，而诱导应力剪切分量最小；同时，诱导应力各分量随着与裂缝距离的增大而快速减小。此外，通过将页岩压裂水力裂缝延伸模型与三维 DDM 相互对比可以发现，两者计算结果较为一致。证实了页岩压裂水力裂缝延伸模型计算单缝诱导应力的可靠性。

2. 双裂缝诱导应力计算

根据页岩压裂地层应力模型，利用位移不连续法对两条裂缝（图 6-7）产生的诱导应力进行数值计算，其中两条裂缝尺寸与净压力相同，基本参数如表 6-2 所示。

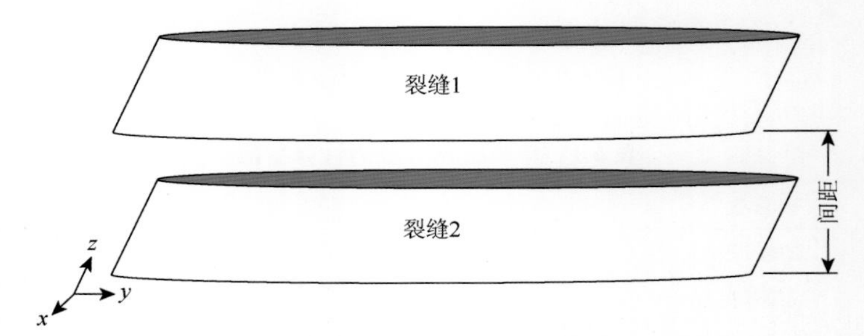

图 6-7　双缝诱导应力计算模型

表 6-2　双裂缝诱导应力计算参数

参数	数值
裂缝高度/m	30
裂缝长度/m	100
双缝间距/m	15
最小水平主应力/MPa	50
最大水平主应力/MPa	42
缝内净压力/MPa	2
杨氏模量/GPa	27.6
泊松比（无量纲）	0.25

通过计算，得到双裂缝模型中，裂缝无因次距离与无因次诱导应力的变化曲线，并将其与三维有限元模型（FLAC 软件）[9, 10]计算结果进行对比，如图 6-8 所示。有限元方法在三维全域中进行网格划分，计算精度略低于边界元法，且计算量大。

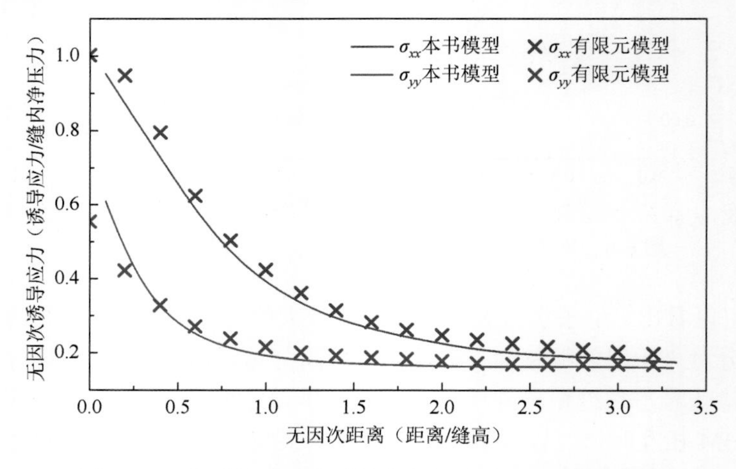

图 6-8　双条裂缝无因次诱导应力与无因次距离变化曲线

由图 6-8 可以看出，当两条水力裂缝同时存在于地层中时，裂缝附近的诱导应力与分布于单条水力裂缝情况类似，垂直于裂缝壁面方向的诱导应力分量大于沿裂缝壁面方向的诱导应力分量，同时，诱导应力各分量随着与裂缝距离的增大而快速减小。此外，通过将页岩压裂水力裂缝延伸模型与有限元方法相互对比可以发现，两者计算结果较为一致。证实了页岩压裂水力裂缝延伸模型计算双缝/多缝诱导应力的可靠性。

6.2　页岩压裂储层压力场变化机理与模型

页岩水平井缝网压裂过程中，多条水力裂缝同时延伸，压裂液将从水力裂缝壁面向储层中滤失。尽管页岩储层基质渗透率极低，但由于压裂时水力裂缝附近储层内的天然裂缝可能被激活（即发生张性破坏或剪切破坏），并且压裂液通常采用黏度较小的滑溜水，因此大量压裂液将滤失进入被激活的天然裂缝网络中。

根据现场施工数据表明，通常页岩气藏压裂施工后的压裂液返排率仅为 10%～20%[11, 12]。可见，页岩压裂时滤失量非常大。大量压裂液进入储层中，将导致储层压力发生显著变化，进而影响到天然裂缝的破坏和储层改造体积的形成[13, 14]。为此，本章针对页岩储层渗流特征，建立其储层压力场模型。

传统的油藏数值模拟软件针对三维储层流动模拟，通常将渗透率张量简化为对角张量，忽略了其中的非对角分量，采用七点有限差分方法进行近似计算，如 Eclipse 和 CMG 等。但是，当页岩储层中的天然裂缝角度与主应力方向夹角较大时，忽略渗透率的非对角分量将导致较大的计算误差。因此，本章基于渗透率的全张量形式，逐步推导出其十九点差分方程，并建立了页岩压裂储层压力场模型，该模型能够准确表征储层的各向异性，并能结合第 4 章中天然裂缝模型，模拟天然裂缝发生破坏所引起的页岩储层表观渗透率变化。

6.2.1　三维单相流动方程

多孔介质中的单相流体连续性方程为

$$\nabla \cdot (\rho v) - q_{\mathrm{sc}} = \frac{\partial}{\partial t}(\rho\varphi) \tag{6-83}$$

式中，ρ 为流体密度（kg/m^3）；v 为流体流动速度（m/s）；q_{sc} 为在地面标准情况下，单位岩石体积内的液体流入点源流量（s^{-1}）；t 为时间（s）；φ 为孔隙度（无量纲）；∇ 为汉密尔顿算子。

在多孔介质中，流体流动属于渗流，其速度满足达西定律：

$$v = -\frac{\bar{\bar{\boldsymbol{K}}}}{\mu} \cdot \nabla \Phi \tag{6-84}$$

其中，Φ 为流体势：

$$\Phi = p + \gamma Z \tag{6-85}$$

式中，$\bar{\bar{\boldsymbol{K}}}$ 为渗透率张量（D）；μ 为液体黏度（Pa·s）；p 为储层流体压力（Pa）；$\varPhi$ 为流体势（Pa）；γ 为流体重度（Pa/m）；Z 为坐标高度（m）。

假设地层与流体为微可压缩流体，则

$$\frac{\partial(\rho\varphi)}{\partial t}=\varphi\rho C_{\mathrm{l}}\frac{\partial p}{\partial t}+\rho C_{\mathrm{f}}\frac{\partial p}{\partial t}=\rho(\varphi C_{\mathrm{l}}+C_{\mathrm{f}})\frac{\partial p}{\partial t}=\rho C_{\mathrm{t}}\frac{\partial p}{\partial t} \tag{6-86}$$

其中，

$$C_{\mathrm{t}}=\varphi C_{\mathrm{l}}+C_{\mathrm{f}} \tag{6-87}$$

式中，C_{l}为流体压缩系数（Pa^{-1}）；C_{f}为岩石压缩系数（Pa^{-1}）；C_{t}为地层综合压缩系数（Pa^{-1}）。

将达西定律公式代入流体连续性方程中，并引入地层综合压缩系数，得到多孔介质三维单相流体流动方程张量形式为

$$\nabla\cdot\left(\frac{\bar{\bar{\boldsymbol{K}}}}{\mu}\cdot\nabla\varPhi\right)+q_{\mathrm{sc}}=C_{\mathrm{t}}\frac{\partial p}{\partial t} \tag{6-88}$$

根据爱因斯坦标记法可式(6-88)写为

$$\begin{aligned}
&\nabla\cdot\left[\frac{\bar{\bar{\boldsymbol{K}}}}{\mu}\cdot\nabla\varPhi\right]+q_{\mathrm{sc}}=C_{\mathrm{t}}\frac{\partial p}{\partial t}\\
&\Rightarrow\nabla\cdot\left(\frac{\bar{\bar{\boldsymbol{K}}}}{\mu}\cdot\varPhi_{,i}\right)+q_{\mathrm{sc}}=C_{\mathrm{t}}\frac{\partial p}{\partial t}\\
&\Rightarrow\nabla\cdot\left(\frac{1}{\mu}K_{ij}g_ig_j\cdot\varPhi_{,k}g_k\right)+q_{\mathrm{sc}}=C_{\mathrm{t}}\frac{\partial p}{\partial t}\\
&\Rightarrow\nabla\cdot\left(\frac{1}{\mu}K_{ij}\varPhi_{,j}g_i\right)+q_{\mathrm{sc}}=C_{\mathrm{t}}\frac{\partial p}{\partial t}\\
&\Rightarrow\partial_kg_k\cdot\left(\frac{1}{\mu}K_{ij}\varPhi_{,j}g_i\right)+q_{\mathrm{sc}}=C_{\mathrm{t}}\frac{\partial p}{\partial t}\\
&\Rightarrow\left(\frac{1}{\mu}K_{ij}\varPhi_{,j}\right)_{,i}+q_{\mathrm{sc}}=C_{\mathrm{t}}\frac{\partial p}{\partial t}
\end{aligned} \tag{6-89}$$

式中，K_{ij} 为渗透率张量分量（D）；g 为坐标基矢；下标 i、j、k 为坐标指标。

根据爱因斯坦求和规则，将式（6-89）展开：

$$\begin{aligned}
&\left(\frac{1}{\mu}K_{xx}\varPhi_{,x}\right)_{,x}+\left(\frac{1}{\mu}K_{xy}\varPhi_{,y}\right)_{,x}+\left(\frac{1}{\mu}K_{xz}\varPhi_{,z}\right)_{,x}\\
&+\left(\frac{1}{\mu}K_{yx}\varPhi_{,x}\right)_{,y}+\left(\frac{1}{\mu}K_{yy}\varPhi_{,y}\right)_{,y}+\left(\frac{1}{\mu}K_{yz}\varPhi_{,z}\right)_{,y}\\
&+\left(\frac{1}{\mu}K_{zx}\varPhi_{,x}\right)_{,z}+\left(\frac{1}{\mu}K_{zy}\varPhi_{,y}\right)_{,z}+\left(\frac{1}{\mu}K_{zz}\varPhi_{,z}\right)_{,z}+q_{\mathrm{sc}}=C_{\mathrm{t}}\frac{\partial p}{\partial t}
\end{aligned} \tag{6-90}$$

边界条件：

$$\text{内边界}: p|_{\Gamma_{\text{fracture}}}=p_{\mathrm{f}} \tag{6-91}$$

$$\text{外边界}: \left.\frac{\partial p}{\partial n}\right|_{\Gamma_{\text{boundary}}}=0 \tag{6-92}$$

初始条件：

$$p|_{t=0} = p_i \tag{6-93}$$

式中，K_{xx}、K_{yy}、K_{zz}、K_{xy}、K_{xz}、K_{yz} 为渗透率张量分量（m^2）；μ 为流体黏度（Pa·s）；p 为储层流体压力（Pa）；q_{sc} 为地面标准情况下，单位岩石体积内的液体流入点源流量（s^{-1}）；C_t 为地层综合压缩系数（Pa^{-1}）；t 为时间（s）；$\Gamma_{fracture}$ 为水力裂缝单元（Pa）；$\Gamma_{boundary}$ 为储层边界；p_f 为缝内压力（Pa）；p_i 为原始储层压力（Pa）。

上述三维储层流体渗流方程及其边界条件，共同组成了储层压力场数学模型，由于压裂过程中，储层渗透率场将随时间变化，导致储层压力场模型难以求得解析解，故可对其采用有限差分方法进行数值计算。

6.2.2　数值方法求解

将目标储层进行正交网格划分，如图 6-9 所示。采用块中心差分网格和中心差分格式，可推导出考虑储层各向异性的三维单相流体流动差分方程：

$$\begin{aligned}
&\frac{\partial\left(\dfrac{1}{\mu}K_{ij}\Phi_{,j}\right)}{\partial x_i} + q_{sc} = C_t\frac{\partial p}{\partial t} \\
&\Rightarrow \frac{\left(\dfrac{K_{ij}}{\mu}\right)_{i+1/2}(\Phi_{,j})_{i+1/2} - \left(\dfrac{K_{ij}}{\mu}\right)_{i-1/2}(\Phi_{,j})_{i-1/2}}{x_{i+1/2} - x_{i-1/2}} + q_{sc} = C_t\frac{\partial p}{\partial t} \\
&\Rightarrow \frac{\left(\dfrac{K_{ij}}{\mu}\right)_{i+1/2}(\Phi_{j+1/2} - \Phi_{j-1/2})_{i+1/2} - \left(\dfrac{K_{ij}}{\mu}\right)_{i-1/2}(\Phi_{j+1/2} - \Phi_{j-1/2})_{i-1/2}}{(x_{i+1/2} - x_{i-1/2})(x_{j+1/2} - x_{j-1/2})} + q_{sc} = C_t\frac{\partial p}{\partial t}
\end{aligned} \tag{6-94}$$

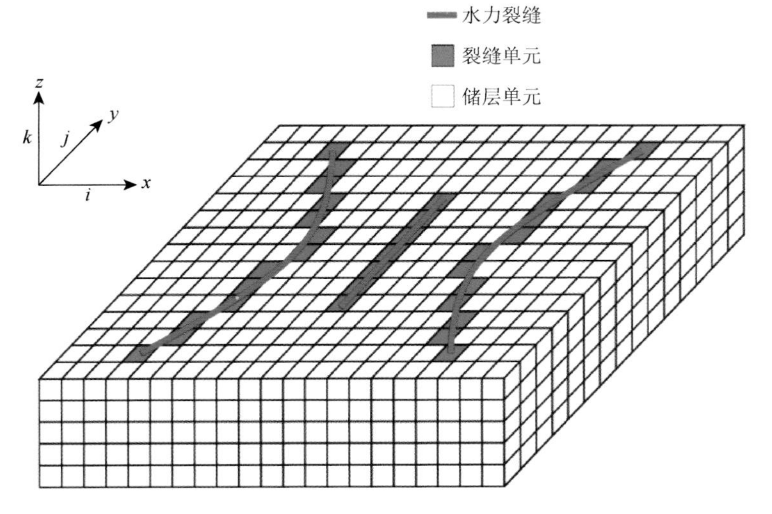

图 6-9　三维储层正交网格划分

根据爱因斯坦求和约定，分别取 x、y、z 方向上的网格坐标编号为 I、J、K，将式（6-94）展开：

$$\begin{aligned}
&\frac{\left(\dfrac{K_{xx}}{\mu}\right)_{I+1/2}(\Phi_{I+1/2}-\Phi_{I-1/2})_{I+1/2}-\left(\dfrac{K_{xx}}{\mu}\right)_{I-1/2}(\Phi_{I+1/2}-\Phi_{I-1/2})_{I-1/2}}{[(x)_{I+1/2}-(x)_{I-1/2}][(x)_{I+1/2}-(x)_{I-1/2}]}\\
&+\frac{\left(\dfrac{K_{xy}}{\mu}\right)_{I+1/2}(\Phi_{J+1/2}-\Phi_{J-1/2})_{I+1/2}-\left(\dfrac{K_{xy}}{\mu}\right)_{I-1/2}(\Phi_{J+1/2}-\Phi_{J-1/2})_{I-1/2}}{[(x_x)_{I+1/2}-(x_x)_{I-1/2}][(y)_{J+1/2}-(y)_{J-1/2}]}\\
&+\frac{\left(\dfrac{K_{xz}}{\mu}\right)_{I+1/2}(\Phi_{K+1/2}-\Phi_{K-1/2})_{I+1/2}-\left(\dfrac{K_{xz}}{\mu}\right)_{I-1/2}(\Phi_{K+1/2}-\Phi_{K-1/2})_{I-1/2}}{[(x)_{I+1/2}-(x)_{I-1/2}][(z)_{K+1/2}-(z)_{K-1/2}]}\\
&+\frac{\left(\dfrac{K_{yx}}{\mu}\right)_{J+1/2}(\Phi_{I+1/2}-\Phi_{I-1/2})_{J+1/2}-\left(\dfrac{K_{yx}}{\mu}\right)_{J-1/2}(\Phi_{I+1/2}-\Phi_{I-1/2})_{J-1/2}}{[(y)_{J+1/2}-(y)_{J-1/2}][(x)_{I+1/2}-(x)_{I-1/2}]}\\
&+\frac{\left(\dfrac{K_{yy}}{\mu}\right)_{J+1/2}(\Phi_{J+1/2}-\Phi_{J-1/2})_{J+1/2}-\left(\dfrac{K_{yy}}{\mu}\right)_{J-1/2}(\Phi_{J+1/2}-\Phi_{J-1/2})_{J-1/2}}{[(y)_{J+1/2}-(y)_{J-1/2}][(y)_{J+1/2}-(y)_{J-1/2}]}\\
&+\frac{\left(\dfrac{K_{yz}}{\mu}\right)_{J+1/2}(\Phi_{K+1/2}-\Phi_{K-1/2})_{J+1/2}-\left(\dfrac{K_{yz}}{\mu}\right)_{J-1/2}(\Phi_{K+1/2}-\Phi_{K-1/2})_{J-1/2}}{[(y)_{J+1/2}-(y)_{J-1/2}][(z)_{K+1/2}-(z)_{K-1/2}]}\\
&+\frac{\left(\dfrac{K_{zx}}{\mu}\right)_{K+1/2}(\Phi_{I+1/2}-\Phi_{I-1/2})_{K+1/2}-\left(\dfrac{K_{zx}}{\mu}\right)_{K-1/2}(\Phi_{I+1/2}-\Phi_{I-1/2})_{K-1/2}}{[(z)_{K+1/2}-(z)_{K-1/2}][(x)_{I+1/2}-(x)_{I-1/2}]}\\
&+\frac{\left(\dfrac{K_{zy}}{\mu}\right)_{K+1/2}(\Phi_{J+1/2}-\Phi_{J-1/2})_{K+1/2}-\left(\dfrac{K_{zy}}{\mu}\right)_{K-1/2}(\Phi_{J+1/2}-\Phi_{J-1/2})_{K-1/2}}{[(z)_{K+1/2}-(z)_{K-1/2}][(y)_{J+1/2}-(y)_{J-1/2}]}\\
&+\frac{\left(\dfrac{K_{zz}}{\mu}\right)_{K+1/2}(\Phi_{K+1/2}-\Phi_{K-1/2})_{K+1/2}-\left(\dfrac{K_{zz}}{\mu}\right)_{K-1/2}(\Phi_{K+1/2}-\Phi_{K-1/2})_{K-1/2}}{[(z)_{K+1/2}-(z)_{K-1/2}][(z)_{K+1/2}-(z)_{K-1/2}]}\\
&+q_{\rm sc}=C_{\rm t}\frac{\partial p}{\partial t}
\end{aligned}\qquad(6\text{-}95)$$

将正交差分网格设为等距网格，且 x、y、z 方向网格间隔分别为 ΔX、ΔY、ΔZ。采用向后差分法，且假设重力始终沿 z 轴负方向，整理网格下标，将差分方程化简为

$$\frac{\left(\dfrac{K_{xx}}{\mu}\right)_{I+1/2}(p_{I+1}^{n}-p_{I}^{n})-\left(\dfrac{K_{xx}}{\mu}\right)_{I-1/2}(p_{I}^{n}-p_{I-1}^{n})}{\Delta x^{2}}$$

$$
\begin{aligned}
&+\frac{\left(\frac{K_{xy}}{\mu}\right)_{I+1/2}(p^n_{J+1/2,I+1/2}-p^n_{J-1/2,I+1/2})-\left(\frac{K_{xy}}{\mu}\right)_{I-1/2}(p^n_{J+1/2,I-1/2}-p^n_{J-1/2,I-1/2})}{\Delta x\Delta y}\\
&+\frac{\left(\frac{K_{xz}}{\mu}\right)_{I+1/2}(\Phi^n_{K+1/2,I+1/2}-\Phi^n_{K-1/2,I+1/2})-\left(\frac{K_{xz}}{\mu}\right)_{I-1/2}(\Phi^n_{K+1/2,I-1/2}-\Phi^n_{K-1/2,I-1/2})}{\Delta x\Delta z}\\
&+\frac{\left(\frac{K_{yx}}{\mu}\right)_{J+1/2}(p^n_{I+1/2,J+1/2}-p^n_{I-1/2,J+1/2})-\left(\frac{K_{yx}}{\mu}\right)_{J-1/2}(p^n_{I+1/2,J-1/2}-p^n_{I-1/2,J-1/2})}{\Delta x\Delta y}\\
&+\frac{\left(\frac{K_{yy}}{\mu}\right)_{J+1/2}(p^n_{J+1}-p^n_{J})-\left(\frac{K_{yy}}{\mu}\right)_{J-1/2}(p^n_{J}-p^n_{J-1})}{\Delta y^2}\\
&+\frac{\left(\frac{K_{yz}}{\mu}\right)_{J+1/2}(\Phi^n_{K+1/2,J+1/2}-\Phi^n_{K-1/2,J+1/2})-\left(\frac{K_{yz}}{\mu}\right)_{J-1/2}(\Phi^n_{K+1/2,J-1/2}-\Phi^n_{K-1/2,J-1/2})}{\Delta y\Delta z}\\
&+\frac{\left(\frac{K_{zx}}{\mu}\right)_{K+1/2}(p^n_{I+1/2,K+1/2}-p^n_{I-1/2,K+1/2})-\left(\frac{K_{zx}}{\mu}\right)_{K-1/2}(p^n_{I+1/2,K-1/2}-p^n_{I-1/2,K-1/2})}{\Delta x\Delta z}\\
&+\frac{\left(\frac{K_{zy}}{\mu}\right)_{K+1/2}(p^n_{J+1/2,K+1/2}-p^n_{J-1/2,K+1/2})-\left(\frac{K_{zy}}{\mu}\right)_{K-1/2}(p^n_{J+1/2,K-1/2}-p^n_{J-1/2,K-1/2})}{\Delta y\Delta z}\\
&+\frac{\left(\frac{K_{zz}}{\mu}\right)_{K+1/2}(\Phi^n_{K+1}-\Phi^n_{K})-\left(\frac{K_{zz}}{\mu}\right)_{K-1/2}(\Phi^n_{K}-\Phi^n_{K-1})}{\Delta z^2}+q_{\mathrm{sc}}=C_{\mathrm{t}}\frac{p^n-p^{n-1}}{\Delta t}
\end{aligned}
\tag{6-96}
$$

式（6-96）可以采用十九点三维差分格式[15-17]进行计算，其差分单元内包含十九个网格中心，如图 6-10 所示。

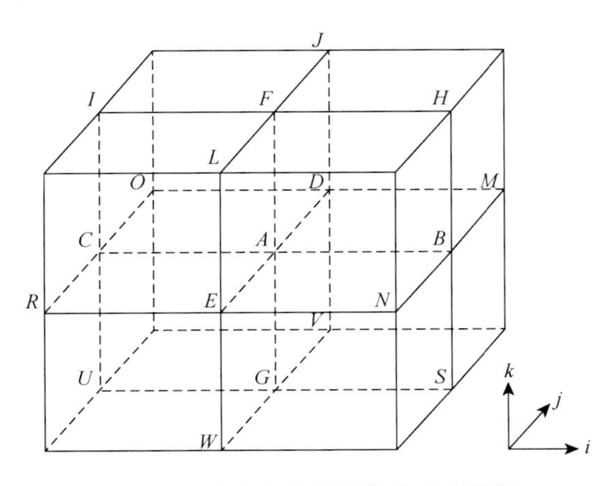

图 6-10　十九点有限差分单元示意图

其中，块中心网格边界处渗透率和流体黏度可利用其两个相邻网格中心处渗透率和流体黏度进行插值求得

$$\begin{cases}(K_{ij})_{I\pm1/2}=\dfrac{(K_{ij})_{I\pm1}+(K_{ij})_{I}}{2}\\(K_{ij})_{J\pm1/2}=\dfrac{(K_{ij})_{J\pm1}+(K_{ij})_{J}}{2}\\(K_{ij})_{K\pm1/2}=\dfrac{(K_{ij})_{K\pm1}+(K_{ij})_{K}}{2}\end{cases}\tag{6-97}$$

$$\begin{cases}(\mu)_{I\pm1/2}=\dfrac{(\mu)_{I\pm1}+(\mu)_{I}}{2}\\(\mu)_{J\pm1/2}=\dfrac{(\mu)_{J\pm1}+(\mu)_{J}}{2}\\(\mu)_{K\pm1/2}=\dfrac{(\mu)_{K\pm1}+(\mu)_{K}}{2}\end{cases}\tag{6-98}$$

同理，块中心网格边界处压力可利用其四个相邻网格中心处压力值进行插值求得

$$\begin{cases}p_{I\pm1/2,J\pm1/2}=\dfrac{p_{I\pm1,J\pm1}+p_{I,J}+p_{I,J\pm1}+p_{I\pm1,J}}{4}\\p_{I\pm1/2,K\pm1/2}=\dfrac{p_{I\pm1,K\pm1}+p_{I,K}+p_{I,K\pm1}+p_{I\pm1,K}}{4}\\p_{J\pm1/2,K\pm1/2}=\dfrac{p_{J\pm1,K\pm1}+p_{J,K}+p_{J,K\pm1}+p_{J\pm1,K}}{4}\end{cases}\tag{6-99}$$

将式（6-97）～式（6-99）代入式（6-96），差分方程化简为

$$\frac{\left(\dfrac{K_{xx}}{\mu}\right)_{I+1/2}(p_{I+1}^{n}-p_{I}^{n})-\left(\dfrac{K_{xx}}{\mu}\right)_{I-1/2}(p_{I}^{n}-p_{I-1}^{n})}{\Delta X^{2}}$$
$$+\frac{\left(\dfrac{K_{xy}}{\mu}\right)_{I+1/2}\left(\dfrac{p_{I+1,J+1}^{n}+p_{I,J+1}^{n}}{4}-\dfrac{p_{I+1,J-1}^{n}+p_{I,J-1}^{n}}{4}\right)}{\Delta X\Delta Y}$$
$$-\frac{\left(\dfrac{K_{xy}}{\mu}\right)_{I-1/2}\left(\dfrac{p_{I-1,J+1}^{n}+p_{I,J+1}^{n}}{4}-\dfrac{p_{I-1,J-1}^{n}+p_{I,J-1}^{n}}{4}\right)}{\Delta X\Delta Y}$$
$$+\frac{\left(\dfrac{K_{xz}}{\mu}\right)_{I+1/2}\left(\dfrac{\Phi_{I+1,K+1}^{n}+\Phi_{I,K+1}^{n}}{4}-\dfrac{\Phi_{I+1,K-1}^{n}+\Phi_{I,K-1}^{n}}{4}\right)}{\Delta X\Delta Z}$$
$$-\frac{\left(\dfrac{K_{xz}}{\mu}\right)_{I-1/2}\left(\dfrac{\Phi_{I-1,K+1}^{n}+\Phi_{I,K+1}^{n}}{4}-\dfrac{\Phi_{I-1,K-1}^{n}+\Phi_{I,K-1}^{n}}{4}\right)}{\Delta X\Delta Z}$$

$$
\begin{aligned}
&+\frac{\left(\dfrac{K_{yx}}{\mu}\right)_{J+1/2}\left(\dfrac{p_{I+1,J+1}^{n}+p_{I+1,J}^{n}}{4}-\dfrac{p_{I-1,J+1}^{n}+p_{I-1,J}^{n}}{4}\right)}{\Delta X\Delta Y}\\
&-\frac{\left(\dfrac{K_{yx}}{\mu}\right)_{J-1/2}\left(\dfrac{p_{I+1,J-1}^{n}+p_{I+1,J}^{n}}{4}-\dfrac{p_{I-1,J-1}^{n}+p_{I-1,J}^{n}}{4}\right)}{\Delta X\Delta Y}\\
&+\frac{\left(\dfrac{K_{yy}}{\mu}\right)_{J+1/2}(p_{J+1}^{n}-p_{J}^{n})-\left(\dfrac{K_{yy}}{\mu}\right)_{J-1/2}(p_{J}^{n}-p_{J-1}^{n})}{\Delta Y^{2}}\\
&+\frac{\left(\dfrac{K_{yz}}{\mu}\right)_{J+1/2}\left(\dfrac{\Phi_{J+1,K+1}^{n}+\Phi_{J,K+1}^{n}}{4}-\dfrac{\Phi_{J+1,K-1}^{n}+\Phi_{J,K-1}^{n}}{4}\right)}{\Delta Y\Delta Z}\\
&-\frac{\left(\dfrac{K_{yz}}{\mu}\right)_{J-1/2}\left(\dfrac{\Phi_{J-1,K+1}^{n}+\Phi_{J,K+1}^{n}}{4}-\dfrac{\Phi_{J-1,K-1}^{n}+\Phi_{J,K-1}^{n}}{4}\right)}{\Delta Y\Delta Z}\\
&+\frac{\left(\dfrac{K_{zx}}{\mu}\right)_{K+1/2}\left(\dfrac{p_{I+1,K+1}^{n}+p_{I+1,K}^{n}}{4}-\dfrac{p_{I-1,K+1}^{n}+p_{I-1,K}^{n}}{4}\right)}{\Delta X\Delta Z}\\
&-\frac{\left(\dfrac{K_{zx}}{\mu}\right)_{K-1/2}\left(\dfrac{p_{I+1,K-1}^{n}+p_{I+1,K}^{n}}{4}-\dfrac{p_{I-1,K-1}^{n}+p_{I-1,K}^{n}}{4}\right)}{\Delta X\Delta Z}\\
&+\frac{\left(\dfrac{K_{zy}}{\mu}\right)_{K+1/2}\left(\dfrac{p_{J+1,K+1}^{n}+p_{J+1,K}^{n}}{4}-\dfrac{p_{J-1,K+1}^{n}+p_{J-1,K}^{n}}{4}\right)}{\Delta Y\Delta Z}\\
&-\frac{\left(\dfrac{K_{zy}}{\mu}\right)_{K-1/2}\left(\dfrac{p_{J+1,K-1}^{n}+p_{J+1,K}^{n}}{4}-\dfrac{p_{J-1,K-1}^{n}+p_{J-1,K}^{n}}{4}\right)}{\Delta Y\Delta Z}\\
&+\frac{\left(\dfrac{K_{zz}}{\mu}\right)_{K+1/2}(\Phi_{K+1}^{n}-\Phi_{K}^{n})-\left(\dfrac{K_{zz}}{\mu}\right)_{K-1/2}(\Phi_{K}^{n}-\Phi_{K-1}^{n})}{\Delta Z^{2}}\\
&+q_{\mathrm{sc}}=C_{\mathrm{t}}\frac{p^{n}-p^{n-1}}{\Delta t}
\end{aligned}
\tag{6-100}
$$

将式（6-100）合并同类项，即可得到非均质各向异性储层压力扩散方程的十九点三维差分格式：

$$
\begin{aligned}
&A_{IJK}p_{I,J,K}^{n}+B_{IJK}p_{I+1,J,K}^{n}+C_{IJK}p_{I-1,J,K}^{n}+D_{IJK}p_{I,J+1,K}^{n}\\
&+E_{IJK}p_{I,J-1,K}^{n}+F_{IJK}p_{I,J,K+1}^{n}+G_{IJK}p_{I,J,K-1}^{n}+H_{IJK}p_{I+1,J,K+1}^{n}\\
&+I_{IJK}p_{I-1,J,K+1}^{n}+J_{IJK}p_{I,J+1,K+1}^{n}+L_{IJK}p_{I,J-1,K+1}^{n}+M_{IJK}p_{I+1,J+1,K}^{n}\\
&+N_{IJK}p_{I+1,J-1,K}^{n}+O_{IJK}p_{I-1,J+1,K}^{n}+R_{IJK}p_{I-1,J-1,K}^{n}+S_{IJK}p_{I+1,J,K-1}^{n}\\
&+U_{IJK}p_{I-1,J,K-1}^{n}+V_{IJK}p_{I,J+1,K-1}^{n}+W_{IJK}p_{I,J-1,K-1}^{n}=Q_{IJK}
\end{aligned}
\tag{6-101}
$$

其中，各系数具体表达式为

$$
\begin{aligned}
A_{IJK}&=-\frac{\left(\frac{K_{xx}}{\mu}\right)_{I+1/2}+\left(\frac{K_{xx}}{\mu}\right)_{I-1/2}}{\Delta X^2}-\frac{\left(\frac{K_{yy}}{\mu}\right)_{J+1/2}+\left(\frac{K_{yy}}{\mu}\right)_{J-1/2}}{\Delta Y^2}\\
&\quad-\frac{\left(\frac{K_{zz}}{\mu}\right)_{K+1/2}+\left(\frac{K_{zz}}{\mu}\right)_{K-1/2}}{\Delta Z^2}-\frac{C_t}{\Delta t}\\
B_{IJK}&=\frac{\left(\frac{K_{xx}}{\mu}\right)_{I+1/2}}{\Delta X^2}+\frac{\left(\frac{K_{yx}}{4\mu}\right)_{J+1/2}-\left(\frac{K_{yx}}{4\mu}\right)_{J-1/2}}{\Delta X\Delta Y}+\frac{\left(\frac{K_{zx}}{4\mu}\right)_{K+1/2}-\left(\frac{K_{zx}}{4\mu}\right)_{K-1/2}}{\Delta X\Delta Z}\\
C_{IJK}&=\frac{\left(\frac{K_{xx}}{\mu}\right)_{I-1/2}}{\Delta X^2}+\frac{\left(\frac{K_{yx}}{4\mu}\right)_{J-1/2}-\left(\frac{K_{yx}}{4\mu}\right)_{J+1/2}}{\Delta X\Delta Y}+\frac{\left(\frac{K_{zx}}{4\mu}\right)_{K-1/2}-\left(\frac{K_{zx}}{4\mu}\right)_{K+1/2}}{\Delta X\Delta Z}\\
D_{IJK}&=\frac{\left(\frac{K_{yy}}{\mu}\right)_{J+1/2}}{\Delta Y^2}+\frac{\left(\frac{K_{xy}}{4\mu}\right)_{I+1/2}-\left(\frac{K_{xy}}{4\mu}\right)_{I-1/2}}{\Delta X\Delta Y}+\frac{\left(\frac{K_{yz}}{4\mu}\right)_{K+1/2}-\left(\frac{K_{yz}}{4\mu}\right)_{K-1/2}}{\Delta Y\Delta Z}\\
E_{IJK}&=\frac{\left(\frac{K_{yy}}{\mu}\right)_{J-1/2}}{\Delta Y^2}+\frac{\left(\frac{K_{xy}}{4\mu}\right)_{I-1/2}-\left(\frac{K_{xy}}{4\mu}\right)_{I+1/2}}{\Delta X\Delta Y}+\frac{\left(\frac{K_{zy}}{4\mu}\right)_{K-1/2}-\left(\frac{K_{zy}}{4\mu}\right)_{K+1/2}}{\Delta Y\Delta Z}\\
F_{IJK}&=\frac{\left(\frac{K_{zz}}{\mu}\right)_{K+1/2}}{\Delta Z^2}+\frac{\left(\frac{K_{xz}}{4\mu}\right)_{I+1/2}-\left(\frac{K_{xz}}{4\mu}\right)_{I-1/2}}{\Delta X\Delta Z}+\frac{\left(\frac{K_{yz}}{4\mu}\right)_{J+1/2}-\left(\frac{K_{yz}}{4\mu}\right)_{J-1/2}}{\Delta Y\Delta Z}\\
G_{IJK}&=\frac{\left(\frac{K_{zz}}{\mu}\right)_{K-1/2}}{\Delta Z^2}+\frac{\left(\frac{K_{xz}}{4\mu}\right)_{I-1/2}-\left(\frac{K_{xz}}{4\mu}\right)_{I+1/2}}{\Delta X\Delta Z}+\frac{\left(\frac{K_{yz}}{4\mu}\right)_{J-1/2}-\left(\frac{K_{yz}}{4\mu}\right)_{J+1/2}}{\Delta Y\Delta Z}\\
H_{IJK}&=\frac{\left(\frac{K_{xz}}{4\mu}\right)_{I+1/2}}{\Delta X\Delta Z}+\frac{\left(\frac{K_{zx}}{4\mu}\right)_{K+1/2}}{\Delta X\Delta Z};\quad I_{IJK}=-\frac{\left(\frac{K_{xz}}{4\mu}\right)_{I-1/2}}{\Delta X\Delta Z}-\frac{\left(\frac{K_{zx}}{4\mu}\right)_{K+1/2}}{\Delta X\Delta Z}\\
J_{IJK}&=\frac{\left(\frac{K_{yz}}{4\mu}\right)_{J+1/2}}{\Delta Y\Delta Z}+\frac{\left(\frac{K_{zy}}{4\mu}\right)_{K+1/2}}{\Delta Y\Delta Z};\quad L_{IJK}=-\frac{\left(\frac{K_{yz}}{4\mu}\right)_{J-1/2}}{\Delta Y\Delta Z}-\frac{\left(\frac{K_{zy}}{4\mu}\right)_{K+1/2}}{\Delta Y\Delta Z}\\
M_{IJK}&=\frac{\left(\frac{K_{xy}}{4\mu}\right)_{I+1/2}}{\Delta X\Delta Y}+\frac{\left(\frac{K_{yx}}{4\mu}\right)_{J+1/2}}{\Delta X\Delta Y};\quad N_{IJK}=-\frac{\left(\frac{K_{xy}}{4\mu}\right)_{I+1/2}}{\Delta X\Delta Y}-\frac{\left(\frac{K_{yx}}{4\mu}\right)_{J-1/2}}{\Delta X\Delta Y}
\end{aligned}
\tag{6-102}
$$

$$
O_{IJK}=-\frac{\left(\frac{K_{xy}}{4\mu}\right)_{I-1/2}}{\Delta X\Delta Y}-\frac{\left(\frac{K_{yx}}{4\mu}\right)_{J+1/2}}{\Delta X\Delta Y};\quad R_{IJK}=\frac{\left(\frac{K_{xy}}{4\mu}\right)_{I-1/2}}{\Delta X\Delta Y}+\frac{\left(\frac{K_{yx}}{4\mu}\right)_{J-1/2}}{\Delta X\Delta Y}
$$

$$
S_{IJK}=-\frac{\left(\frac{K_{xz}}{4\mu}\right)_{I+1/2}}{\Delta X\Delta Z}-\frac{\left(\frac{K_{zx}}{4\mu}\right)_{K-1/2}}{\Delta X\Delta Z};\quad U_{IJK}=\frac{\left(\frac{K_{xz}}{4\mu}\right)_{I-1/2}}{\Delta X\Delta Z}+\frac{\left(\frac{K_{zx}}{4\mu}\right)_{K-1/2}}{\Delta X\Delta Z}
$$

$$
V_{IJK}=-\frac{\left(\frac{K_{yz}}{4\mu}\right)_{J+1/2}}{\Delta Y\Delta Z}-\frac{\left(\frac{K_{zy}}{4\mu}\right)_{K-1/2}}{\Delta Y\Delta Z};\quad W_{IJK}=\frac{\left(\frac{K_{yz}}{4\mu}\right)_{J-1/2}}{\Delta Y\Delta Z}+\frac{\left(\frac{K_{zy}}{4\mu}\right)_{K-1/2}}{\Delta Y\Delta Z} \tag{6-103}
$$

$$
\begin{aligned}
Q_{IJK}=&-\frac{C_t}{\Delta t}p_{I,J,K}^{n-1}-q_{\mathrm{sc}}-\frac{\gamma\left[\left(\frac{K_{zz}}{\mu}\right)_{K+1/2}-\left(\frac{K_{zz}}{\mu}\right)_{K-1/2}\right]}{\Delta Z}\\
&-\frac{\gamma\left[\left(\frac{K_{xz}}{\mu}\right)_{I+1/2}-\left(\frac{K_{xz}}{\mu}\right)_{I-1/2}\right]}{\Delta X}-\frac{\gamma\left[\left(\frac{K_{yz}}{\mu}\right)_{J+1/2}-\left(\frac{K_{yz}}{\mu}\right)_{J-1/2}\right]}{\Delta Y}
\end{aligned}
$$

页岩压裂过程中，由于天然裂缝会发生破坏，储层渗透率将发生改变；此外，由于压裂液温度低于地层温度，地层温度场也会发生改变，导致储层内流体黏度变化。因此，在利用有限差分法计算储层压力时，每个时步内的储层渗透率场和流体黏度场都需要更新一次。其中，储层渗透率数据来自天然裂缝模型，流体黏度数据来自地层温度场模型。

6.2.3　边界条件处理

页岩储层压力场模型中，涉及内、外两种边界条件：

$$
\text{内边界}: p\big|_{\Gamma_{\text{fracture}}}=p_{\mathrm{f}} \tag{6-104}
$$

$$
\text{外边界}: \left.\frac{\partial p}{\partial n}\right|_{\Gamma_{\text{boundary}}}=0 \tag{6-105}
$$

该模型外边界为矩形封闭边界，处理方法可采用虚拟点方法，也可将边界网格渗透率值设为 0，其中，后者实现起来更为直观和简便。值得注意的是，由于当水力裂缝出现非平面延伸行为后，模型中的内边界为定压曲面边界，处理方法可采用不等臂差分方法或者迁移方法（包括线性插值和常值插值），其中，迁移方法中的线性插值截断误差较小。

以二维网格为例，曲线边界条件如图 6-11 所示。

如图 6-11 所示，$APQB$ 为曲线边界。其中，A 点正好在网格交叉点上，可视为规则内点，P、Q 两点都距离 C 点最近，B 点距离 S 点最近。根据线性插值方法，可将 C、S 点作为近似边界点，取值公式分别为

$$
p_C^{n+1}=\frac{\left(\frac{\overline{CQ}}{\overline{WQ}}p_W^{n+1}+\frac{\overline{WC}}{\overline{WQ}}p_Q^{n+1}\right)+\left(\frac{\overline{CP}}{\overline{SP}}p_S^{n+1}+\frac{\overline{CS}}{\overline{SP}}p_P^{n+1}\right)}{2} \tag{6-106}
$$

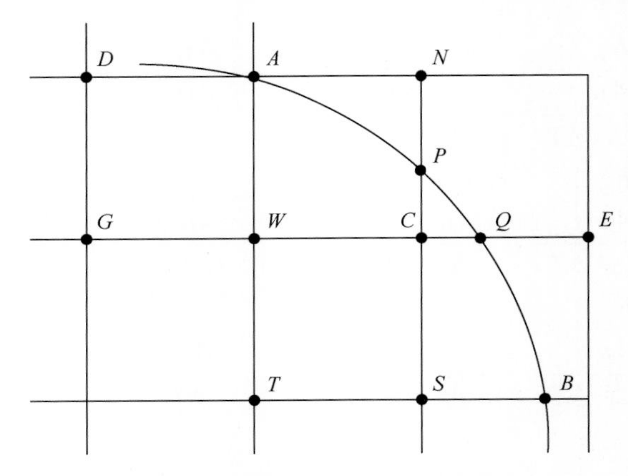

图 6-11　二维网格曲线边界条件

$$p_S^{n+1} = \frac{\overline{SB}}{\overline{TB}} p_T^{n+1} + \frac{\overline{TS}}{\overline{TB}} p_B^{n+1} \tag{6-107}$$

将此类上述近似边界取值公式代入差分方程组，并修改线性方程组系数矩阵中的相关系数，即可表征出模型内边界的曲线特性。

6.2.4　计算实例

利用所建立的页岩压裂储层压力模型，针对某三维储层进行压力计算，该储层均匀发育大量产状一致的天然裂缝，储层中央有三条水力裂缝，水力裂缝间距为 25m，且各裂缝内压力相等且高于储层原始压力。此算例中，不涉及水力裂缝的延伸、天然裂缝破坏及其渗透率变化的机制，将天然裂缝渗透率值设定为固定值。储层模型如图 6-12 所示，模型中具体参数如表 6-3 所示。

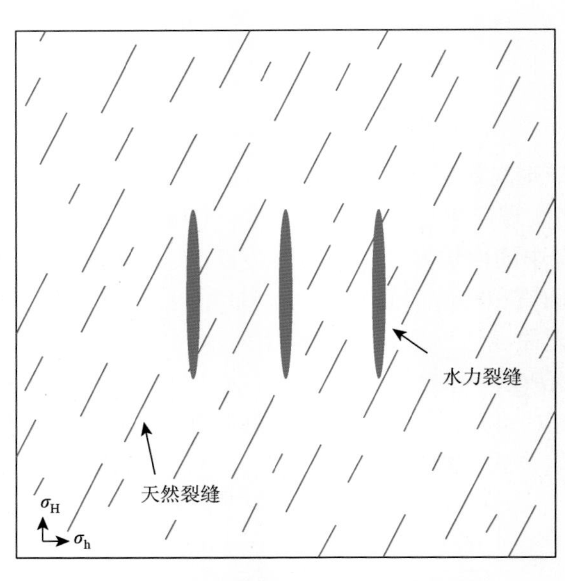

图 6-12　油藏压力计算实例模型平面图

表 6-3　油藏压力计算实例参数表

参数	数值	参数	数值
储层尺寸/m	100×100×50	水力裂缝间距/m	30
储层原始压力/MPa	30	水力裂缝长度/m	20
孔隙度（无量纲）	0.2	水力裂缝高度/m	10
地层综合压缩系数/Pa^{-1}	3.00E-12	水力裂缝压力/MPa	50
流体密度/(kg/m^3)	1000	储层基质渗透率/mD	0.1
流体黏度/(mPa·s)	1	天然裂缝渗透率/mD	100
流动时间/s	1000	天然裂缝倾角/(°)	90
水力裂缝条数/条	3	天然裂缝逼近角/(°)	90/75/60/45

在不同天然裂缝逼近角（裂缝平面与最大水平主应力之间的夹角）的情况下，利用渗透率全张量形式的十九点差分法，计算出该储层的压力分布情况，并将其与渗透率对角张量形式的七点差分法所得计算结果进行对比，如图 6-13～图 6-16 所示。

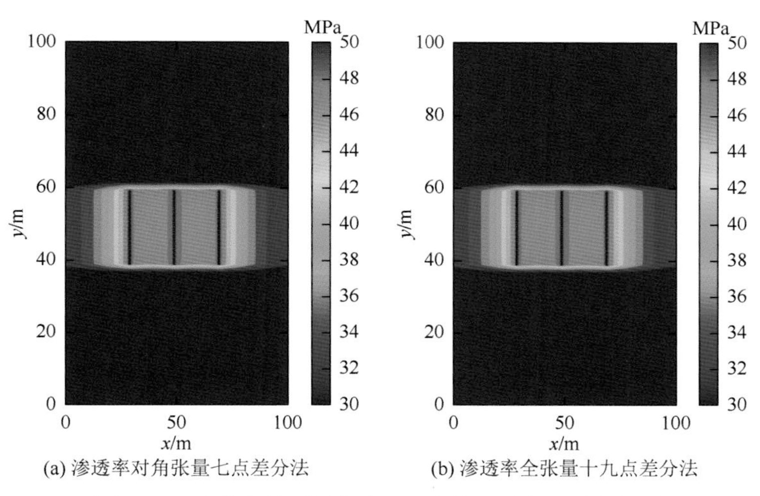

(a) 渗透率对角张量七点差分法　(b) 渗透率全张量十九点差分法

图 6-13　天然裂缝逼近角为 90°时储层压力平面分布图

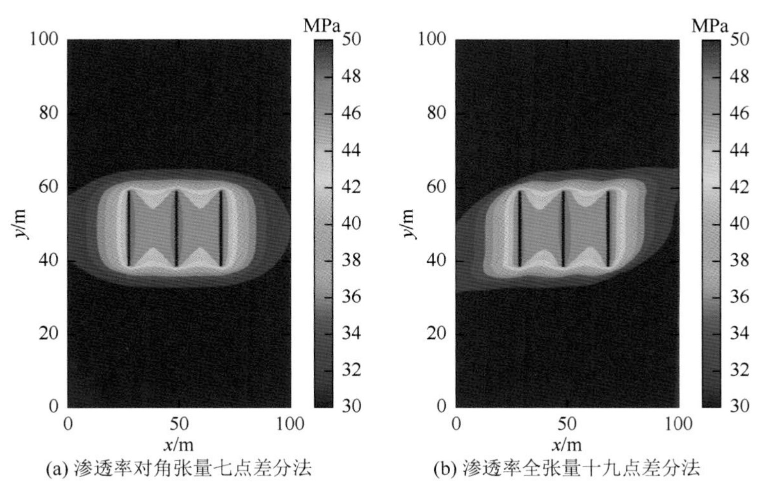

(a) 渗透率对角张量七点差分法　(b) 渗透率全张量十九点差分法

图 6-14　天然裂缝逼近角为 75°时储层压力平面分布图

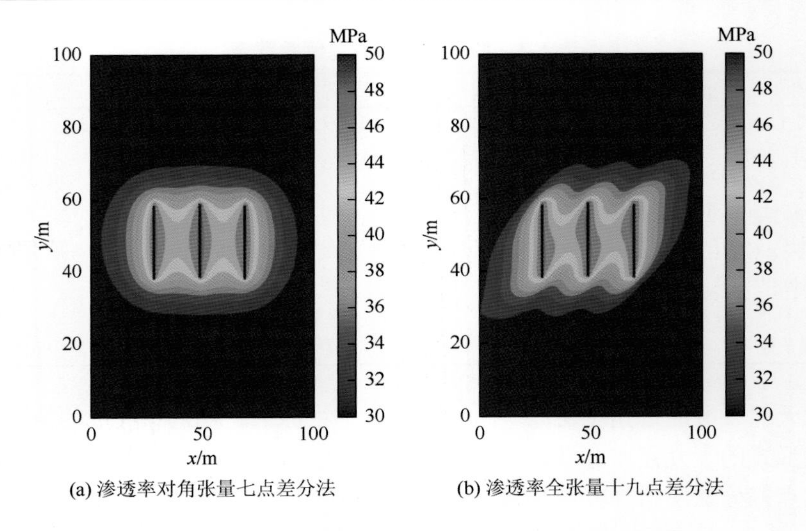

(a) 渗透率对角张量七点差分法　　(b) 渗透率全张量十九点差分法

图 6-15　天然裂缝逼近角为 60°时储层压力平面分布图

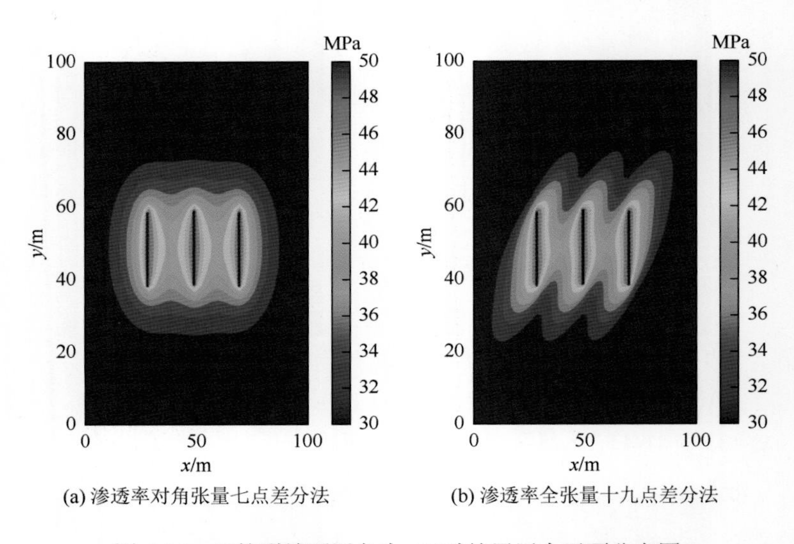

(a) 渗透率对角张量七点差分法　　(b) 渗透率全张量十九点差分法

图 6-16　天然裂缝逼近角为 45°时储层压力平面分布图

由图 6-13～图 6-16 可以看出，各条水力裂缝附近储层压力场随着时间都出现不同程度的升高，并且压力升高范围与幅度随着储层渗透率场的不同而变化。此外，由图 6-13 可以看出，当天然裂缝逼近角与地层主应力方向一致时，储层表观渗透率张量非对角分量为零，此时十九点差分法与七点差分法计算结果完全相同。然而，图 6-13～图 6-16 表明，随着天然裂缝逼近角逐渐偏离地层主应力方向，储层表观渗透率张量非对角分量逐渐增加，此时十九点差分法与七点差分法计算结果差异逐渐增大。因此，天然裂缝逼近角与地层主应力方向夹角较大时，应当尽量采用十九点差分法进行储层压力场的模拟计算，虽然该方法运算量较大，但其结果更为精确合理。

6.3　页岩压裂地层温度场变化机理与模型

页岩水平井缝网压裂过程中，大量的常温压裂液将会被泵入井下，进入水力裂缝内，而水力裂缝所在的地层温度通常高于常温。因此，常温的压裂液与高温的水力裂缝壁面将会发生热交换，而压裂液不断滤失进入地层也会引发热对流。在压裂液与地层的热传导与热对流过程中，压裂液温度逐渐升高，地层温度逐渐降低，如图 6-17 所示。

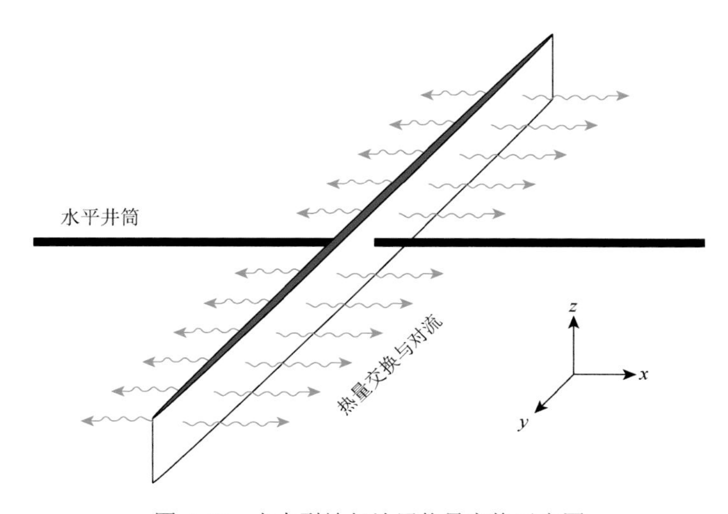

图 6-17　水力裂缝与地层热量交换示意图

随着温度场的变化，压裂液的流动性质将发生变化，主要表现为压裂液黏度降低，不仅会降低水力裂缝内净压力进而影响其延伸行为，还将改变压裂液滤失进入地层后的渗流行为，影响储层压力场的变化。因此，有必要针对页岩压裂过程建立地层温度场模型，并将其与裂缝延伸模型和储层压力模型进行耦合求解。

6.3.1　能量方程

水力压裂过程中主要涉及的能量方程包括水力裂缝内压裂液能量守恒方程、岩石能量方程，以及滤失区域能量方程[18, 19]。

1. 水力裂缝能量方程

水力裂缝中的流体连续性方程为

$$\frac{\partial w_{\mathrm{f}}}{\partial t}h_{\mathrm{f}}+\frac{\partial q}{\partial y}+2h_{\mathrm{f}}q_{\mathrm{L}}=0 \tag{6-108}$$

式中，w_{f}为裂缝内任意位置处平均开度（m）；h_{f}为裂缝高度（m）；q_{L}为压裂液滤失速度（$\mathrm{m^2/s}$）；q 为裂缝内流体流量（$\mathrm{m^3/s}$）。

水力裂缝内压裂液能量守恒方程为

$$\frac{\partial(w_{\mathrm{f}}T_{\mathrm{f}})}{\partial t}h_{\mathrm{f}}=-\frac{\partial(q)}{\partial y}-2q_{\mathrm{L}}h_{\mathrm{f}}T_{\mathrm{f}}+2\frac{\alpha_{\mathrm{fr}}h_{\mathrm{f}}}{\rho_{\mathrm{f}}C_{\mathrm{f}}}(T_{\mathrm{rw}}-T_{\mathrm{f}}) \tag{6-109}$$

式中，T_{f}为裂缝内任意位置处压裂液温度（K）；T_{rw}为地层滤失带温度（K）；ρ_{f}为压裂液密度（kg/m^3）；C_{f}为压裂液比热容[J/(kg·K)]；T_{rw}为裂缝壁面温度（K）；α_{fr}为压裂液与裂缝壁面换热系数[J/(m^2·s)]。

通常情况下，可将水力裂缝壁面与缝内压裂液温度视为相等，但实际情况中，裂缝壁面与压裂液之间温度也存在差异。根据流体能量守恒原理，并考虑到裂缝壁面与压裂液的温度差异，结合水力裂缝连续性方程与压裂液能量守恒方程，得到裂缝延伸能量方程：

$$w_{\mathrm{f}}h_{\mathrm{f}}\frac{\partial T_{\mathrm{f}}}{\partial t}=-q\frac{\partial T_{\mathrm{f}}}{\partial y}+\frac{2\alpha_{\mathrm{fr}}h_{\mathrm{f}}}{\rho_{\mathrm{f}}C_{\mathrm{f}}}(T_{\mathrm{rw}}-T_{\mathrm{f}}) \tag{6-110}$$

2. 滤失区域能量方程

在水力裂缝附近的压裂液滤失区域内，考虑垂直于裂缝壁面方向上的温度梯度以及热对流，建立滤失区域的能量方程为

$$\frac{\partial T_{\mathrm{rw}}}{\partial t}=\frac{1}{\delta}\left[\frac{\rho_{\mathrm{f}}C_{\mathrm{f}}}{(\rho C)_{\mathrm{ef}}}q_{\mathrm{L}}(T_{\mathrm{f}}-T_{\mathrm{rw}})+\frac{\alpha_{\mathrm{ef}}}{(\rho C)_{\mathrm{ef}}}\frac{\partial T_{\mathrm{r}}}{\partial x}\bigg|_{\mathrm{HF}}+\frac{\alpha_{\mathrm{fr}}}{(\rho C)_{\mathrm{ef}}}(T_{\mathrm{f}}-T_{\mathrm{rw}})\right] \tag{6-111}$$

式中，δ为滤失带厚度（m）；T_{rw}为地层滤失带温度（K）；α_{ef}为地层有效热传导系数[W/(m·K)]；$(\rho C)_{\mathrm{ef}}$为地层密度与比热容的有效乘积[J/(m^3·K)]；α_{fr}为压裂液与裂缝壁面换热系数[J/(m^2·s)]。

3. 近缝地层能量方程

近缝地层能量方程为

$$\frac{\partial T_{\mathrm{r}}}{\partial t}=\frac{\alpha_{\mathrm{ef}}}{(\rho C)_{\mathrm{ef}}}\left(\frac{\partial^2 T_{\mathrm{r}}}{\partial x^2}\right)-\frac{\rho_{\mathrm{f}}C_{\mathrm{f}}}{(\rho C)_{\mathrm{ef}}}q_{\mathrm{L}}\frac{\partial T_{\mathrm{r}}}{\partial x} \tag{6-112}$$

其中，

$$\alpha_{\mathrm{ef}}=\alpha_{\mathrm{r}}(1-\varphi)+\alpha_{\mathrm{f}}\varphi \tag{6-113}$$

$$(\rho C)_{\mathrm{ef}}=\rho_{\mathrm{r}}C_{\mathrm{r}}(1-\varphi)+\rho_{\mathrm{f}}C_{\mathrm{f}}\varphi \tag{6-114}$$

式中，T_{r}为储层温度（K）；ρ_{r}为岩石密度（kg/m^3）；C_{r}为岩石比热容[J/(kg·K)]。

4. 边界条件

地层温度场模型的边界条件为

$$\begin{cases}T_{\mathrm{f}}(0,t)=T_{\mathrm{b}}\\T_{\mathrm{f}}(L_{\mathrm{f}},t)=T_{\mathrm{ri}}\end{cases} \tag{6-115}$$

式中，T_{b}为井底压裂液温度（K）；T_{ri}为储层原始温度（K）。

上述各能量方程及其边界条件，共同组成了水力裂缝与地层温度场数学模型，该模型难以求得解析解，故可对其采用有限差分方法进行数值计算。

6.3.2　数值方法求解

1. 热对流计算

利用拉普拉斯变换求解近缝地层能量方程，代入边界条件，可得到地层岩石与裂缝壁面的热流量为

$$Q_{\mathrm{fr}} = \alpha_{\mathrm{ef}} \frac{\partial T_{\mathrm{f}}}{\partial y}\bigg|_{y=0} = \alpha_{\mathrm{ef}} (T_{\mathrm{res}} - T_{\mathrm{f}}) \frac{1}{\sqrt{\pi D^{\xi}}} \frac{\exp\left(-\dfrac{C^2}{D}\right)}{\left[1 + \mathrm{erf}\left(\dfrac{C}{\sqrt{D}}\right)\right]} \tag{6-116}$$

其中，

$$\begin{cases} C = \dfrac{\rho_{\mathrm{f}} C_{\mathrm{f}} C_{\mathrm{t}}}{(\rho C)_{\mathrm{ef}}} \\ \xi = t - \tau \\ D = \dfrac{\alpha_{\mathrm{ef}}}{(\rho C)_{\mathrm{ef}}} \end{cases} \tag{6-117}$$

式中，C_{t} 为滤失系数（$\mathrm{m/s^{0.5}}$）；τ 为滤失时间（s）；T_{res} 为地层原始温度（K）。

2. 网格划分

对于任意时刻，沿垂直于裂缝面方向（x 轴）划分为 N_x 个网格单元，编号为 $i = 1, 2, 3, 4, \cdots, N_x$；沿裂缝延伸方向（$y$ 轴）划分为 N_y 个网格单元，编号为 $j = 1, 2, 3, 4, \cdots, N_y$，如图 6-18 所示。

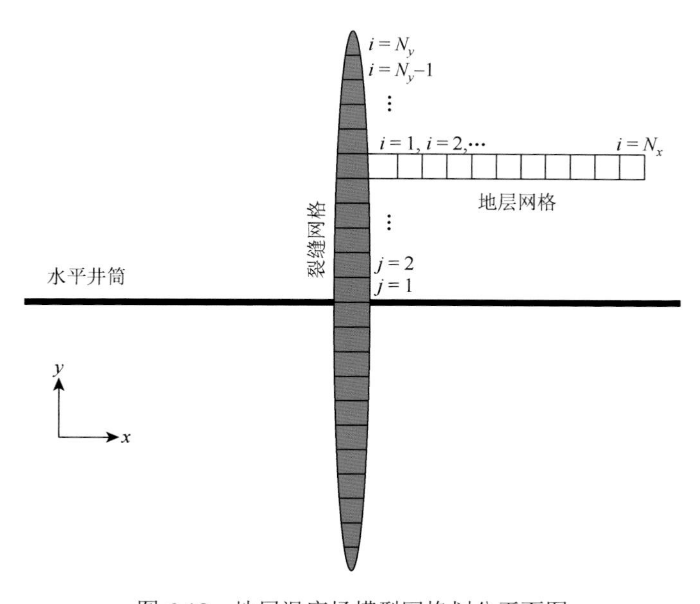

图 6-18　地层温度场模型网格划分平面图

3. 水力裂缝内温度计算

对滤失区域能量方程进行有限差分：

$$\frac{(T_{\mathrm{rw}})_j^n-(T_{\mathrm{rw}})_j^{n-1}}{\Delta t}=\frac{1}{\delta^n}\left[\frac{\rho_{\mathrm{f}}C_{\mathrm{f}}}{(\rho C)_{\mathrm{ef}}}(q_{\mathrm{L}})_j^n((T_{\mathrm{f}})_j^n-(T_{\mathrm{rw}})_j^n)+D(T_{\mathrm{res}}-(T_{\mathrm{f}})_j^n)\frac{\exp\left(-\dfrac{C^2}{D}\right)}{1+\mathrm{erf}\left(\dfrac{\mathrm{C}}{\sqrt{\mathrm{D}}}\right)}\frac{1}{\sqrt{\pi D^{\xi}}}+\frac{\lambda_j^n}{(\rho C)_{\mathrm{ef}}}((T_{\mathrm{f}})_j^n-(T_{\mathrm{rw}})_j^n)\right] \tag{6-118}$$

其中，

$$\begin{cases}\delta_j^n=2C_{\mathrm{t}}\sqrt{t-t_j}\\ \lambda_j^n=\dfrac{\alpha_{\mathrm{f}}N_{\mathrm{w}}(Q_{\mathrm{f}})_j^n}{A_j^n}\end{cases} \tag{6-119}$$

然后，对裂缝延伸能量方程进行有限差分：

$$(w_{\mathrm{f}})_j^n\frac{(T_{\mathrm{f}})_j^n-(T_{\mathrm{f}})_j^{n-1}}{\Delta t}h_{\mathrm{f}}=-q_j^n\frac{(T_{\mathrm{f}})_j^n-(T_{\mathrm{f}})_{j-1}^{n-1}}{\Delta y}+\frac{2\lambda_j^nh_{\mathrm{f}}}{\rho_{\mathrm{f}}C_{\mathrm{f}}}\left[(T_{\mathrm{rw}})_j^n-(T_{\mathrm{f}})_j^n\right] \tag{6-120}$$

计算过程中，首先为水力裂缝中流体温度赋予初值：$(T_{\mathrm{f}}^0)_j^n$，其中 $i=1,2,3,\cdots,N_y$。将温度初值代入式（6-118）中，计算 $(T_{\mathrm{rw}}^{(0)})_j^n$ 并代入式（6-120），计算 $(T_{\mathrm{f}}^{(1)})_j^n$。随后再将 $(T_{\mathrm{f}}^{(1)})_j^n$ 再次代入式（6-118），计算 $(T_{\mathrm{rw}}^{(1)})_j^n$。重复以上步骤，直到 $(T_{\mathrm{rw}}^{(0)})_j^n$、$(T_{\mathrm{f}}^{(1)})_j^n$、$(T_{\mathrm{f}}^{(1)})_j^n$ 和 $(T_{\mathrm{rw}}^{(1)})_j^n$ 满足所给定的收敛条件，即可确定当前时步水力裂缝内流体温度。

4. 近缝地层温度计算

对近缝地层能量方程进行有限差分：

$$\begin{aligned}&\frac{(T_{\mathrm{r}})_{i,j}^n-(T_{\mathrm{r}})_{i,j}^{n-1}}{\Delta t}\\&=\frac{\alpha_{\mathrm{ef}}}{2(\rho \mathrm{C})_{\mathrm{ef}}}\left[\frac{(T_{\mathrm{r}})_{i+1,j}^n-2(T_{\mathrm{r}})_{i,j}^n+(T_{\mathrm{r}})_{i-1,j}^n}{(\Delta y)^2}+\frac{(T_{\mathrm{r}})_{i+1,j}^{n-1}-2(T_{\mathrm{r}})_{i,j}^{n-1}+(T_{\mathrm{r}})_{i-1,j}^{n-1}}{(\Delta y)^2}\right]\\&\quad-\frac{\rho_{\mathrm{f}}\mathrm{C}_{\mathrm{f}}}{2(\rho \mathrm{C})_{\mathrm{ef}}}(q_{\mathrm{L}})_j^n\left[\frac{(T_{\mathrm{r}})_{i+1,j}^n-(T_{\mathrm{r}})_{i-1,j}^n}{2\Delta y}+\frac{(T_{\mathrm{r}})_{i+1,j}^{n-1}-(T_{\mathrm{r}})_{i-1,j}^{n-1}}{2\Delta y}\right]\end{aligned} \tag{6-121}$$

合并同类项后，整理得

$$A_{i,j}(T_{\mathrm{r}})_{i-1,j}^n+B_{i,j}(T_{\mathrm{r}})_{i-1,j}^n+C_{i,j}(T_{\mathrm{r}})_{i-1,j}^n=D_{i,j}(T_{\mathrm{r}})_{i-1,j}^{n-1}+E_{i,j}(T_{\mathrm{r}})_{i,j}^{n-1}+F_{i,j}(T_{\mathrm{r}})_{i+1,j}^{n-1} \tag{6-122}$$

式中各参数为

$$
\begin{cases}
A_{i,j} = -(\psi_{i,j} + \chi_{i,j}) \\
B_{i,j} = (1 + 2\psi_{i,j}) \\
C_{i,j} = -(\psi_{i,j} - \chi_{i,j}) \\
D_{i,j} = (\psi_{i,j} + \chi_{i,j}) \\
E_{i,j} = (1 - 2\psi_{i,j}) \\
F_{i,j} = (\psi_{i,j} - \chi_{i,j})
\end{cases}
\tag{6-123}
$$

其中：

$$
\begin{cases}
\psi_{i,j} = \dfrac{\alpha_{\text{ef}} \Delta t}{2(\rho C)_{\text{ef}} (\Delta y)^2} \\
\chi_{i,j} = \dfrac{\rho_{\text{f}} C_{\text{f}} (q_{\text{L}})_j^n \Delta t}{4(\rho C)_{\text{ef}} \Delta y}
\end{cases}
\tag{6-124}
$$

边界条件为

$$
\begin{cases}
(T_{\text{r}})_{0,j}^n = (T_{\text{rw}})_j^n \\
(T_{\text{r}})_{N_x,j}^n = T_{\text{res}}
\end{cases}
\tag{6-125}
$$

首先计算水力裂缝内流体温度和裂缝壁面温度，再从第一个裂缝单元开始，使用追赶法求解上述方程，直到完成所有裂缝单元的求解，即可求出下一时步近缝区域地层温度场。

6.3.3 计算实例

利用所建立的页岩压裂地层温度模型，对压裂过程中水力裂缝内流体、裂缝壁面，以及附近地层温度分布进行计算。该算例中包含一条水力裂缝，具体参数如表 6-4 所示。

表 6-4　地层温度场算例参数表

参数	数值
岩石比热容/[kJ/(kg·℃)]	0.879
岩石密度/(kg/m^3)	2300
岩石导热系数/[kJ/(m·s·℃)]	5.78E-07
油藏温度/℃	73
压裂液温度/℃	18
压裂液比热容/[kJ/(kg·℃)]	0.921
压裂液密度/(kg/m^3)	1000
泵注排量/(m^3/min)	2.5

压裂总时间为 70min，水力裂缝半长延伸至 114m。此时，水力裂缝内流体温度分布与裂缝壁面温度分布如图 6-19 所示；近裂缝区域地层温度变化曲线如图 6-20 所示。

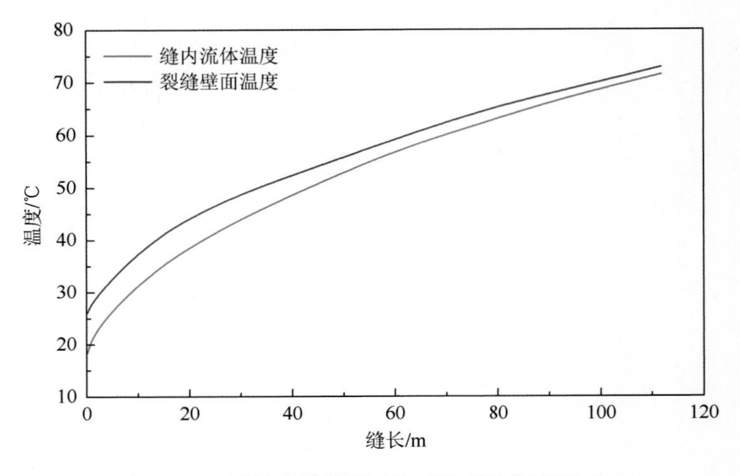

图 6-19　裂缝内流体温度与裂缝壁面温度分布

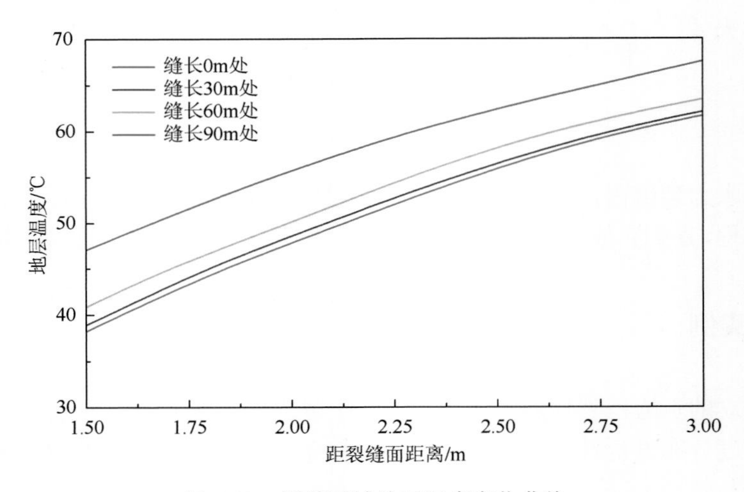

图 6-20　近缝区域地层温度变化曲线

由图 6-19 可以看出，水力裂缝内流体温度与裂缝壁面温度在接近裂缝口处与地层温差较大，热量交换显著，因此该裂缝段内温度升高较快。随后，沿着裂缝长度方向上升趋于平缓，直至接近储层温度。同理，由图 6-20 可以看出，在接近水力裂缝缝口附近地层的热量大量进入裂缝流体中，导致该区域内温度较低，越接近裂缝尖端区域地层温度越高。此外，距离水力裂缝面越远的地层区域，温度越低，基本上在距离裂缝面数米之外，地层温度已经较为接近原始地层温度。这一现象表明，在压裂过程中，裂缝内低温压裂液对地层原始温度场影响较为有限，而地层高温对裂缝内流体温度变化影响较大。

6.4　本 章 小 结

基于本章研究，得到以下重要认识。

（1）基于不连续位移法，建立了页岩压裂过程中地层应力场的计算模型，能够考虑同时多条有限缝高的水力裂缝产生的诱导应力对地层应力场的影响。不连续位移法相对于其他数值计算方法，优势在于无需在整个求解域内划分网格，而仅需对离散裂缝进行网格划分，故其网格维度比求解模型维度少一维，计算量大大减少，精度较高。此外，由于不连续位移法网格划分较为简单，运算量小，故可在每个时步内更新网格，形成动态网格，适合用于模拟裂缝的转向延伸行为。

（2）基于三维单向流体连续性方程及其在多孔介质中的达西渗流方程，推导了页岩压裂过程中储层压力场的数学模型。该模型中的储层渗透率采用了全张量的形式，能够准确表征储层的各向异性。根据有限差分方法，推导出包含全张量渗透率储层单相流体流动方程的十九点三维差分方程，用于计算页岩压裂过程中储层压力场变化。对于各向异性较强的页岩储层来说，其计算精度远高于常规的七点三维差分方程。

（3）基于水力裂缝能量方程、滤失区域能量方程，以及近缝地层能量方程，建立了页岩压裂过程中地层温度场的数学模型。利用所建立的页岩压裂地层温度场模型，计算了压裂时水力裂缝内流体温度分布、裂缝壁面温度分布，以及近缝区域地层温度分布。计算结果发现，水力裂缝内流体在缝口附近温度变化较大；裂缝内低温压裂液对地层原始温度场影响较为有限，而地层高温对裂缝内流体温度变化影响较大。

（4）通过多个具体计算实例，将各个模型的计算结果与其他方法所得结果进行对比分析，验证了模型的准确性和可靠性。

参 考 文 献

[1] Xue W. Numerical investigation of interaction between hydraulic fractures and natural fractures[D]. Master Thesis，Texas A&M University，2010.

[2] Crouch S. Solution of plane elasticity problems by the displacement discontinuity method. I. Infinite body solution[J]. International Journal for Numerical Methods in Engineering，1976，**10**（2）：301-343.

[3] Olson J E，Wu K. Sequential vs. Simultaneous multizone fracturing in horizontal wells：Insights from a non-planar，multifrac numerical model[C]//Paper SPE 152602 presented at the SPE Hydraulic Fracturing Technology Conference，6-8 February，2012，The Woodlands，Texas，USA.

[4] Wu K，Olson J E. Investigation of the impact of fracture spacing and fluid properties for interfering simultaneously or sequentially generated hydraulic fractures[J]. SPE Production & Operations，2013，28（04）：427-436.

[5] 胥云，陈铭，吴奇，等. 水平井体积改造应力干扰计算模型及其应用[J]. 石油勘探与开发，2016（05）：1-8.

[6] Yamamoto K，Shimamoto T，Sukemura S. Multiple fracture propagation model for a three-dimensional hydraulic fracturing simulator[J]. International Journal of Geomechanics，2004，4（1）：46-57.

[7] Shi J，Shen B，Stephansson O，et al. A three-dimensional crack growth simulator with displacement discontinuity method[J]. Engineering Analysis with Boundary Elements，2014，48：73-86.

[8] Wu K，Olson J E. A simplified three-dimensional displacement discontinuity method for multiple fracture simulations[J]. International Journal of Fracture，2015，193（2）：191-204.

[9] Kresse O，Weng X，Gu H，et al. Numerical modeling of hydraulic fractures interaction in complex naturally fractured formations[J]. Rock Mechanics and Rock Engineering，2013，46（3）：555-568.

[10] Zhang Z，Li X. The shear mechanisms of natural fractures during the hydraulic stimulation of shale gas reservoirs[J]. Materials，2016，9（9）：713.

[11] Vidic R D，Brantley S L，Vandenbossche J M，et al. Impact of shale gas development on regional water quality[J]. Science，2013，340（6134）：1235009.

[12] Ghanbari E，Dehghanpour H. Impact of rock fabric on water imbibition and salt diffusion in gas shales[J]. International Journal of Coal Geology，2015，138：55-67.

[13] Wang Y，Li X，Zhang Y X，et al. Gas shale hydraulic fracturing：A numerical investigation of the fracturing network evolution in the silurian longmaxi formation in the southeast of sichuan basin，china，using a coupled fsd approach[J]. Environmental Earth Sciences，2016，75（14）：1093.

[14] Wang Y，Li X，Zhou R，et al. Numerical evaluation of the effect of fracture network connectivity in naturally fractured shale based on fsd model[J]. Science China Earth Sciences，2016，59（3）：626-639.

[15] Leung W F. A tensor model for anisotropic and heterogeneous reservoirs with variable directional permeabilities[C]//SPE California Regional Meeting，2-4 April，1986，Oakland，California.

[16] 刘月田，徐明旺，彭道贵，等. 各向异性渗透率油藏数值模拟[J]. 计算物理，2007（03）：295-300.

[17] 冯其红，王相，王端平，等. 考虑渗透率张量的各向异性油藏流线模拟方法[J]. 中国石油大学学报（自然科学版），2014（01）：75-80.

[18] 赵梅. 水平井压裂温度场研究[D]. 北京：中国石油大学，2006.

[19] 王强，胡永全，任岚，等. 水力压裂裂缝及近缝储层温度场[J]. 大庆石油地质与开发，2017：1-4.

第 7 章　SRV 动态表征方法与矿场实例应用分析

7.1　页岩水平井压裂 SRV 动态表征方法的建立与应用

基于第 4～6 章所建立的页岩储层天然裂缝模型、水力裂缝延伸模型、地层应力场模型、储层压力场模型，以及地层温度场模型，即可形成一套页岩水平井缝网压裂 SRV 动态表征方法，并建立其相应的数值计算流程。随后，利用该 SRV 动态表征方法在中国涪陵页岩气田焦石坝区块内进行了矿场实际应用，对现场水平井水力压裂施工后形成的 SRV 进行计算与评估分析，并将模型所得结果与现场微地震监测数据进行比对分析。

7.1.1　页岩水平井压裂 SRV 动态表征方法与计算流程

综合第 4～6 章各个模型及其相关数学方程与求解方法，建立页岩水平井压裂 SRV 动态表征方法，其计算具体流程如下。

1. 输入所需工程参数和地质参数

（1）工程参数主要包括：泵注排量、压裂液总量、压裂液黏度、射孔簇数（即水力裂缝条数）、射孔簇间距（即水力裂缝间距）、压裂总时间等。

（2）地质参数主要包括：天然裂缝平均倾角及其方差、天然裂缝平均逼近角及其方差、天然裂缝平均长度及其方差、天然裂缝平均高度及其方差、天然裂缝内聚力、天然裂缝抗张强度、天然裂缝摩擦系数、天然裂缝平均间距、天然裂缝法向刚度、天然裂缝切向刚度、天然裂缝切向膨胀角、地层水平最大主应力、地层水平最小主应力、地层垂向主应力、地层杨氏模量、地层泊松比、岩石热扩散率、储层温度、压裂液温度、储层压力、储层孔隙度等。

2. 水力裂缝延伸计算

（1）根据各水力裂缝缝口压力，进行流量分配计算，在首个时步时，流量平均分配。

（2）为水力裂缝滤失量、延伸长度、缝内压力赋初值，初值可通过 KGD 或 PKN 模型获得，初值影响计算速度，但不影响计算结果。

（3）根据计算所得水力裂缝内压力分布，代入地层应力模型中，求得水力裂缝宽度分布，若缝宽不收敛，则迭代更新缝内压力分布，直至缝宽收敛。

（4）根据缝宽分布，计算缝内流量分布，并判断缝口流量是否收敛，若不收敛，则改变相应水力裂缝的延伸长度，直至缝口流量收敛。

（5）如果该段压裂过程中存在多条水力裂缝同时延伸，则需要同时对多裂缝延伸长度进行迭代计算：依次针对每条裂缝进行步骤（1）～（3），求得每条水力裂缝的延伸长度，若各条裂缝延伸长度不收敛，则再次针对每条裂缝进行步骤（1）～（3），直至各条裂缝延伸长度收敛。

（6）将水力裂缝延伸计算过程中，收敛后的缝内压力代入储层压力模型中作为内边界条件，计算裂缝滤失量沿缝长方向的分布，再代回裂缝延伸计算中，如果滤失量不收敛，则再次重复步骤（1）～（5），直至滤失量收敛。

3. 地层应力场计算

（1）基于水力裂缝延伸部分中计算得到的缝内净压力以及裂缝位置参数，利用位移不连续法计算各条水力裂缝宽度分布，并代入裂缝延伸部分中进行耦合计算。

（2）根据各离散裂缝单元的不连续法向位移与切向位移，计算诱导应力，进而求得当前地层应力场分布；地层应力值可代入天然裂缝模型中，用于判断天然裂缝破坏状态与类型。

（3）根据离散裂缝尖端单元的不连续法向位移与切向位移，计算各条水力裂缝延伸转向角度，并代入裂缝延伸部分中，决定水力裂缝的延伸方向。

4. 储层压力场计算

（1）以当前储层压力场分布为初始条件，以水力裂缝延伸部分中计算得到的缝内压力以及裂缝位置参数为内边界条件；并分别从地层温度场模型和天然裂缝模型中获得的地层流体黏度和储层渗透率场作为求解条件。

（2）采用有限差分方法，求解储层流体渗流方程，计算下一时步储层压力场分布情况；储层压力值可代入天然裂缝模型中，用于判断天然裂缝破坏状态与类型。

（3）计算各条水力裂缝内的压裂液滤失量，代入水力裂缝延伸部分进行耦合计算。

5. 地层温度场计算

（1）以当前地层温度场分布为初始条件，以水力裂缝延伸部分中计算得到的各条裂缝位置参数及其缝口温度为内边界条件，采用有限差分方法，求解水力裂缝流体能量方程、滤失区域能量方程、近缝地层能量方程，计算下一时步地层温度场分布情况。

（2）根据地层温度场分布，通过流体的温度黏度关系式，计算地层流体黏度分布，并代入储层压力场中，进行耦合计算。

6. 天然裂缝破坏计算

（1）从地层应力场模型中获得当前地层应力分布，从储层压力场模型中获得当前储层压力分布。

（2）将当前地层应力场与储层压力场代入天然裂缝破坏准则判断式中，判断储层中各处天然裂缝破坏状态与类型，并分别确定张性破坏与剪切破坏天然裂缝位置的坐标点。

（3）根据天然裂缝力学参数及其当前受力情况，确定天然裂缝发生破坏后的渗透率变化。

（4）基于天然裂缝产状（逼近角与倾角）及其破坏后渗透率，计算当前储层表观渗透率场，并代入储层压力场模型中，进行耦合计算。

7. 计算结果输出与可视化处理

（1）根据上述步骤中各个模型的耦合计算，得到地层应力场、储层压力场以及天然裂缝破坏情况。

（2）根据天然裂缝破坏类型，提取其对应的储层位置坐标点，通过空间数值积分，即可分别求得张性破坏 SRV 的体积和剪切破坏 SRV 的体积。

（3）将张性破坏 SRV 与剪切破坏 SRV 的空间并集视为总体 SRV，并计算其体积。

（4）数据输出：裂缝延伸数据、SRV 数据等。

（5）图像输出：地层应力场分布、储层压力场分布、储层渗透率场分布、地层温度场分布、水力裂缝三维延伸形态、张性破坏 SRV 平面展布、剪切破坏 SRV 平面展布、总体 SRV 三维形态等。

（6）返回“水力裂缝延伸计算”步骤（1），进行下一时步计算。

综合上述页岩水平井压裂 SRV 动态表征方法的计算步骤，其计算流程框图如图 7-1 所示。在该模型计算流程过程中，总共涉及多个循环迭代、耦合计算与参数传递。

（1）四层迭代循环，包括：裂缝内流体压力、单缝延伸长度、多缝延伸长度、滤失量。

（2）五次耦合计算，包括：水力裂缝延伸模型 + 地层应力场模型、水力裂缝延伸模型 + 储层压力场模型、水力裂缝延伸模型 + 地层温度场模型、储层压力场模型 + 地层温度场模型、应力场模型 + 压力场模型 + 天然裂缝模型。

（3）参数传递，包括：水力裂缝内压力、水力裂缝宽度、水力裂缝延伸参数、储层压力场、地层应力场、储层渗透率场、地层流体黏度场、水力裂缝滤失量、天然裂缝破坏位置等。

“计算结果输出与可视化处理”的步骤（2）中，计算 SRV 的体积积分方程为

$$V_{\mathrm{SRV}}=\iiint_{\Omega_{\mathrm{SRV}}} 1\mathrm{d}x\mathrm{d}y\mathrm{d}z \tag{7-1}$$

式中，V_{SRV} 为 SRV 的体积（m^3）；Ω_{SRV} 为 SRV 三维空间展布体。

页岩水平井缝网压裂时，张性破坏储层改造体积（tensile-SRV）和剪切破坏储层改造体积（shear-SRV）分别为储层中天然裂缝发生张性破坏和剪切破坏的区域；总体储层改造体积（total-SRV）则为两者的空间并集。因此，基于发生天然裂缝破坏的储层网格数据集合，通过数值积分法[1]，利用下式可分别计算得到张性破坏 SRV、剪切破坏 SRV 和总体 SRV。

$$\begin{cases} V_{\text{tensile-SRV}}=\sum\limits_{\varepsilon\in\varepsilon_{\text{tensile}}}\Delta x(\varepsilon)\cdot\Delta y(\varepsilon)\cdot\Delta z(\varepsilon) \\ V_{\text{shear-SRV}}=\sum\limits_{\varepsilon\in\varepsilon_{\text{shear}}}\Delta x(\varepsilon)\cdot\Delta y(\varepsilon)\cdot\Delta z(\varepsilon) \\ V_{\text{total-SRV}}=\sum\limits_{\varepsilon\in\varepsilon_{\text{tensile}}\cup\varepsilon_{\text{shear}}}\Delta x(\varepsilon)\cdot\Delta y(\varepsilon)\cdot\Delta z(\varepsilon) \end{cases} \tag{7-2}$$

式中，$V_{\text{tensile-SRV}}$、$V_{\text{shear-SRV}}$、$V_{\text{total-SRV}}$ 分别为张性破坏 SRV、剪切破坏 SRV、总体 SRV 的体积（m^3）；ε 为网格单元；$\varepsilon_{\text{tensile}}$、$\varepsilon_{\text{shear}}$ 分别为发生张性破坏、剪切破坏的储层网格单元集合；$\Delta x(\varepsilon)$、$\Delta y(\varepsilon)$、$\Delta z(\varepsilon)$分别为 ε 网格单元 x、y、z 方向网格边长（m）。

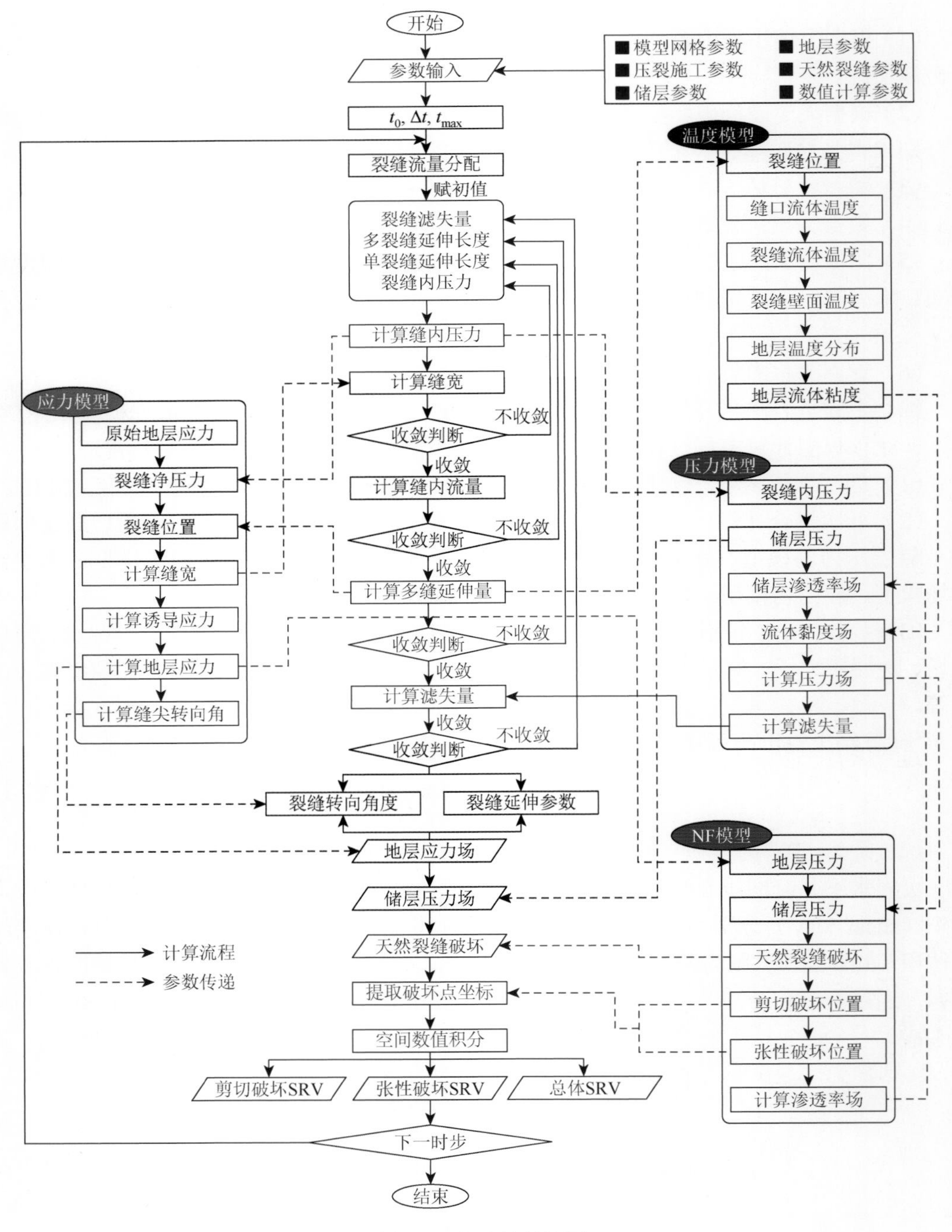

图 7-1　程序计算框图

计算程序设计中，大型稀疏线性方程组求解选用复合共轭梯度法；非线性方程求解选用牛顿迭代法；迭代循环选用 Picard 方法，迭代学习系数运用了自适应动态调整算法，根据每一步迭代循环的最大误差调整迭代学习系数——误差增大时，缩小学习系数，保证循环收敛；误差减小时，增大学习系数，加快收敛速度。这种针对学习系数的自适应动态调整算法能够有效减少循环计算量，显著缩短运算时间。

7.1.2　页岩水平井压裂 SRV 动态表征方法应用实例

利用本书所建立的页岩水平井压裂 SRV 动态表征方法，在中国涪陵页岩气田焦石坝区块进行了实例应用。主要针对该区块内 X-2HF 水平井全井段缝网压裂形成的 SRV 进行了数值模拟计算与评价，并以其中某段为例，模拟了压裂过程中水力裂缝的延伸情况、地层应力场、储层压力场、储层渗透率场、地层温度场的变化情况，以及 SRV 的平面展布和三维扩展情况。

1. 目标页岩气藏概况

涪陵页岩气田位于四川盆地东南部重庆市涪陵区焦石镇，处于北东向近南北向构造转化的过渡部位，北至涪陵区焦石镇，东南至涪陵区白涛镇，西南至涪陵区梓里场区，如图 7-2 所示。涪陵页岩气田的主力区块——焦石坝区块位于于四川盆地东部川东高陡褶

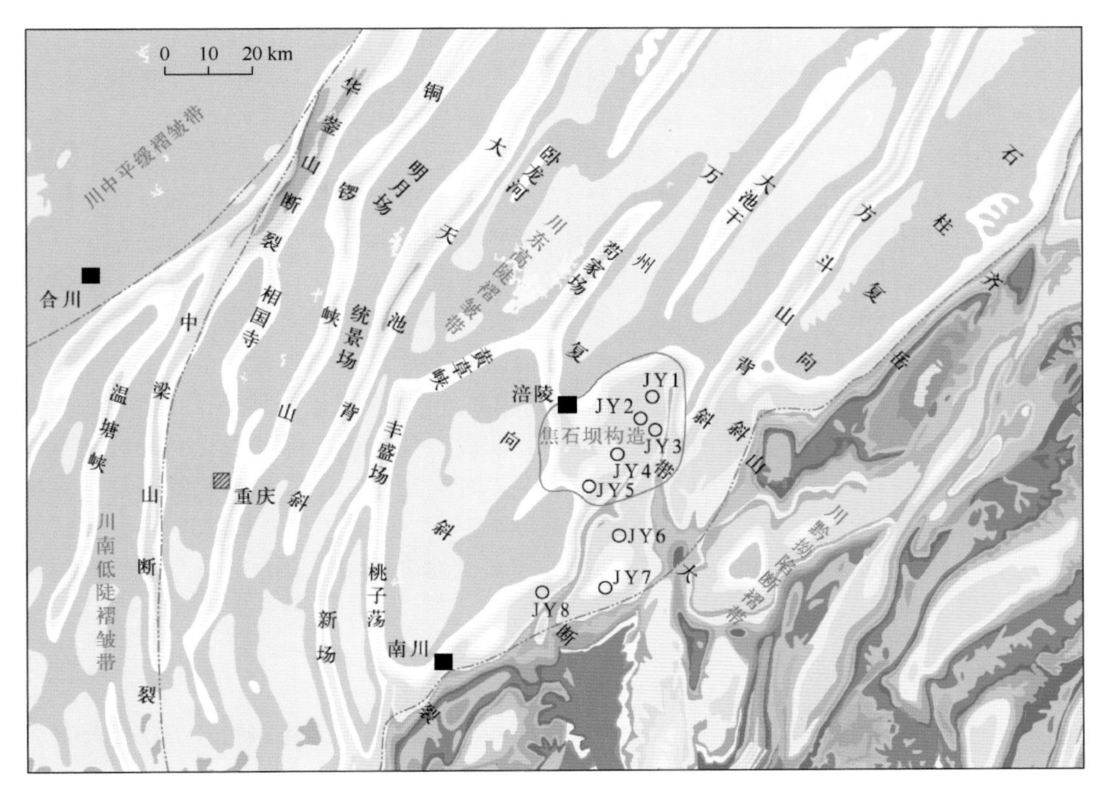

图 7-2　涪陵页岩气田区域位置图[2]

皱带、盆地边界断裂齐岳山（也称七曜山）大断裂以西，是万州复向斜内一特殊的正向构造。与其两侧的北东向或近南北向狭窄高陡背斜不同，焦石坝构造主体为似箱状断背斜构造，主体平缓，变形较弱，断层不发育，边缘被北东向和近南北向两组逆断层夹持围限，呈菱形，以断隆、断凹与齐岳山断裂相隔。

晚奥陶世—早志留世，受多期构造作用的影响，形成黔中隆起、川中隆起、雪峰古隆起 3 个隆起夹持的向北开口的陆棚，早中奥陶世具有广海特征的海域转变为被隆起所围限的局限海域，形成大面积低能、欠补偿、缺氧的沉积环境。奥陶纪末和志留纪初，发生了两次全球性海侵，形成了焦石坝地区五峰组—龙马溪组页岩。焦石坝地区下志留统龙马溪组页岩层系从下向上依次由深水陆棚逐渐过渡为浅水陆棚沉积。从海侵体系域到高位体系域，保持了长时间的深水缺氧环境，为有机质富集、保存提供了有利场所，沉积了岩性较单一、细粒、厚度大、分布广泛、富含生物化石的富有机质泥页岩。龙马溪组上部主要为一套浅水陆棚相浅灰色、灰色泥岩，中部发育一套盆地边缘上斜坡相的灰色—深灰色泥质粉砂岩、灰色粉砂岩，下部为一套深水陆棚相深灰色—黑色碳质泥页岩。焦页 1 井、焦页 2 井、焦页 3 井和焦页 4 井钻探表明，焦石坝地区位于深水陆棚的沉积中心，黑色泥页岩主要发育在五峰组—龙马溪组底部，生物化石丰富，局部富集成层，岩性以（灰）黑色碳质泥页岩为主。

涪陵页岩气田焦石坝地区五峰组—龙马溪组一亚段为深水陆棚优质页岩，TOC 含量高，厚度大，有机质类型较好，热成熟程度适中。以焦页 1 井为例，优质页岩气层 TOC 平均 3.77%，平均孔隙度为 4.65，平均总含气量为 6.03m^3/t，脆性矿物以硅质矿物为主，平均占比为 44.8%。优质页岩气层电性特征表现为“高自然伽马、高铀、高声波时差、高电阻率、低密度、低中子、低无铀伽马”的测井相应特征[3]，如图 7-3 所示。

2012 年 11 月，涪陵页岩气田焦石坝区块内焦页 1 井在龙马溪组试获高产工业气流，多口井在焦石坝构造连续试获高产工业气流，勘探发现了焦石坝页岩气田，成为中国首个日产气量达到百万立方米的页岩气田，其中焦页 1 井位于焦石坝背斜高部位，在下志留统龙马溪组页岩段钻获高产工业气流，日产量可达 $20.3\times10^4m^3/d$，压力系数为 1.55，为异常高压地层，经 1 年试采，日产天然气 $6\times10^4m^3$ 以上，压力、产量稳定，气体组分以甲烷为主，含量高达 98.1%。目前，焦石坝构造的页岩示范区钻井使用的钻井液密度为 1.28～1.42g/cm^3，在垂深 2385～2415m 层段进行水平钻探，测试获天然气（11～50）$\times10^4m^3/d$，此外，钻探 4000～4500m 的两口深层探井也见到良好油气显示。对比位于盆地内部焦石坝构造、阳高寺构造的焦页 1 井、阳 101 井等和位于盆地边缘的渝页 1 井、彭页 1 井的实钻情况，同一构造类型勘探开发效果差异很大。此外，页岩气藏勘探开发表明，在断层附近的井，常表现为比断层不发育部位页岩气井生产能力低、含水率高。

2. 目标水平井概况

页岩水平井压裂 SRV 动态表征方法在涪陵页岩气田焦石坝区块内的 X-2HF 水平井开展了矿场应用。该井位于焦石坝区块中部，目标储层为上奥陶统五峰组—下志留统龙马溪组下部页岩气层。根据第 3 章所建立的地质模型，该井地层孔隙度为 4.32%，基质渗透率

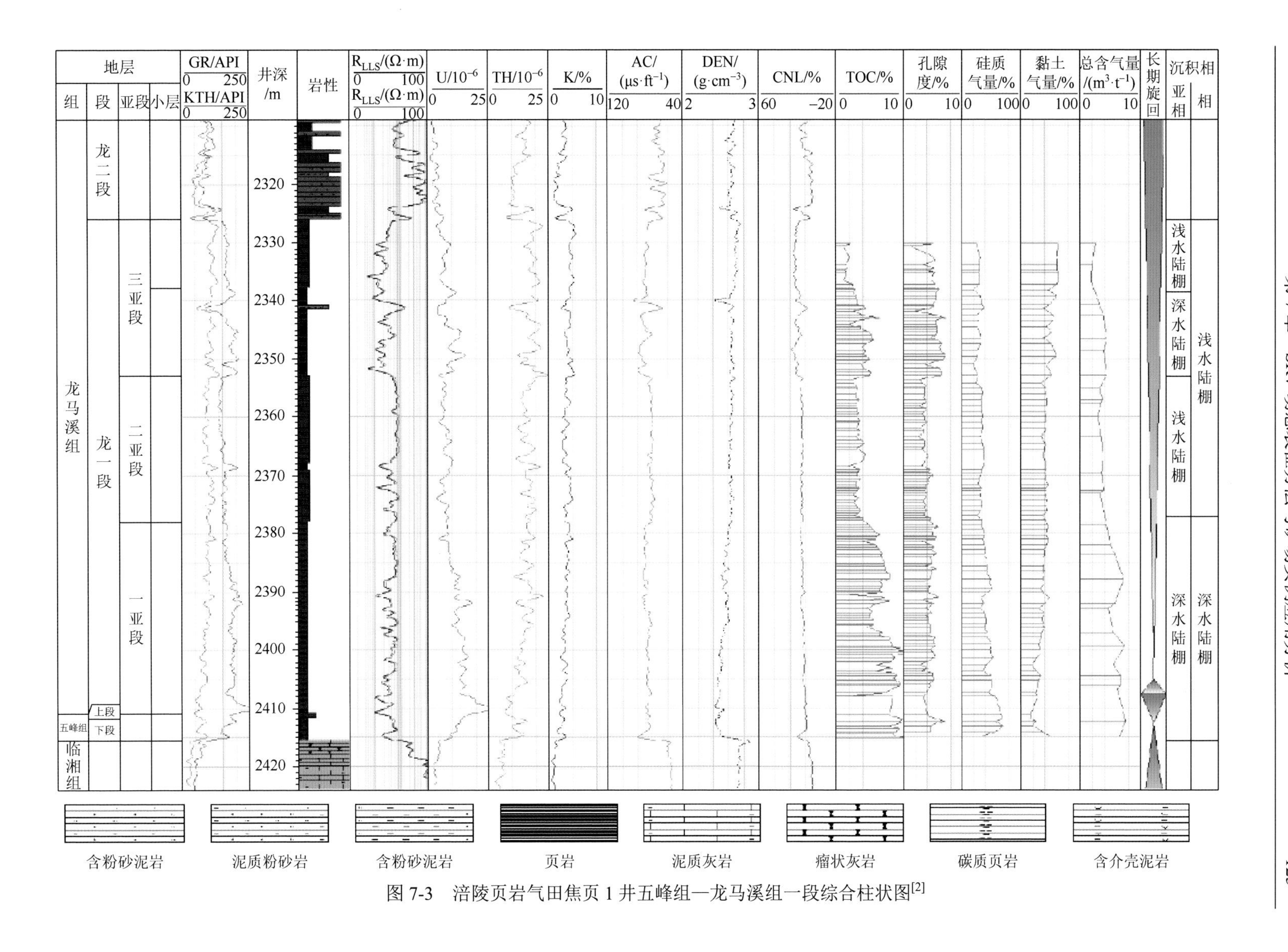

图 7-3　涪陵页岩气田焦页 1 井五峰组—龙马溪组一段综合柱状图[2]

为 0.0017mD，储层原始压力为 32.73MPa，地层原始温度约为 90℃，储层中发育近垂直天然裂缝，其余具体地质参数如表 7-1 所示。

表 7-1　涪陵页岩气田 X-2HF 水平井地质基本参数表

参数	数值	参数	数值
天然裂缝平均倾角/(°)	88	天然裂缝切向膨胀角/(°)	11
天然裂缝倾角方差（无量纲）	0.1	地层原始温度/℃	90.318
天然裂缝平均逼近角/(°)	9	储层原始压力/MPa	32.73
天然裂缝逼近角方差（无量纲）	0.1	储层孔隙度/%	4.32
天然裂缝平均长度/cm	97	基质渗透率/mD	0.0017
天然裂缝长度方差（无量纲）	1	地层最大水平主应力/MPa	55.2
天然裂缝平均高度/cm	52	地层最小水平主应力/MPa	49.9
天然裂缝高度方差（无量纲）	1	地层垂向主应力/MPa	60.2
天然裂缝内聚力/MPa	0.5	地层杨氏模量/GPa	35.5
天然裂缝抗张强度/MPa	1	地层泊松比（无量纲）	0.18
天然裂缝摩擦系数（无量纲）	0.2	岩石比热容/［kJ/(kg·℃)］	0.879
天然裂缝平均线密度/m^{-1}	0.36	岩石密度/(kg/m^3)	2540
天然裂缝法向刚度/(N/m)	1.44E＋10	岩石导热系数/[kJ/(m·s·℃)]	5.78E-03
天然裂缝切向刚度/(N/m)	1.80E＋10	压裂液比热容/[kJ/(kg·℃)]	4.180

3. SRV 动态表征结果与分析

根据压裂设计方案，X-2HF 水平井成功实施了水平井缝网水力压裂，压裂段数总共 17 段，射孔簇数总共 44 簇。各段压裂施工过程中，均选用低黏度滑溜水作为压裂液，进行大压裂液量、高泵注排量、多射孔簇数的大规模水力压裂。根据地质参数以及各段压裂工程参数，利用本书所建立的页岩水平井压裂 SRV 动态表征方法，对该水平井水力压裂 SRV 进行模拟计算与评价。

1）单段压裂动态模拟

首先，为详细展示页岩水平井压裂 SRV 动态表征方法的模拟计算结果，以 X-2HF 水平井第 16 段压裂为例，进行数值模拟计算。该段压裂中，泵注排量为 $14m^3/min$，压裂液总量为 $1375.9m^3$，压裂总时间约为 98min，射孔簇数为 3 簇，簇间距为 22m，单簇射孔数为 20 个，孔眼直径为 9.5mm，孔眼流量系数为 0.85，水平井筒直径为 118.6mm，压裂液常温黏度为 9mPa·s，黏度随温度变化关系如下：

$$\mu(T)=\mu_{sc}\cdot 10^{\frac{247.8}{(T+133)}-\frac{247.8}{153}} \tag{7-3}$$

式中，$\mu(T)$为温度 T 情况下压裂液黏度（Pa·s）；μ_{sc} 为常温下压裂液黏度（Pa·s）；T 为温度（K）。

通过计算模拟，压裂过程中水力裂缝的延伸情况如图 7-4 所示、地层应力场变化如图 7-5 所示、储层压力场变化如图 7-6 所示、储层渗透率场变化如图 7-7 所示、地层温度场变化如图 7-8 所示、破坏天然裂缝空间分布如图 7-9 所示、张性破坏 SRV 与剪切破坏 SRV 平面展布情况如图 7-10 所示、三维 SRV 空间扩展情况如图 7-11 所示、SRV 的体积随时间变化曲线如图 7-12 所示。

由图 7-4～图 7-12 可以看出 X-2HF 水平井第 16 段压裂过程中水力裂缝、地层情况，以及 SRV 的主要变化特征。

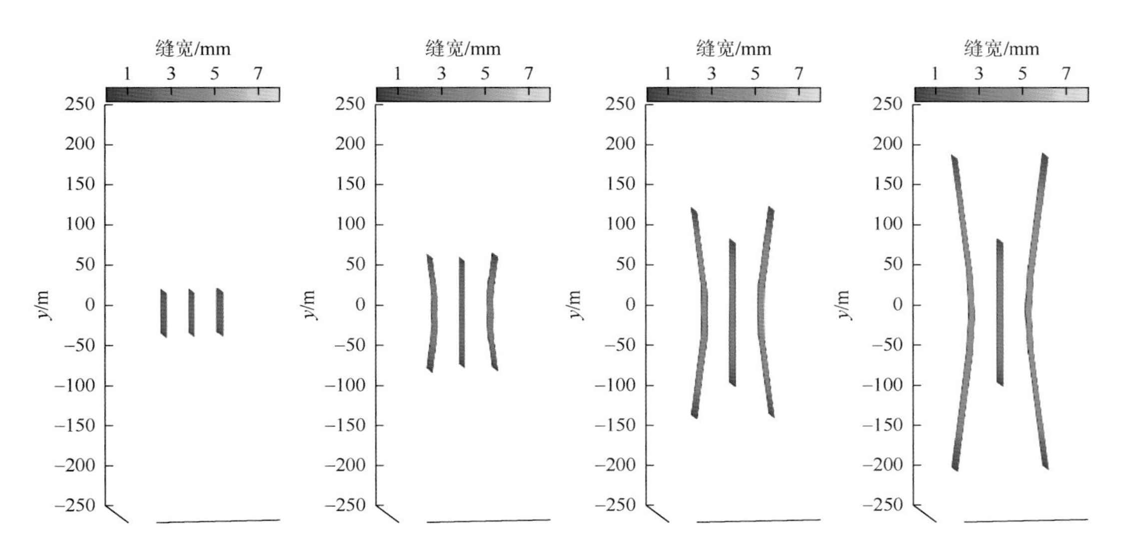

图 7-4　X-2HF 水平井第 16 段压裂过程中水力裂缝随时间延伸示意图

（从左至右，时间：5min、20min、40min、98min）

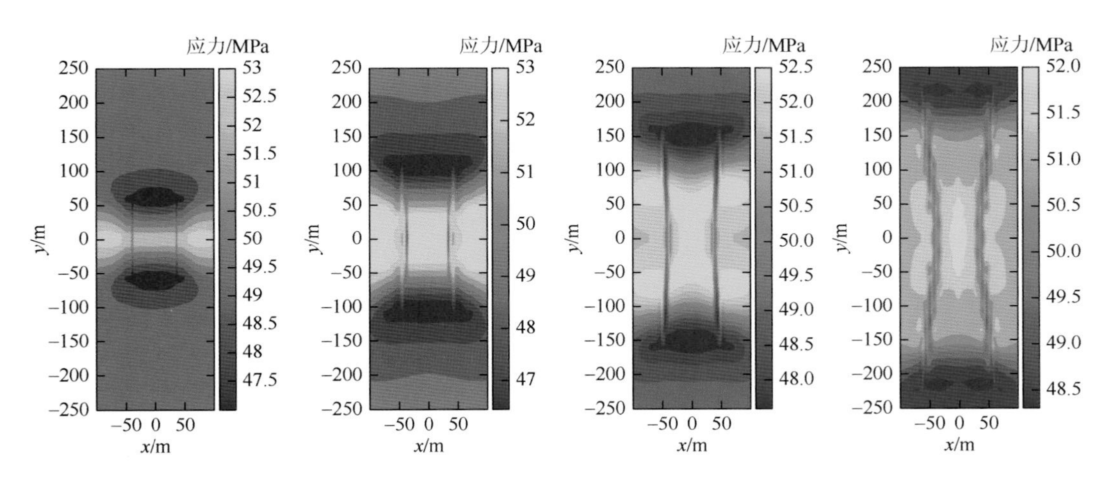

图 7-5　X-2HF 水平井第 16 段压裂过程中地层应力场随时间变化平面图

（从左至右，时间：5min、20min、40min、98min）

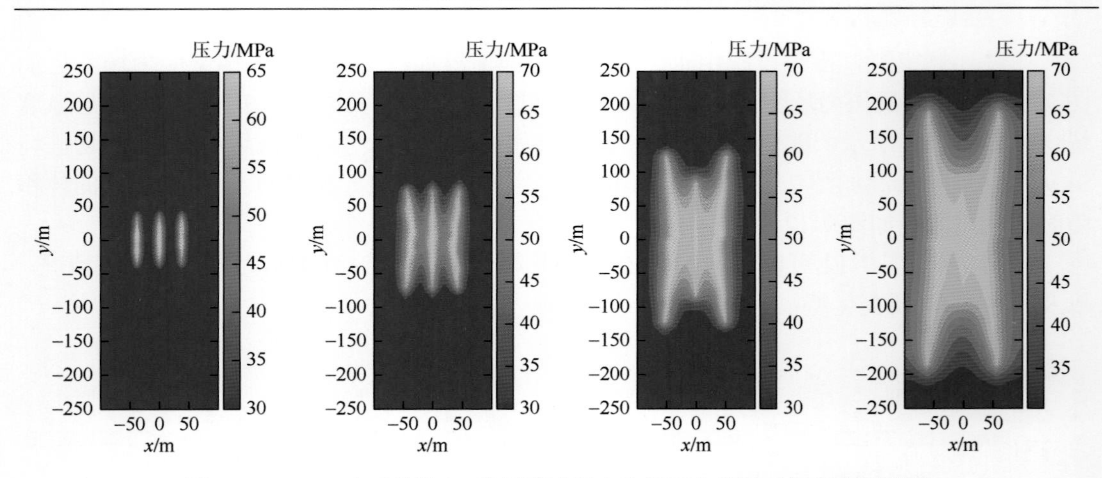

图 7-6　X-2HF 水平井第 16 段压裂过程中储层压力场随时间变化平面图

（从左至右，时间：5min、20min、40min、98min）

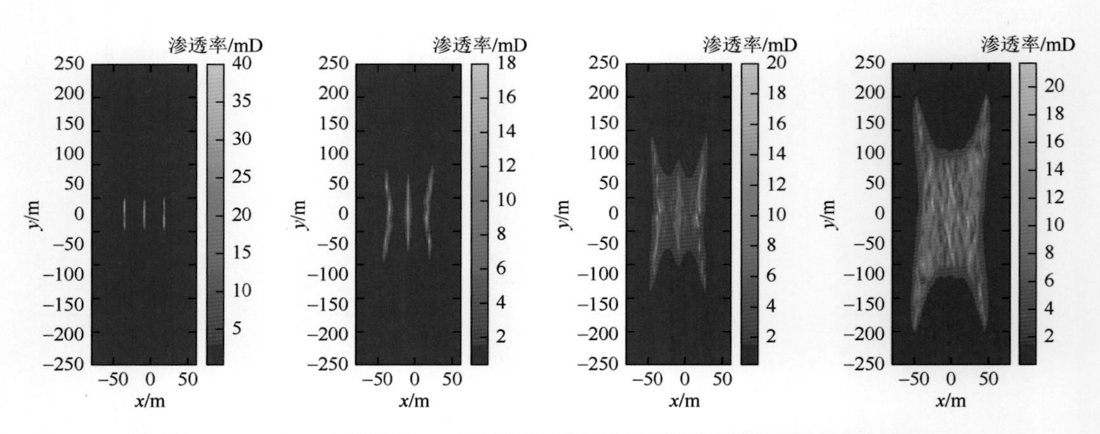

图 7-7　X-2HF 水平井第 16 段压裂过程中储层渗透率场随时间变化平面图

（从左至右，时间：5min、20min、40min、98min）

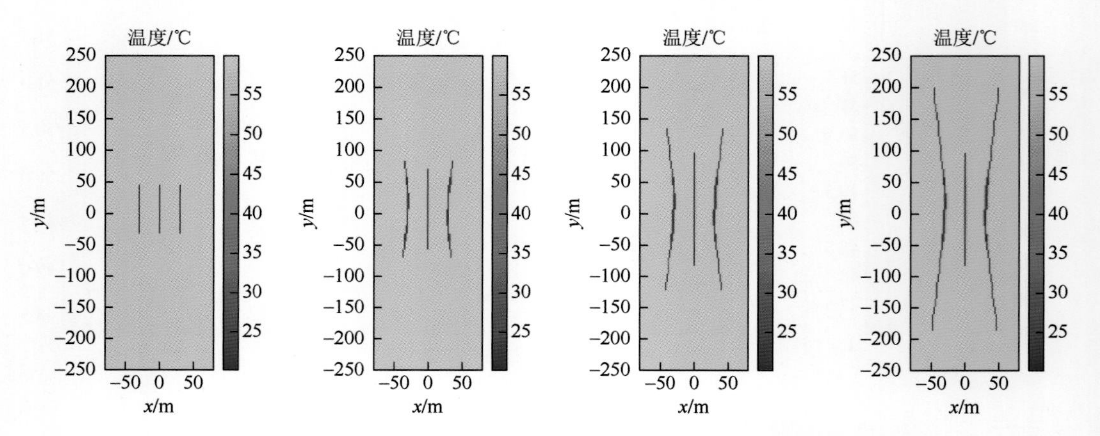

图 7-8　X-2HF 水平井第 16 段压裂过程中地层温度场随时间变化平面图

（从左至右，时间：5min、20min、40min、98min）

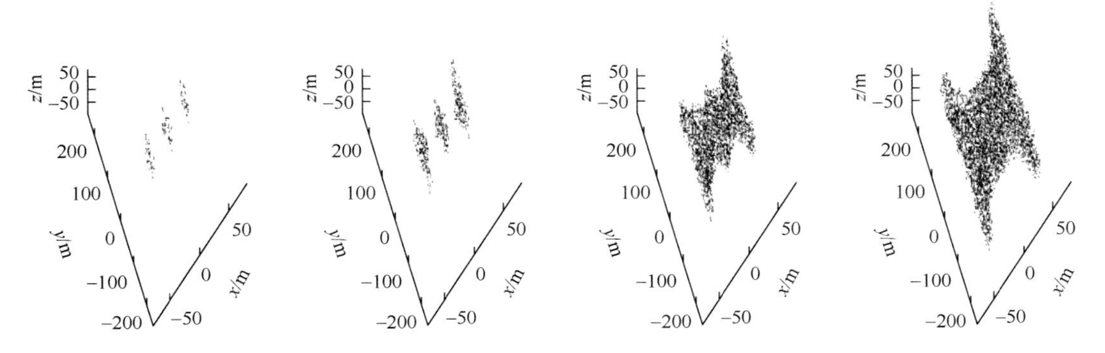

图 7-9　X-2HF 水平井第 16 段压裂过程中破坏天然裂缝空间分布图

（从左至右，时间：5min、20min、40min、98min）

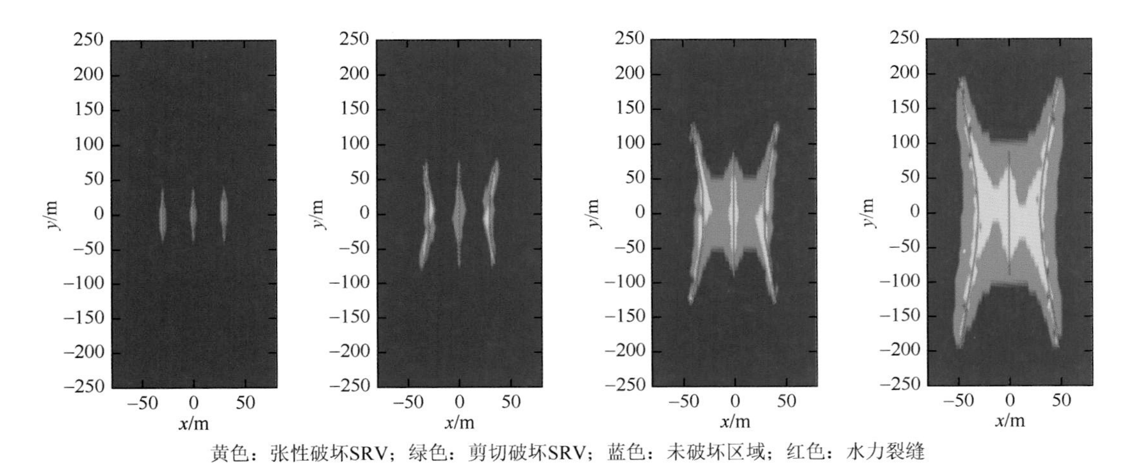

图 7-10　X-2HF 水平井第 16 段压裂过程中 SRV 随时间扩展平面图

（从左至右，时间：5min、20min、40min、98min）

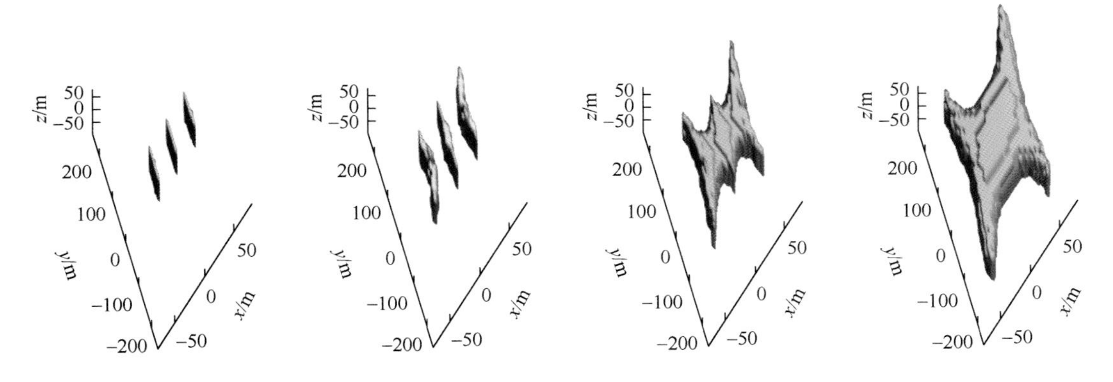

图 7-11　X-2HF 水平井第 16 段压裂过程中 SRV 随时间扩展三维图

（从左至右，时间：5min、20min、40min、98min）

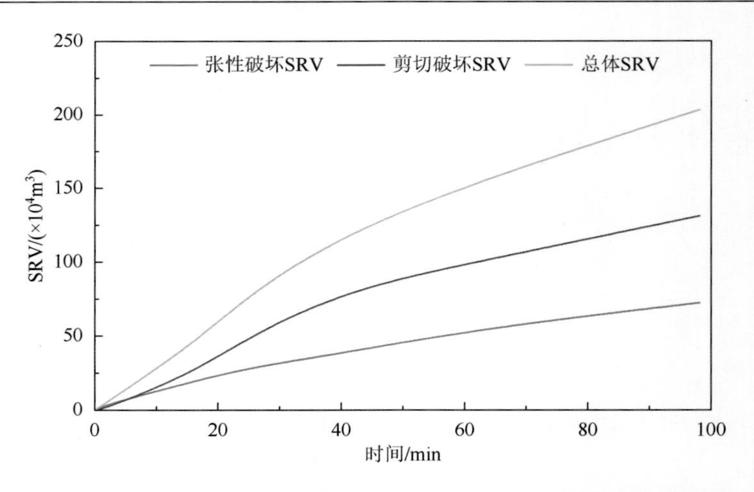

图 7-12 X-2HF 水平井第 16 段压裂过程中 SRV 随时间变化曲线

5min 时，各条水力裂缝均匀延伸，半长约为 30m，水力裂缝之间的应力干扰效应不明显，裂缝长度几乎相同，且裂缝均未发生转向。裂缝周围地层应力场出现变化，但储层压力场变化范围较小，紧邻水力裂缝区域内的储层渗透率有明显上升，地层温度场几乎没有变化，紧邻水力裂缝的少量天然裂缝发生了破坏，张性破坏 SRV 和剪切破坏 SRV 都集中存在于各条水力裂缝周围的很小区域内。此时，张性破坏 SRV 的体积为 $8.6\times10^4m^3$，剪切破坏 SRV 的体积为 $4.7\times10^4m^3$，总体 SRV 的体积为 $13.3\times10^4m^3$。

20min 时，外侧水力裂缝半长延伸约 80m，中间裂缝半长约为 76m，略小于外侧裂缝，外侧裂缝开始发生轻微转向，此时水力裂缝之间的应力干扰效应初步显现。地层应力场影响范围扩大、强度增强，水力裂缝周围储层压力场也逐步升高，水力裂缝附近区域内的储层渗透率有明显上升，地层温度变化仅局限于裂缝附近，水力裂缝附近发生破坏的天然裂缝有所增多，张性破坏 SRV 和剪切破坏 SRV 都有所扩大，但仍然分布于各条水力裂缝附近区域内，相互无连通。此时，张性破坏 SRV 的体积为 $23.5\times10^4m^3$，剪切破坏 SRV 的体积为 $35.8\times10^4m^3$，总体 SRV 的体积为 $59.3\times10^4m^3$。

40min 时，外侧水力裂缝半长延伸约 140m，中间裂缝半长约为 90m，水力裂缝之间的应力干扰效应进一步增大，中间裂缝延伸受到严重限制，外侧裂缝出现了明显的转向延伸。地层应力场出现上下两翼增强的现象，裂缝附近储层压力场抬升区域进一步扩大并相互连通，水力裂缝附近区域内的储层渗透率上升区域也持续扩张并相互连通，地层温度变化仅局限于裂缝附近，水力裂缝周围大量天然裂缝已经发生了破坏，张性破坏 SRV 和剪切破坏 SRV 都明显扩大，其中各条裂缝周围的剪切破坏 SRV 已经相互连通成为一体，但张性破坏 SRV 仍然局限于裂缝附近。此时，张性破坏 SRV 的体积为 $38.5\times10^4m^3$，剪切破坏 SRV 的体积为 $79.6\times10^4m^3$，总体 SRV 的体积为 $118.1\times10^4m^3$。

98min 时，外侧水力裂缝半长延伸约 200m，中间裂缝半长延伸约 100m，随着外侧裂缝转向相互远离，缝间应力干扰效应有所减弱，外侧裂缝转向幅度减小。地层应力场影响范围继续增大，储层压力场抬升区域完全相互连通，水力裂缝周围的储层渗透率上升区域完全相互连通，地层温度变化仍仅局限于裂缝附近，水力裂缝周围发生破坏的天然裂缝数量继续增多、范围持续扩大，张性破坏 SRV 和剪切破坏 SRV 都进一步扩大，其中各条裂缝周围的张性破坏 SRV 也开始相互连通成为一体。此时，张性破坏 SRV 的体积为 $72.3\times10^4m^3$，剪切破坏 SRV 的体积为 $131.1\times10^4m^3$，总体 SRV 的体积为 $203.4\times10^4m^3$。

由上述 SRV 动态演化分析可以发现，在页岩水平井缝网压裂过程中，各条水力裂缝周围的储层流体压力场上升与地层应力场变化将共同导致天然裂缝破坏，使得储层的表观渗透率逐步增加，从而进一步促进储层中流体压力的传播。由此可见，该过程具有正反馈机制，天然裂缝的破坏和储层压力抬升具有相互促进的作用，不断加剧 SRV 扩展的范围和程度。此外，在通常情况下，促使天然裂缝发生剪切破坏的临界内压力值大于发生张性破坏的临界内压力值。因此，页岩压裂时剪切破坏 SRV 的范围往往大于张性破坏 SRV。

2）全井段压裂 SRV 评价

X-2HF 水平井总共分为 17 段进行分段分簇缝网压裂，各段泵注排量为 12～$14m^3$，平均压裂液总量为 $1708m^3$，单段射孔簇数为 2～3 簇，簇间距为 16～32m。该井区域地质参数如表 7-1 所示，各段具体压裂工程参数如表 7-2 所示。

表 7-2　X-2HF 水平井各段压裂工程参数表

压裂段号	泵注排量/(m^3/min)	压裂液总量/m^3	压裂液黏度/(mPa·s)	射孔簇数/簇	簇间距/m	压裂总时间/min
1	14	1415	9	2	18.5	101
2	14	1732	9	3	16，20	124
3	14	1902	9	2	30.5	136
4	14	1730	9	2	30.5	124
5	14	2024	9	2	31	145
6	14	1558	9	2	27	111
7	14	1995	9	2	32.5	143
8	14	1775	9	2	32.5	127
9	14	1681	9	3	21，21	120
10	14	1672	9	3	18，23	119
11	14	1738	9	3	23，28	124
12	12	1829	9	3	19，20	152
13	12	1557	9	3	20，22	130
14	12	1680	9	3	18，20	140
15	14	1539	9	3	17，26	110
16	14	1376	9	3	22，22	98
17	14	1835	9	3	19，23	131

当 X-2HF 水平井进行水力压裂时，为了实时监测其压裂的效果，压裂施工方对该水平井实施了全井段的微地震信号监测。压裂时当储层中的天然裂缝发生破坏时，裂缝壁面相互摩擦会释放出一系列微地震波，利用邻井井下微地震监测器搜集记录地下地震波数据，即可反演推算出发生破坏的天然裂缝位置。

根据表 7-1 中的地质参数与表 7-2 的各段压裂工程参数，利用页岩水平井压裂 SRV 动态表征方法分别计算 X-2HF 水平井各段分簇压裂后的 SRV 及其空间展布情况。将计算模拟得到的总体 SRV 与现场微地震监测信号点相互对比，如图 7-13、图 7-14 所示。

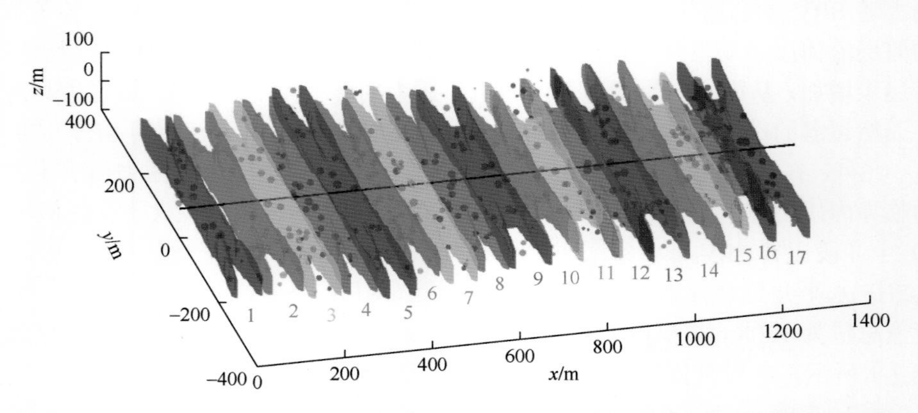

图 7-13　X-2HF 水平井水力压裂全井段 SRV 模拟结果与微地震监测信号对比三维图

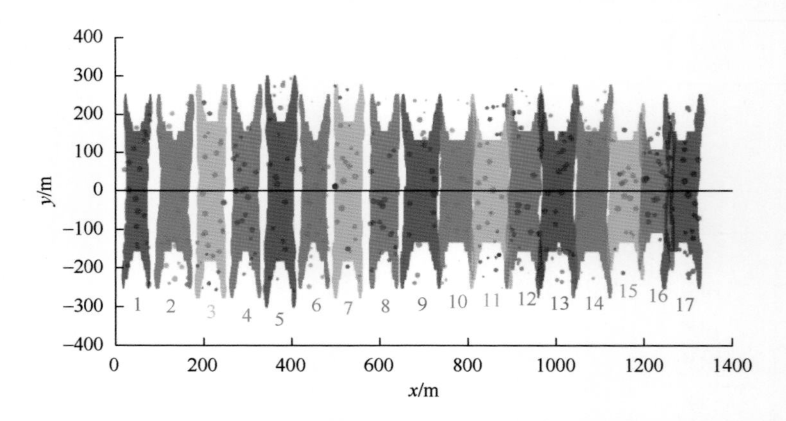

图 7-14　X-2HF 水平井水力压裂全井段 SRV 模拟结果与微地震监测信号对比平面图

由图 7-13～图 7-14 可以发现，X-2HF 水平井各段压裂时的微地震监测信号范围与模拟计算得到的 SRV 轮廓面较为吻合，但微地震信号范围体积均略大于模拟计算 SRV 的体积。这是由于微地震信号能够监测到有效储层改造区域之外的剪切破坏事件，此类破坏点与主体 SRV 往往没有连通，对压裂增产效果影响比较有限。

通过对比各段压裂 SRV 展布情况，并结合相应的压裂施工参数可以看出，第 1～9 压裂段形成的 SRV 之间存在未改造区域，这是由于这几段中压裂液规模较小，比如第 6、9 段压裂液总量较少；或者射孔簇数不足，比如第 1、3～8 段射孔簇数为 2 簇，不利于 SRV 沿水平井筒方向横向扩展。第 10～14 压裂段形成的 SRV 展布情况较好，之间几乎不存在未改造区域。第 15～17 压裂段之间的断距较小，各段所形成的 SRV 之间有少量重叠。

X-2HF 水平井各压裂段模拟计算的总体 SRV 的体积与现场微地震监测 SRV 的体积如表 7-3 所示，两者对比与相对误差如图 7-15 所示。

表 7-3　X-2HF 水平井各段压裂总体 SRV 模拟计算与微地震监测结果表

压裂段号	模拟计算总体 SRV/($\times10^4m^3$)	微地震监测总体 SRV/($\times10^4m^3$)	相对误差/%
1	188.09	238.07	21.0
2	256.32	308.82	17.0
3	257.83	317.47	18.8
4	247.65	324.76	23.7
5	284.97	340.68	16.4
6	209.95	268.77	21.9
7	267.25	329.13	18.8
8	245.39	303.91	19.3
9	266.50	321.45	17.1
10	235.59	303.04	22.3
11	283.83	322.02	11.9
12	280.07	360.32	22.3
13	292.13	360.86	19.0
14	288.36	357.53	19.3
15	245.76	299.10	17.8
16	206.56	272.23	24.1
17	273.66	317.23	13.7
平均	254.70	314.43	19.1

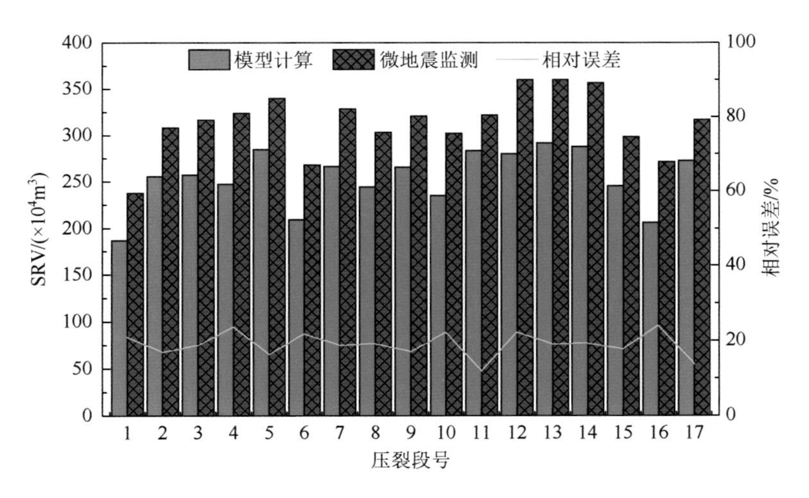

图 7-15　X-2HF 水平井水力压裂全井段计算 SRV 与微地震监测 SRV 对比与相对误差图

由表 7-3 和图 7-15 可以发现，X-2HF 水平井各段缝网压裂中，模拟计算的 SRV 的体积约为(180～300)$\times10^4m^3$，平均为 254.70$\times10^4m^3$；微地震监测的 SRV 的体积约为(230～360)$\times10^4m^3$，平均为 314.43$\times10^4m^3$，两者平均相对误差约为 19%。

3）井组平台 SRV 评价

井组压裂 SRV 计算评价以 4X 平台为例，该平台位于涪陵页岩气藏东南部中部位区域内，包含 4X-1HF、4X-2HF 和 4X-3HF 三口水平井，平台位置如图 7-16 所示。

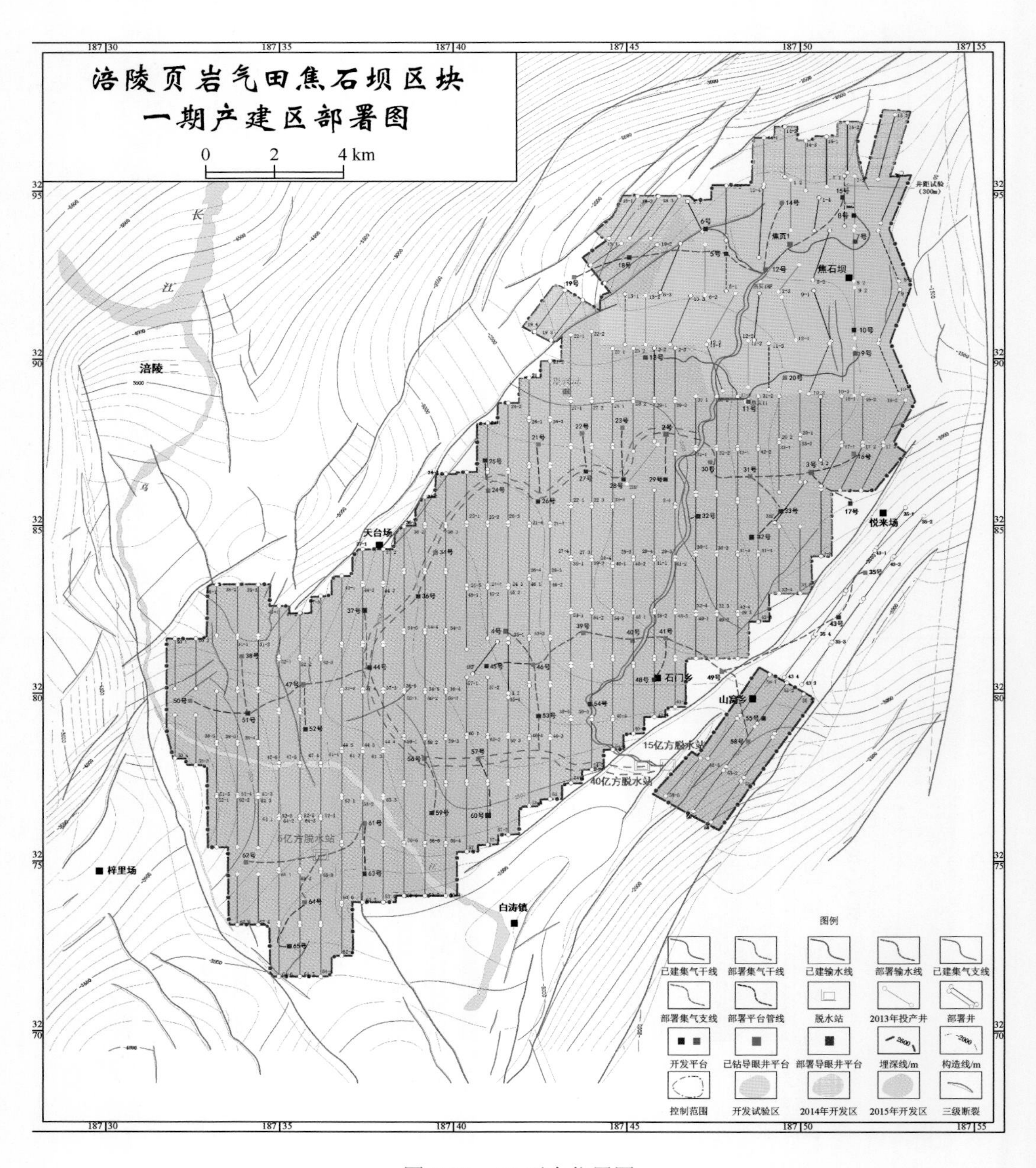

图 7-16　4X 平台位置图

井组中三口水平井各段储层应力参数如表 7-4 所示。

表 7-4　4X 平台水平井各段储层应力参数

井号	段数	最大水平主应力/MPa	最小水平主应力/MPa	垂向应力/MPa	垂深/100m	目的层组
4X-1HF	1	60.07	54.28	65.87	26.35	龙马溪组＋介壳灰岩组
	2	60.07	54.28	65.87	26.35	五峰组
	3	60.12	54.32	65.92	26.37	五峰组
	4	60.12	54.32	65.93	26.37	五峰组
	5	60.18	54.38	65.99	26.40	五峰组
	6	60.22	54.41	66.03	26.41	五峰组
	7	60.26	54.45	66.08	26.43	五峰组
	8	60.38	54.55	66.20	26.48	五峰组
	9	60.46	54.62	66.29	26.52	五峰组
	10	60.55	54.71	66.40	26.56	五峰组
	11	60.63	54.78	66.48	26.59	五峰组
	12	60.73	54.87	66.59	26.64	五峰组
	13	60.82	54.96	66.69	26.68	五峰组
	14	60.86	54.98	66.73	26.69	五峰组
	15	60.95	55.07	66.83	26.73	五峰组
	16	61.00	55.11	66.89	26.75	五峰组
	17	61.08	55.19	66.97	26.79	五峰组
	18	61.16	55.26	67.06	26.82	五峰组
	19	61.24	55.33	67.15	26.86	五峰组
	20	61.26	55.35	67.17	26.87	五峰组
	21	61.32	55.40	67.24	26.89	龙马溪组＋介壳灰岩组
	22	61.31	55.39	67.23	26.89	龙马溪组
4X-2HF	1	59.75	53.99	65.52	26.21	龙马溪组
	2	59.82	54.05	65.59	26.24	龙马溪组
	3	59.92	54.14	65.70	26.28	五峰组
	4	60.01	54.22	65.80	26.32	五峰组
	5	60.11	54.31	65.91	26.36	五峰组
	6	60.17	54.36	65.98	26.39	五峰组
	7	60.27	54.46	66.09	26.43	五峰组
	8	60.30	54.48	66.11	26.45	五峰组
	9	60.27	54.46	66.09	26.43	龙马溪组
	10	60.30	54.48	66.11	26.45	龙马溪组
	11	60.32	54.50	66.14	26.46	龙马溪组
	12	60.36	54.54	66.18	26.47	龙马溪组

续表

井号	段数	最大水平主应力/MPa	最小水平主应力/MPa	垂向应力/MPa	垂深/100m	目的层组
4X-2HF	13	60.36	54.54	66.18	26.47	龙马溪组
	14	60.35	54.53	66.18	26.47	龙马溪组
	15	60.37	54.55	66.20	26.48	龙马溪组
	16	60.37	54.55	66.20	26.48	龙马溪组
	17	60.37	54.55	66.20	26.48	龙马溪组
4X-3HF	1	58.79	53.11	64.46	25.78	龙马溪组
	2	58.87	53.19	64.55	25.82	龙马溪组
	3	58.94	53.26	64.63	25.85	龙马溪组
	4	59.05	53.35	64.74	25.90	龙马溪组
	5	59.17	53.46	64.88	25.95	龙马溪组
	6	59.28	53.56	65.00	26.00	龙马溪组
	7	59.44	53.70	65.18	26.07	龙马溪组
	8	59.58	53.83	65.33	26.13	龙马溪组
	9	59.69	53.93	65.45	26.18	龙马溪组
	10	59.83	54.05	65.60	26.24	五峰组
	11	59.90	54.12	65.68	26.27	五峰组
	12	59.96	54.18	65.75	26.30	五峰组
	13	60.01	54.22	65.80	26.32	龙马溪组
	14	60.06	54.26	65.85	26.34	龙马溪组
	15	60.12	54.32	65.93	26.37	龙马溪组
	16	60.17	54.36	65.98	26.39	龙马溪组
	17	60.21	54.40	66.03	26.41	龙马溪组

4X 平台三口井压裂过程中，缝网展布明显，各段压裂施工参数如表 7-5 所示。

表 7-5　4X 平台水平井各段压裂施工参数

井号	段数	排量/(m^3/min)	总液量/m^3	泵注时间/min	施工压力/MPa	压裂液黏度/(mPa·s)	簇间距/m
4X-1HF	1	14.00	1715.00	122.50	62.10	7.50	21.00
	2	14.00	1855.10	132.50	65.60	7.50	22.50
	3	12.50	1845.00	147.60	64.80	7.50	27.00
	4	14.00	1772.00	126.60	59.80	7.50	23.50
	5	14.00	1862.00	133.00	64.50	7.50	30.50
	6	14.00	1709.00	122.10	70.20	7.50	32.50
	7	14.00	1912.00	136.60	60.10	7.50	24.00
	8	14.00	1956.00	139.70	64.50	7.50	30.50

续表

井号	段数	排量/(m^3/min)	总液量/m^3	泵注时间/min	施工压力/MPa	压裂液黏度/(mPa·s)	簇间距/m
4X-1HF	9	14.00	2005.10	143.20	63.20	7.50	28.50
	10	13.00	1781.00	137.00	64.20	7.50	32.50
	11	14.00	1821.00	130.10	62.50	7.50	22，20
	12	13.00	1781.50	137.00	71.50	7.50	34.50
	13	14.00	1890.10	135.00	65.60	7.50	29.50
	14	14.00	1843.20	131.70	70.20	7.50	35.50
	15	14.00	1964.20	140.30	71.20	7.50	30.00
	16	14.00	1919.90	137.10	69.20	7.50	30.50
	17	12.50	1850.40	148.00	73.20	7.50	40.50
	18	14.00	1700.00	121.40	68.90	7.50	30.50
	19	14.00	1708.00	122.00	65.40	7.50	28.50
	20	14.00	1952.30	139.50	61.50	7.50	20.50
	21	14.00	1875.50	134.00	63.20	7.50	20.50
	22	14.00	1766.30	126.20	58.90	7.50	22.00
4X-2HF	1	13.00	1854.70	142.70	58.50	7.50	17.00
	2	13.00	1395.90	107.40	65.20	7.50	19，17
	3	13.00	1701.50	130.90	74.50	7.50	30.00
	4	14.00	1884.10	134.60	65.20	7.50	31.00
	5	13.00	1777.40	136.70	74.50	7.50	30.00
	6	14.00	1979.10	141.40	75.80	7.50	27.50
	7	13.00	1907.60	146.70	68.20	7.50	30.00
	8	13.50	1841.70	136.40	62.50	7.50	30.00
	9	14.00	1701.10	121.50	63.50	7.50	20，21
	10	13.00	1794.50	138.00	62.50	7.50	19，22
	11	14.00	2033.40	145.20	63.20	7.50	24，23
	12	14.00	1833.00	130.90	66.20	7.50	19，19
	13	12.00	2044.00	170.30	65.60	7.50	22，19
	14	13.50	1750.00	129.60	62.10	7.50	18，20
	15	13.00	1921.70	147.80	59.60	7.50	23，24
	16	14.00	1836.10	131.20	59.20	7.50	23，22
	17	13.50	1700.00	125.90	59.60	7.50	20，22
4X-3HF	1	13.50	1995.80	147.80	61.50	7.50	19.50
	2	14.00	1761.40	125.80	63.10	7.50	18.00
	3	14.00	1912.60	136.60	62.40	7.50	19.50
	4	14.00	1944.00	138.90	62.20	7.50	20，22
	5	12.50	1922.60	153.80	62.50	7.50	23，23
	6	14.00	1892.30	135.20	60.20	7.50	23.50，21

续表

井号	段数	排量/(m^3/min)	总液量/m^3	泵注时间/min	施工压力/MPa	压裂液黏度/(mPa·s)	簇间距/m
4X-3HF	7	14.00	1999.30	142.80	60.50	7.50	24，22
	8	14.00	1852.30	132.30	62.50	7.50	25.00
	9	14.00	2034.30	145.30	63.50	7.50	20.50
	10	14.00	1884.00	134.60	61.20	7.50	25.50，22
	11	13.50	1957.43	145.00	63.50	7.50	18.50，26
	12	14.00	1738.10	124.20	58.80	7.50	22.50
	13	14.00	1942.60	138.80	61.50	7.50	23，23
	14	14.00	2077.50	148.40	52.50	7.50	22.50，23
	15	14.00	1900.70	135.80	55.80	7.50	21，21
	16	13.50	1926.90	142.70	55.20	7.50	20，20
	17	12.50	1934.50	154.80	53.20	7.50	25.50

（1）井组裂缝改造体积及复杂度计算。基于 4X 平台三口水平井地质力学和工程参数，各井段段压裂 SRV 计算结果如表 7-6 所示。

表 7-6　4X 平台各井段 SRV 参数

井号	段数	缝网长度/m	缝网宽度/m	缝网高度/m	缝网体积/($\times10^6 m^3$)	主要破坏类型	复杂指数
4X-1HF	1	332.17	98.64	78.47	1.46	拉伸破坏	0.30
	2	329.88	92.58	80.39	1.54	拉伸、剪切破坏	0.28
	3	351.80	139.65	48.75	1.38	拉伸破坏	0.40
	4	343.82	108.15	68.62	1.75	拉伸破坏	0.31
	5	289.70	113.81	48.75	1.67	拉伸、剪切破坏	0.39
	6	354.84	132.50	78.97	1.68	拉伸、剪切破坏	0.37
	7	313.37	114.30	82.56	1.72	拉伸破坏	0.36
	8	305.28	88.29	77.23	1.41	拉伸破坏	0.29
	9	289.70	93.11	56.25	1.60	拉伸破坏	0.32
	10	303.75	82.76	67.85	1.28	拉伸破坏	0.27
	11	339.16	93.11	79.99	1.52	拉伸破坏	0.27
	12	325.32	108.63	70.69	1.72	拉伸、剪切破坏	0.33
	13	336.10	96.11	72.86	1.54	拉伸、剪切破坏	0.29
	14	332.12	117.11	77.35	1.77	拉伸、剪切破坏	0.35
	15	349.39	82.76	69.82	1.65	拉伸、剪切破坏	0.24
	16	335.82	82.76	80.08	1.41	拉伸、剪切破坏	0.25
	17	337.08	91.38	69.57	1.62	拉伸、剪切破坏	0.27
	18	307.10	82.76	80.46	1.36	拉伸、剪切破坏	0.27
	19	304.33	90.30	74.05	1.44	拉伸破坏	0.30

续表

井号	段数	缝网长度/m	缝网宽度/m	缝网高度/m	缝网体积/($\times10^6m^3$)	主要破坏类型	复杂指数
4X-1HF	20	302.71	105.98	71.81	1.64	拉伸破坏	0.35
	21	496.50	139.65	98.00	1.57	拉伸破坏	0.28
	22	333.12	113.33	78.08	1.75	拉伸破坏	0.34
4X-2HF	1	341.48	69.65	82.75	1.75	拉伸破坏	0.20
	2	296.24	60.16	73.19	1.43	拉伸、剪切破坏	0.20
	3	301.48	68.97	70.24	1.83	拉伸、剪切破坏	0.23
	4	321.47	62.07	83.15	1.43	拉伸、剪切破坏	0.19
	5	326.44	68.97	82.18	1.85	拉伸、剪切破坏	0.21
	6	348.78	65.52	81.33	1.99	拉伸、剪切破坏	0.19
	7	327.53	55.17	69.51	1.43	拉伸、剪切破坏	0.17
	8	319.62	59.32	78.32	1.44	拉伸破坏	0.19
	9	322.32	65.52	80.01	1.56	拉伸破坏	0.20
	10	317.34	51.72	77.24	1.34	拉伸破坏	0.16
	11	361.78	44.29	80.03	1.31	拉伸破坏	0.12
	12	359.70	55.17	72.20	1.59	拉伸、剪切破坏	0.15
	13	340.50	50.17	81.67	1.30	拉伸破坏	0.15
	14	343.95	62.07	77.75	1.47	拉伸破坏	0.18
	15	385.80	89.66	60.25	1.41	拉伸破坏	0.19
	16	344.16	52.87	70.90	1.23	拉伸破坏	0.15
	17	351.80	86.21	85.25	1.22	拉伸破坏	0.25
4X-3HF	1	362.80	73.27	84.42	1.67	拉伸破坏	0.20
	2	347.20	49.83	84.74	1.31	拉伸、剪切破坏	0.14
	3	361.60	73.27	84.75	1.70	拉伸破坏	0.20
	4	398.00	67.41	85.09	1.62	拉伸破坏	0.17
	5	374.00	67.41	72.53	1.39	拉伸破坏	0.18
	6	392.60	67.41	71.66	1.49	拉伸破坏	0.17
	7	403.40	61.56	84.79	1.64	拉伸、剪切破坏	0.15
	8	356.00	79.14	85.45	1.67	拉伸破坏	0.22
	9	306.90	75.87	56.25	1.65	拉伸破坏	0.37
	10	391.60	73.28	72.03	1.46	拉伸破坏	0.19
	11	392.00	70.35	85.07	1.59	拉伸、剪切破坏	0.18
	12	344.80	58.62	72.67	1.30	拉伸破坏	0.17
	13	397.40	73.28	71.96	1.47	拉伸破坏	0.18
	14	411.20	70.35	84.65	1.73	拉伸、剪切破坏	0.17
	15	308.74	93.10	56.25	1.46	拉伸破坏	0.45
	16	388.80	73.27	71.76	1.51	拉伸破坏	0.19
	17	343.80	73.27	72.20	1.49	拉伸破坏	0.21

将 4X 平台三口水平井全井段 SRV 三维阵列点置于地质模型中，如图 7-17 所示。

图 7-17 地质模型中 4X 平台全井段 SRV 三维展布

4X 平台 3 口水平井中，4X-1HF 井全井段 SRV 总体积为 $3.448\times10^7m^3$，4X-2HF 井全井段 SRV 总体积为 $2.556\times10^7m^3$，4X-3HF 井全井段 SRV 总体积为 $2.615\times10^7m^3$。可以看出，4X 平台 SRV 计算结果表明缝网展布较好，储层改造较为充分。

（2）模型计算与微地震监测结果对比。4X 井工厂平台的 3 口井压裂施工时实施了 SRV 微地震实时监测，监测结果数据处理的平面示意图如图 7-18 所示。4X-1HF、4X-2HF 和 4X-3HF 三口井的微地震监测 SRV 解释分别为：$5.314\times10^7m^3$、$3.273\times10^7m^3$ 和 $2.633\times10^7m^3$。

4X-1HF、4X-2HF 和 4X-3HF 三口井的 SRV 模型计算参数和 SRV 现场微地震监测参数结果数据对比如表 7-8、表 7-9 和表 7-10 所示。SRV 的微地震监测参数和模型计算参数对比如表 7-7 所示，从对比结果可以看出，SRV 计算模型所计算的缝网长、宽、高几何参数与 SRV 微地震监测数据吻合度较好，但 SRV 计算模型所得 SRV 总体积普遍小于 SRV 微地震监测结果，这是由于实际压裂过程在压裂停泵后储层流体继续在地层中传播，导致更大区域的天然裂缝发生破坏，形成微地震事件，同时也有实际监测的 SRV 可能存在裂缝扩展的非对称性和非均匀性，这也是导致监测 SRV 大于模型计算 SRV 的原因之一。相对微地震的监测结果，模型计算 SRV 的相对误差分别为 35.1%、21.9%和 6.8%，平均误差为 23.1%。

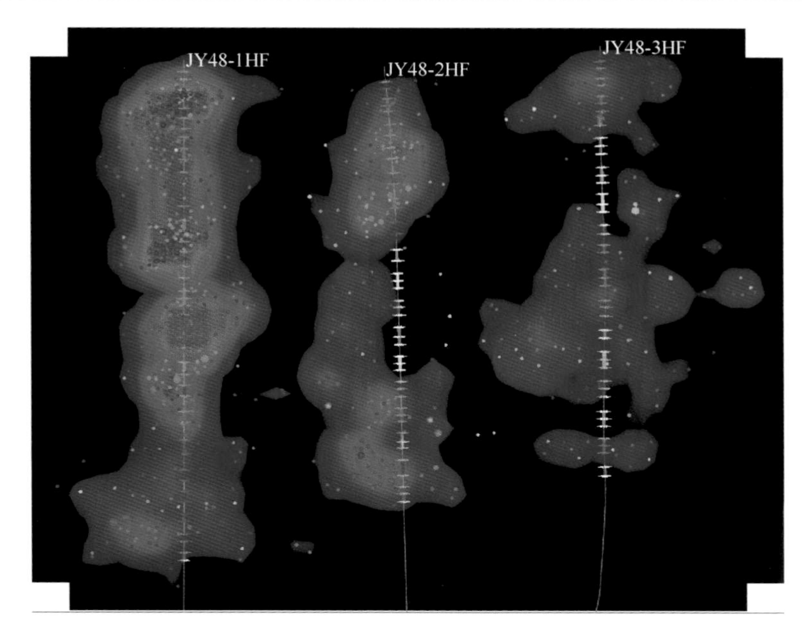

图 7-18　4X 平台 3 口井微地震监测平面云图

表 7-7　4X 平台微地震监测与模型计算结果对比

井号	SRV 模型计算参数				SRV 微地震监测参数				相对误差/%
	长度/m	宽度/m	高度/m	体积/($\times 10^7 m^3$)	长度/m	宽度/m	高度/m	体积/($\times 10^7 m^3$)	
48-1	332	103	73	3.448	289	104	88	5.314	35.1
48-2	336	63	77	2.556	245	72	73	3.273	21.9
48-3	378	69	79	2.615	341	68	58	2.633	6.8
平均	348.6	78.3	76.3	2.873	291.6	81.3	73	3.74	23.1

表 7-8　4X-1HF 微地震监测与模型计算结果对比

段数	SRV 模型计算参数				SRV 微地震监测参数			
	长度/m	宽度/m	高度/m	体积/($\times 10^6 m^3$)	长度/m	宽度/m	高度/m	体积/($\times 10^6 m^3$)
1	332	99	78	1.46	174	103	59	0.78
2	330	93	80	1.54	292	106	81	1.77
3	352	140	49	1.38	385	148	90	3.87
4	344	108	69	1.75	286	131	91	2.85
5	290	114	49	1.67	200	97	89	2.05
6	355	133	79	1.68	297	160	97	3.25
7	313	114	83	1.72	334	105	75	2.52
8	305	88	77	1.41	218	86	107	2.50
9	290	93	56	1.60	244	105	89	2.82
10	304	83	68	1.28	282	100	79	2.05

续表

段数	SRV 模型计算参数				SRV 微地震监测参数			
	长度/m	宽度/m	高度/m	体积/($\times 10^6 m^3$)	长度/m	宽度/m	高度/m	体积/($\times 10^6 m^3$)
11	339	93	80	1.52	238	95	78	2.00
12	325	109	71	1.72	362	110	89	3.15
13	336	96	73	1.54	225	103	98	3.40
14	332	117	77	1.77	203	84	93	1.96
15	349	83	70	1.65	352	83	100	2.41
16	336	83	80	1.41	156	67	72	1.57
17	337	91	70	1.62	197	83	94	1.88
18	307	83	80	1.36	322	77	77	1.36
19	304	90	74	1.44	241	93	75	1.36
20	303	106	72	1.64	342	115	106	3.00
21	497	140	98	1.57	592	127	109	4.39
22	333	113	78	1.75	416	111	86	2.20
平均	332	103	73	1.57	289	104	88	2.42

表 7-9　4X-2HF 微地震监测与模型计算结果对比

段数	SRV 模型计算参数				SRV 微地震监测参数			
	长度/m	宽度/m	高度/m	体积/($\times 10^6 m^3$)	长度/m	宽度/m	高度/m	体积/($\times 10^6 m^3$)
1	341	70	83	1.75	173	43	60	0.88
2	296	60	73	1.43	100	36	46	0.66
3	301	69	70	1.83	266	138	97	3.40
4	321	62	83	1.43	211	54	42	0.92
5	326	69	82	1.85	204	78	85	1.95
6	349	66	81	1.99	290	108	118	4.94
7	328	55	70	1.43	191	45	31	0.60
8	320	59	78	1.44	151	0	74	0.61
9	322	66	80	1.56	254	45	54	0.71
10	317	52	77	1.34	189	76	126	2.61
11	362	44	80	1.31	168	61	64	1.16
12	360	55	72	1.59	333	105	94	2.05
13	341	50	82	1.30	368	74	91	3.29
14	344	62	78	1.47	285	77	46	1.21
15	386	90	60	1.41	431	60	63	2.02
16	344	53	71	1.23	216	96	54	1.42
17	352	86	85	1.22	343	135	102	4.30
平均	336	63	77	1.50	245	72	73	1.93

表 7-10　4X-3HF 微地震监测与模型计算结果对比

段数	SRV 模型计算参数				SRV 微地震监测参数			
	长度/m	宽度/m	高度/m	体积/($\times 10^6 m^3$)	长度/m	宽度/m	高度/m	体积/($\times 10^6 m^3$)
1	363	73	84	1.67	/	/	/	/
2	347	50	85	1.31	259	91	46	1.46
3	362	73	85	1.70	258	45	50	1.00
4	398	67	85	1.62	352	60	72	2.01
5	374	67	73	1.39	248	50	10	0.14
6	393	67	72	1.49	/	/	/	/
7	403	62	85	1.64	280	39	72	1.30
8	356	79	85	1.67	403	50	50	0.96
9	373	79	85	1.65	165	46	30	0.68
10	392	73	72	1.46	597	50	95	2.86
11	392	70	85	1.59	465	98	77	3.48
12	345	59	73	1.30	381	101	61	1.70
13	397	73	72	1.47	412	62	101	3.92
14	411	70	85	1.73	530	150	82	4.39
15	393	70	73	1.46	165	50	20	0.22
16	389	73	72	1.51	296	60	70	1.58
17	344	73	72	1.49	300	70	32	0.63
平均	378	69	79	1.54	341	68	58	1.76

4）全井区内 SRV 评价

利用本书所建立的数学模型，对涪陵页岩气示范区内共计 93 口压裂水平井进行 SRV 计算和表征，计算结果统计与 SRV 展布情况分别如图 7-19、图 7-20 所示。计算结果统计表明，涪陵页岩气示范区内单井 SRV 总体积集中分布在（20～40）$\times 10^6 m^3$ 区域，大部分井改造体积较理想。但由图 7-20 的 SRV 整体展布平面图可以发现，部分井组之间仍存在

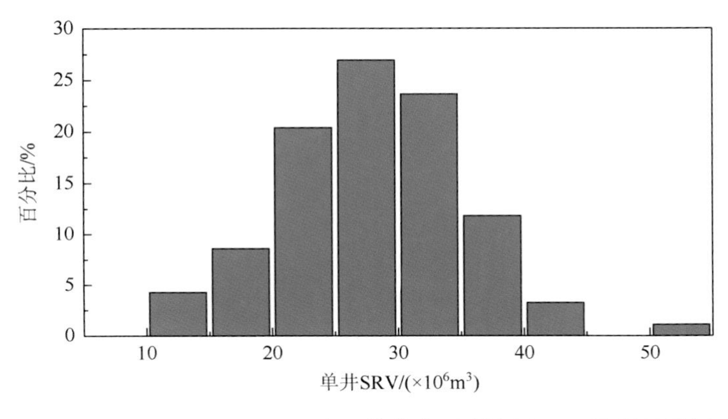

图 7-19　涪陵页岩气示范区水平井单井压裂储层 SRV 比例统计图

较大的未改造区，其中宽度大于 250m 的未改造区占比达到 34%，可通过在这些井组间设计加密井措施提高储层总体改造程度和有效动用，进一步提高涪陵页岩气田的经济开发效益。

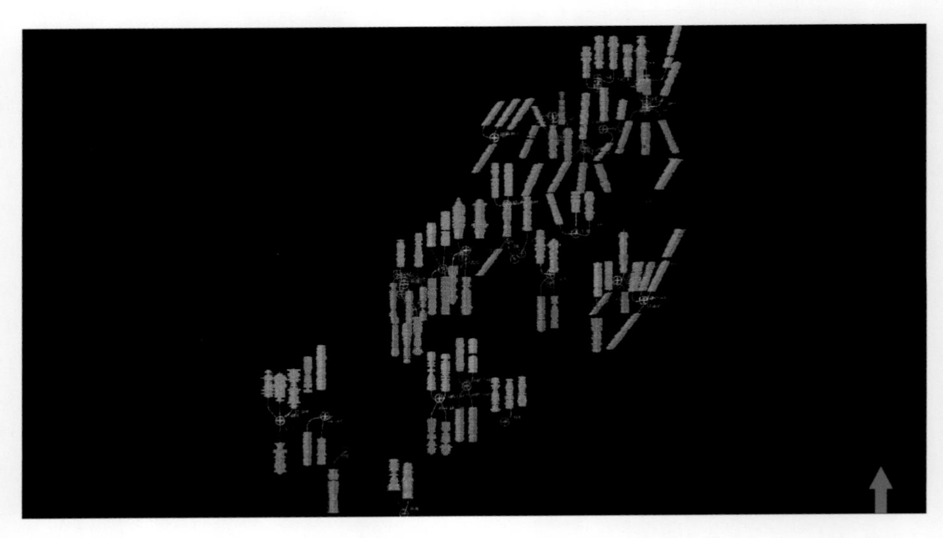

图 7-20　涪陵页岩气示范区内 SRV 展布图

7.2　页岩压裂 SRV 影响因素分析与研究

页岩气藏水平井缝网压裂过程中，储层改造体积的形成可能受到诸多因素的影响。这些因素总体可分为两类，地质条件因素与工程参数因素。其中，地质条件因素主要包括：地层应力、杨氏模量、泊松比、原始储层压力、天然裂缝逼近角、天然裂缝倾角、天然裂缝密度、天然裂缝抗张强度、天然裂缝内聚力、天然裂缝摩擦系数，以及地层原始温度等。工程参数因素主要包括：压裂泵注排量、压裂液总量、压裂液黏度、射孔簇数、射孔簇间距等。

本章将基于前文所建立的页岩水平井压裂 SRV 动态表征方法，分别研究各种地质条件与工程参数对 SRV 的影响，并根据研究结果提出页岩气藏水力压裂优化设计的相关建议。

敏感性分析研究中，除了所涉及的地质与工程参数，以及文中出现特殊说明的参数之外，模型中其余的基本参数如表 7-11 所示。

表 7-11　敏感性研究模型基本参数表

参数	数值	参数	数值
泵注排量/(m^3/min)	14	天然裂缝法向刚度/(N/m)	1.44E + 10
压裂液总量/m^3	1400	天然裂缝切向刚度/(N/m)	1.80E + 09
压裂液黏度/(mPa·s)	10	天然裂缝切向膨胀角/(°)	11

续表

参数	数值	参数	数值
射孔簇数	3	储层温度/℃	60
射孔簇间距/m	30	压裂液温度/℃	20
天然裂缝倾角/(°)	90	储层压力/MPa	30
天然裂缝倾角方差	0.1	储层孔隙度	0.2
天然裂缝逼近角/(°)	10	基质渗透率/mD	0.0017
天然裂缝逼近角方差	0.1	地层水平最小主应力/MPa	50
天然裂缝长度/cm	100	地层水平最大主应力/MPa	55
天然裂缝长度方差	1	地层垂向主应力/MPa	60
天然裂缝高度/cm	50	地层杨氏模量/GPa	30
天然裂缝高度方差	1	地层泊松比	0.2
天然裂缝内聚力/MPa	0.5	岩石比热容/［kJ/(kg·℃)］	0.879
天然裂缝抗张强度/MPa	1	岩石密度/(kg/m^3)	2300
天然裂缝摩擦系数	0.2	岩石导热系数/［kJ/(m·s·℃)］	5.78E-07
天然裂缝密度/m^{-1}	0.36	压裂液比热容/［kJ/(kg·℃)］	0.921

7.2.1　地质条件影响

利用页岩水平井压裂 SRV 动态表征方法，分别计算不同地质条件下，压裂施工形成的剪切破坏 SRV、张性破坏 SRV、总体 SRV，进而分析各种地质条件对页岩压裂 SRV 的影响，包括：地层应力、杨氏模量、泊松比、原始储层压力、天然裂缝逼近角、天然裂缝倾角、天然裂缝密度、天然裂缝抗张强度、天然裂缝内聚力、天然裂缝摩擦系数，以及地层原始温度。

1. 水平应力差与天然裂缝逼近角

页岩压裂过程中，地层应力与天然裂缝角度对 SRV 的影响有显著的关联[4]，例如：当地层主应力差较大，并且天然裂缝角度与地层主应力方向偏差较大时，天然裂缝更容易在压裂过程中发生剪切破坏，利于剪切破坏 SRV 的扩展。因此，同时针对地层水平应力差与天然裂缝逼近角对页岩压裂 SRV 的影响进行双因素敏感性分析。

利用页岩水平井压裂 SRV 动态表征方法，分别计算不同地层水平应力差与天然裂缝逼近角条件下的剪切破坏 SRV、张性破坏 SRV、总体 SRV，计算结果如图 7-21～图 7-23 所示。此外，绘制了水平应力差/天然裂缝逼近角分别为 0MPa/0°、3MPa/60°、5MPa/45° 条件下的 SRV 展布平面图，如图 7-24 所示。

由图 7-21 可以看出：当地层水平应力差较小（＜2MPa）时，张性破坏 SRV 随着天然裂缝逼近角增大而增大。这是由于天然裂缝逼近角越大，发生破坏后垂直于水力裂缝面方向的渗透率分量也越大，越有利于流体压力沿水力裂缝垂直方向传播，促使附近储层中天然裂缝发生张性破坏。当地层水平应力差较大（＞2MPa）时，随着天然裂缝逼近角增大，张性破坏 SRV 先逐渐增大后急剧减小。这是由于当天然裂缝逼近角较大时，作用在天然裂缝面上的法向应力也随之增大，难以发生张性破坏，特别是当水平应力差和天然裂缝逼近角都较大的情况下，天然裂缝几乎无法发生张性破坏，因此图 7-21 的右上区域内，张性破坏 SRV 几乎为零。

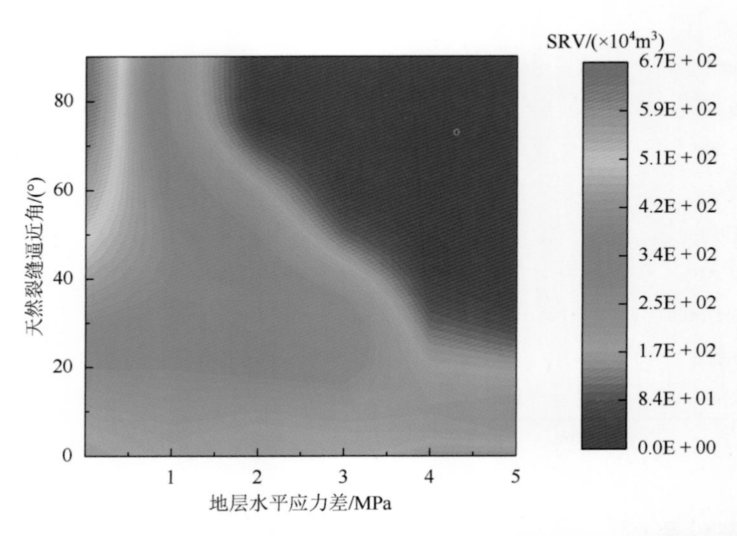

图 7-21　水平应力差与天然裂缝逼近角对页岩压裂张性破坏 SRV 的影响

由图 7-22 可以看出：当地层水平应力差较小（＜2MPa）时，无论天然裂缝逼近角度取值多少，张性破坏 SRV 都较小。这是由于当水平应力差较小时，天然裂缝壁面所受到的剪切应力较小，很难发生剪切破坏。因此图 7-22 的左侧区域内，剪切破坏 SRV 非常小。

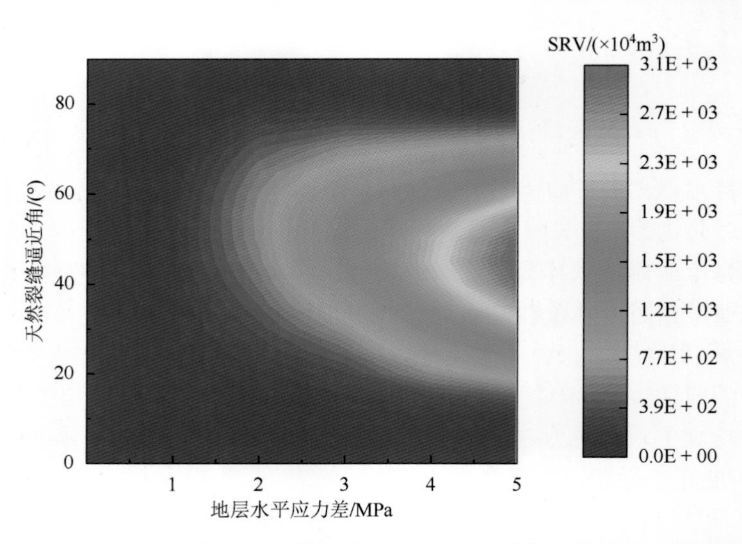

图 7-22　水平应力差与天然裂缝逼近角对页岩压裂剪切破坏 SRV 的影响

当地层水平应力差较大（＞2MPa）时，随着天然裂缝逼近角增大，剪切破坏 SRV 先逐渐增大，然后逐渐减小。这是由于当水平应力差较大时，天然裂缝壁面受到的切向应力随着其逼近角先增大后减小，当逼近角为 45°时，所受到的剪切应力最大，最容易发生剪切破坏。因此，图中右侧中间区域内的剪切破坏 SRV 达到最大值。

图 7-23 中的总体 SRV 为张性破坏 SRV 与剪切破坏 SRV 之和。可以看出，当水平应力差较小时（＜1MPa），天然裂缝的逼近角为 60°～80°，有利于形成较大的 SRV；当水平应力差较大时（＞1MPa），天然裂缝的逼近角为 30°～50°，有利于形成较大的总体 SRV。

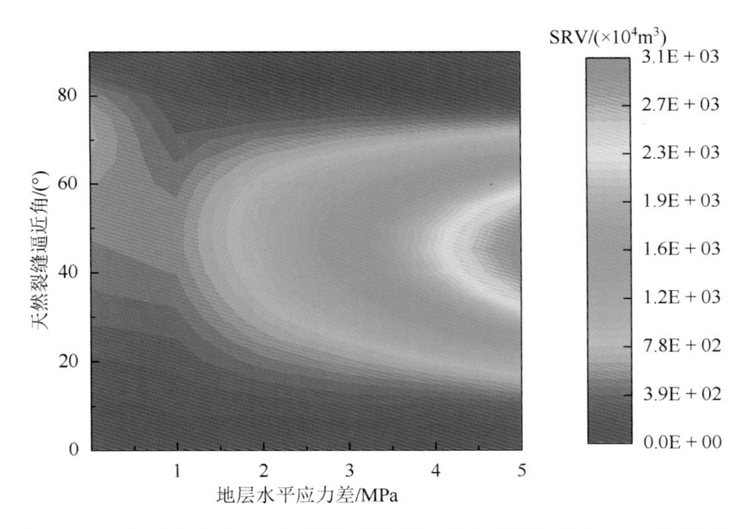

图 7-23　水平应力差与天然裂缝逼近角对页岩压裂总体 SRV 的影响

由图 7-24 可以看出：当水平应力差为 0MPa、天然裂缝逼近角为 0°时，各条水力裂缝之间的干扰效应较强，两侧裂缝延伸转向角度较大，但由于天然裂缝方向与主应力方向一致，使其所受剪切应力较小，不容易发生剪切破坏。此外，由于天然裂缝与水力裂缝方向一致，发生破坏后垂直于水力裂缝面方向的渗透率分量很小，不利于流体压力沿水力裂缝垂直方向传播，因此，该情况下的张性破坏 SRV 和剪切破坏 SRV 区域范围都较小。当水平应力差为 3MPa，天然裂缝逼近角为 60°时，各条水力裂缝之间的干扰效应有所减弱，两侧裂缝延伸转向角度减小。此外，由于天然裂缝与主应力方向存在一定夹角，使其所受剪切应力与法向应力较大，有利于天然裂缝发生剪切破坏，但不利于天然裂缝发生张性破坏。因此，该情况下张性破坏 SRV 区域范围较小，剪切破坏 SRV 区域范围较大。当水平应力差为 5MPa、天然裂缝逼近角为 45°时，各条水力裂缝之间的干扰效应更小，两侧裂缝延伸几乎未转向。此外，由于天然裂缝与主应力方向存在较大夹角，使其所受剪切应力与法向应力都更大，更有利于天然裂缝发生剪切破坏，更不利于天然裂缝发生张性破坏。因此，该情况下张性破坏 SRV 区域范围几乎为零，但剪切破坏 SRV 区域范围非常大。

2. 天然裂缝逼近角与倾角

页岩压裂过程中，天然裂缝倾角与逼近角对 SRV 的影响也有显著的关联，例如：当

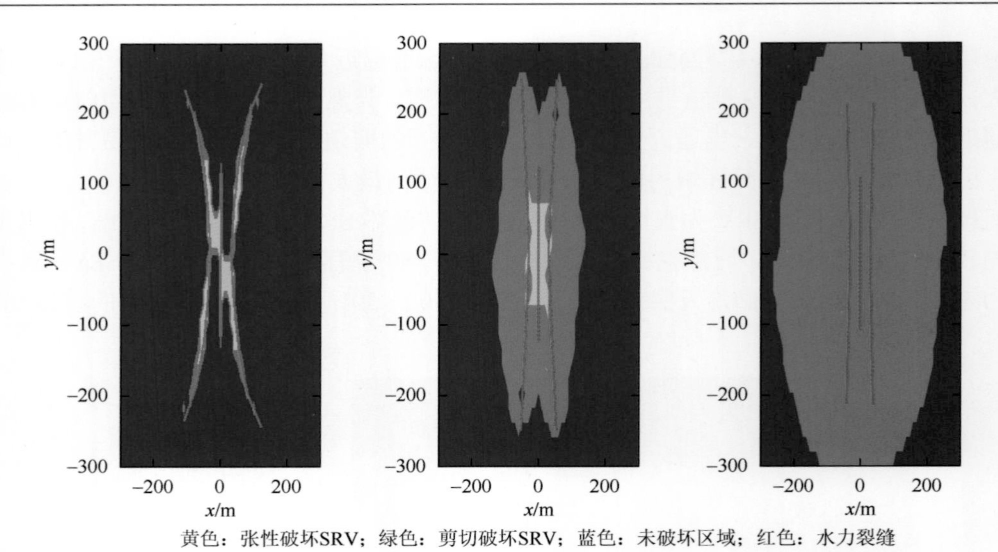

图 7-24　不同水平应力差与天然裂缝逼近角条件下的 SRV 平面展布图

（从左至右，应力差/逼近角：0MPa/0°、3MPa/60°、5MPa/45°）

天然裂缝倾角较大（近垂直缝）、逼近角较小时（垂直于水平最小主应力方向），天然裂缝更容易在压裂过程中发生张性破坏，利于张性破坏 SRV 的扩展。因此，同时针对天然裂缝倾角与逼近角对页岩压裂 SRV 的影响进行双因素敏感性分析。

利用页岩水平井压裂 SRV 动态表征方法，分别计算不同天然裂缝倾角与逼近角条件下的张性破坏 SRV、剪切破坏 SRV、总体 SRV，计算结果如图 7-25～图 7-27 所示。此外，绘制了天然裂缝倾角/缝逼近角分别为 90°/10°、90°/30°、45°/45°条件下的 SRV 展布平面图，如图 7-28 所示。此次计算中，由于天然裂缝倾角和逼近角被设定为任意值，为了避免当地层应力差过大时，天然裂缝自动发生破坏，故将地层应力差设定较小。其中，水平最小应力值为 50MPa，水平最大应力值为 52MPa，垂向应力值为 54MPa。

由图 7-25 可以看出：当天然裂缝倾角较小（＜45°）时，张性破坏 SRV 非常小。这是由于此算例中的垂向应力＞水平最大主应力＞水平最小主应力，当天然裂缝倾角较小时，其壁面受到的法向应力越大，特别是当倾角为 90°时，其所受法向应力即为地层垂向应力，难以发生张性破坏，因此图 7-25 中左侧区域的张性破坏值几乎为零。当天然裂缝倾角较大（＞45°）时，随着天然裂缝逼近角的增大，张性破坏 SRV 先增大后减小。这是由于当天然裂缝逼近角较小时，其方向与水力裂缝方向较为一致，发生破坏后沿水力裂缝垂直方向上的渗透率分量较小，不利于流体压力沿水力裂缝垂直方向传播，使得附近储层中天然裂缝难以发生张性破坏。当天然裂缝逼近角较大时，其壁面所受到的法向应力也较大，同样不利于发生张性破坏。因此，在天然裂缝倾角较大，且逼近角适中的情况下（20°～40°），最有利于形成较大的张性破坏 SRV。

由图 7-26 可以看出：无论天然裂缝逼近角取值多少，随着天然裂缝倾角的增加，剪切破坏 SRV 都是先增大后减小。这是由于在此算例中，垂向应力与水平最小应力差值最大，因此当天然裂缝倾角为 45°左右时，其壁面所受到的剪切应力最大。此外，当天然裂

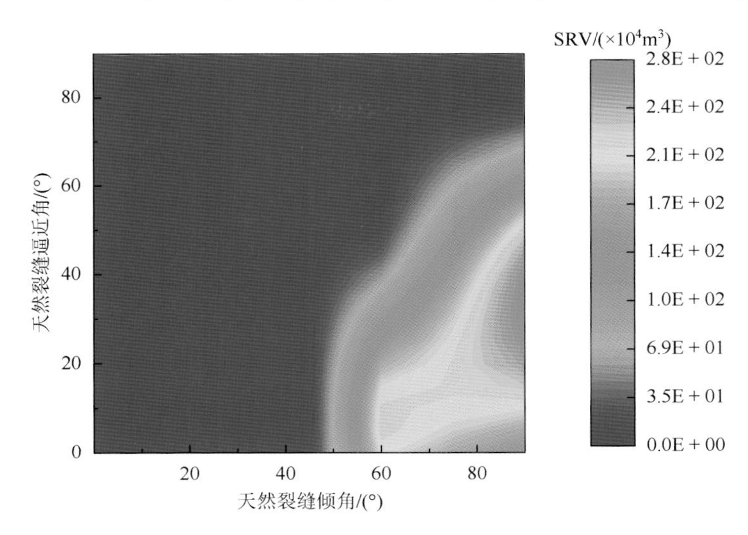

图 7-25　天然裂缝逼近角与倾角对页岩压裂张性破坏 SRV 的影响

缝逼近角较小时，其方向与水力裂缝面垂直，发生破坏后沿水力裂缝垂直方向的渗透率分量较大，有利于流体压力沿水力裂缝垂直方向传播，促使附近储层中天然裂缝难以发生张性破坏，因此图 7-26 中下侧中央区域内的剪切破坏 SRV 为全局最大值。然而，由于水平应力之间也存在差值，当天然裂缝倾角较大时（＞80°），垂向应力与水平最大应力差的影响较小，水平应力差的影响较大。因此，图 7-26 中最右侧区域内，剪切破坏 SRV 随着天然裂缝逼近角的增加，先增大后减小。

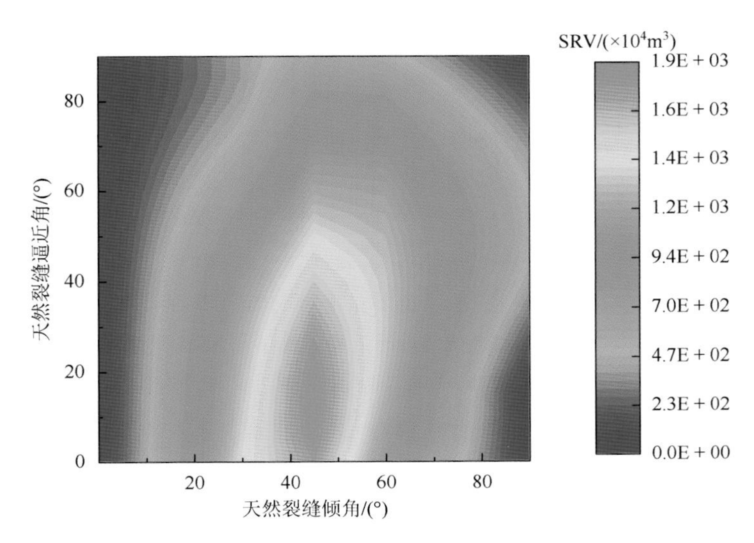

图 7-26　天然裂缝逼近角与倾角对页岩压裂剪切破坏 SRV 的影响

图 7-27 中的总体 SRV 为张性破坏 SRV 与剪切破坏 SRV 之和。可以看出，当天然裂缝逼近角较小、倾角适中时，有利于形成较大的总体 SRV。其中，天然裂缝倾角接近 45°，逼近角为 0°～20°时，总体 SRV 最大。

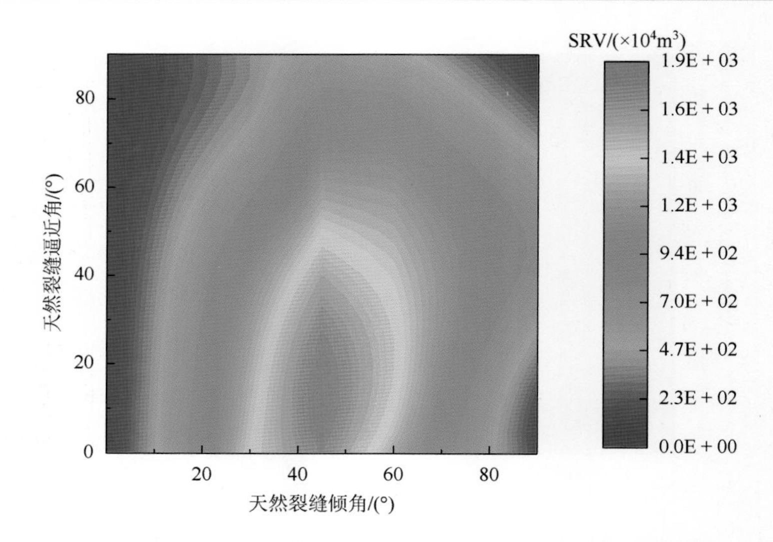

图 7-27　天然裂缝逼近角与倾角对页岩压裂总体 SRV 的影响

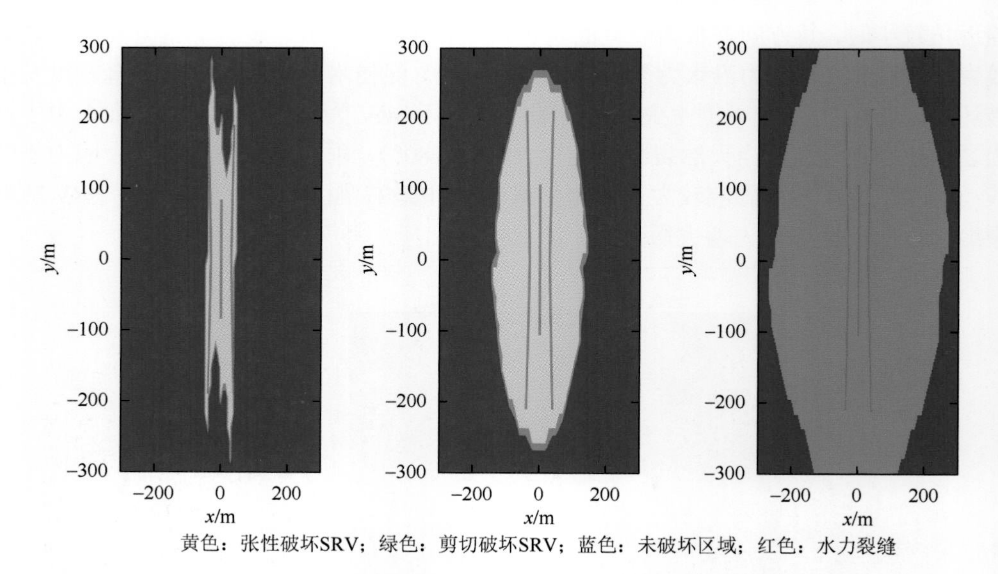

图 7-28　不同天然裂缝倾角与逼近角条件下的 SRV 平面展布图

（从左至右，倾角/逼近角：90°/10°、90°/30°、45°/45°）

由图 7-28 可以看出：当天然裂缝倾角和逼近角分别为 90°和 10°时，由于天然裂缝方向与主应力方向接近，使其所受剪切应力较小，不容易发生剪切破坏。此外，由于天然裂缝与水力裂缝方向一致，发生破坏后垂直于水力裂缝面方向的渗透率分量很小，不利于流体压力沿水力裂缝垂直方向传播，因此，该情况下的张性破坏 SRV 和剪切破坏 SRV 区域范围都较小。当天然裂缝倾角和逼近角分别为 90°和 30°时，虽然天然裂缝与水平主应力方向存在一定夹角，但水平主应力差较小（仅为 2MPa），因此其所受剪切应力与法向应力也不大，有利于天然裂缝发生张性破坏，但不利于天然裂缝发生剪切破坏。因此，该情况下剪切破坏 SRV 区域范围较小，但张性破坏 SRV 区域范围较大。当天然裂缝倾角和逼近角分别为 45°和 45°时，由于天然裂缝与主应力方向存在较大夹角，使其所受剪切应力与法向应力都更大，更有利于天然裂缝发生剪切破坏，更不利于天然裂缝发生张性破坏。因此，该情况下张性破坏 SRV 区域范围几乎为零，但剪切破坏 SRV 区域范围非常大。

3. 天然裂缝密度

页岩压裂过程中，SRV 将受到储层中天然裂缝密度的影响。因此，针对天然裂缝密度对页岩压裂 SRV 的影响进行敏感性因素分析。

利用页岩水平井压裂 SRV 动态表征方法，分别计算不同天然裂缝密度条件下的剪切破坏 SRV、张性破坏 SRV、总体 SRV，计算结果如图 7-29 所示。此外，绘制了天然裂缝密度分别为 0.1m^{-1}、0.3m^{-1}、0.5m^{-1} 条件下的 SRV 展布平面图，如图 7-30 所示。

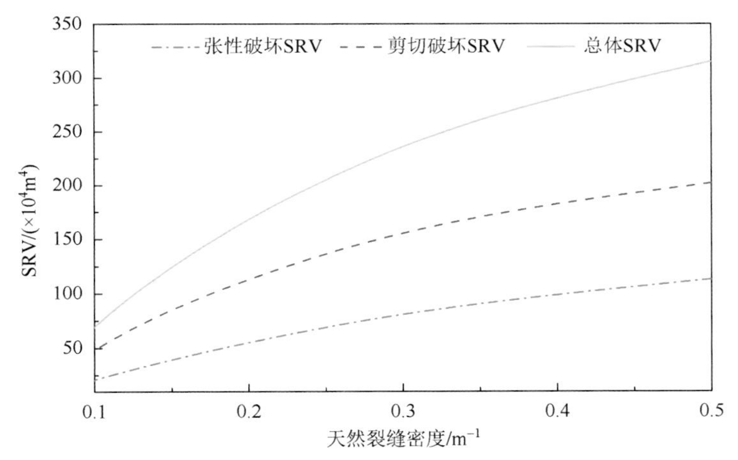

图 7-29　天然裂缝密度对页岩压裂 SRV 的影响

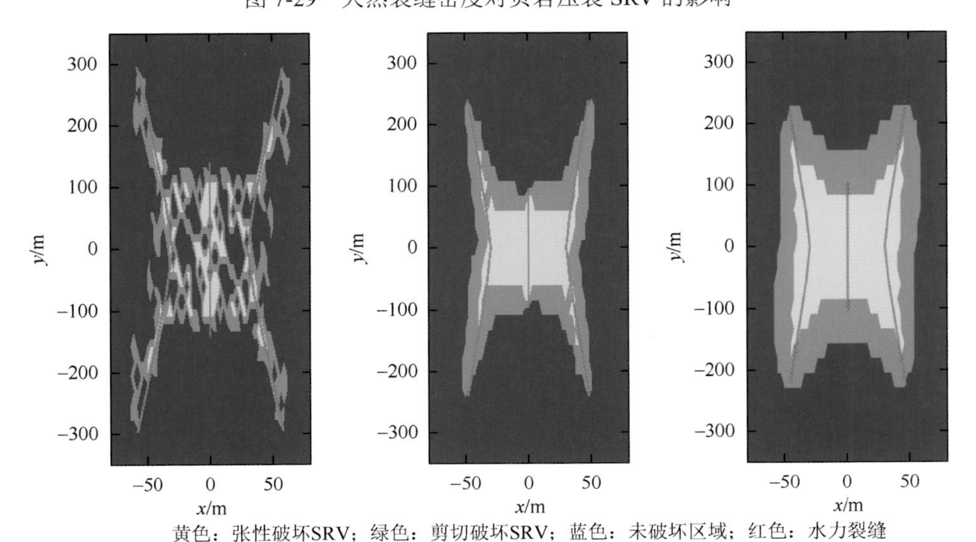

图 7-30　不同天然裂缝密度条件下的 SRV 平面展布图

（从左至右，天然裂缝密度：0.1m^{-1}、0.3m^{-1}、0.5m^{-1}）

由图 7-29 可以看出：随着天然裂缝密度的增加，张性破坏 SRV、剪切破坏 SRV、总体 SRV 都逐渐增大。这是由于储层中天然裂缝越多，发生破坏后储层表观渗透率值就越大，越有利于流体压力向水力裂缝附近储层传播，促使附近储层中天然裂缝难发生张性破坏和剪切破坏，形成较大的 SRV。

由图 7-30 可以看出：当天然裂缝密度仅为 $0.1m^{-1}$ 时，张性破坏 SRV 和剪切破坏 SRV 区域范围都较小，并且天然裂缝密度过低，使得储层中能够发生破坏的区域不连续，导致 SRV 展布区域内有“空洞”。当天然裂缝密度增大至 $0.3m^{-1}$ 时，储层中能够发生破坏的区域完全连续，并且发生破坏后的储层表观渗透率更大，此时张性破坏 SRV 和剪切破坏 SRV 范围有所扩大。当天然裂缝密度继续增大至 $0.5m^{-1}$ 时，张性破坏 SRV 和剪切破坏 SRV 范围进一步扩大。

4. 天然裂缝抗张强度

页岩压裂过程中，SRV 将受到储层中天然裂缝抗张强度的影响。因此，针对天然裂缝抗张强度对页岩压裂 SRV 的影响进行敏感性因素分析。

利用页岩水平井压裂 SRV 动态表征方法，分别计算不同天然裂缝抗张强度条件下的剪切破坏 SRV、张性破坏 SRV、总体 SRV，计算结果如图 7-31 所示。此外，绘制了天然裂缝抗张强度分别为 0.5MPa、2.0MPa、3.0MPa 条件下的 SRV 展布平面图，如图 7-32 所示。

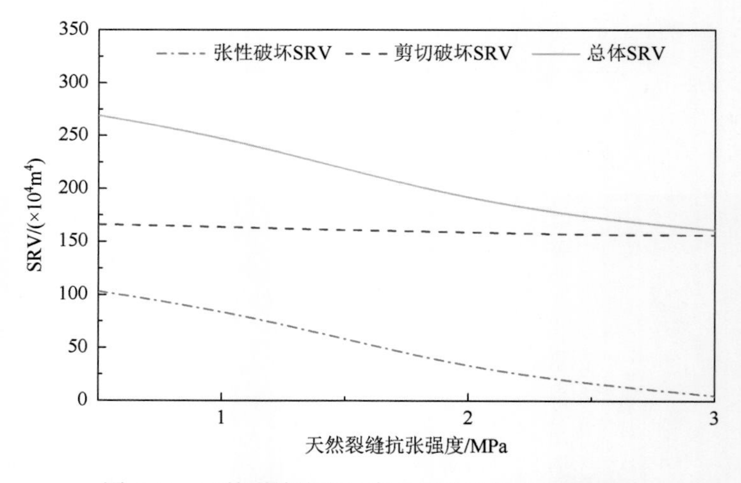

图 7-31　天然裂缝抗张强度对页岩压裂 SRV 的影响

由图 7-31 可以看出：随着天然裂缝抗张强度的增高，剪切破坏 SRV 几乎不变，但张性破坏 SRV 和总体 SRV 都逐渐减小。这是由于具有较高抗张强度的天然裂缝，更不容易发生张性破坏，但对剪切破坏行为影响不大。

由图 7-32 可以看出：当天然裂缝抗张强度为 0.5MPa 时，张性破坏 SRV 区域分布在三条水力裂缝周围，其范围较大；当天然裂缝抗张强度为 2.0MPa 时，张性破坏 SRV 区域主要集中在水力裂缝的中央区域周围，其范围有所缩小；当天然裂缝抗张强度为 3.0MPa

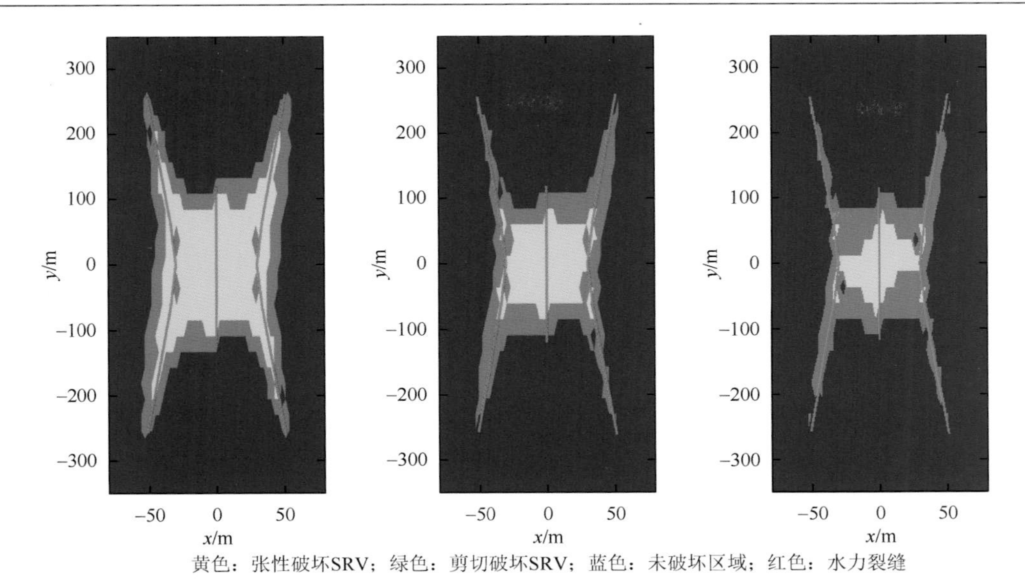

图 7-32 不同天然裂缝抗张强度条件下的 SRV 平面展布图

（从左至右，天然裂缝抗张强度：0.5MPa、2.0MPa、3.0MPa）

时，张性破坏 SRV 区域仅仅出现在流体压力最高的水力裂缝中央部分，其范围进一步缩小。此外，在不同天然裂缝抗张强度条件下，剪切破坏 SRV 区域面积几乎不变。

5. 天然裂缝内聚力

页岩压裂过程中，SRV 将受到储层中天然裂缝内聚力的影响。因此，针对天然裂缝内聚力对页岩压裂 SRV 的影响进行敏感性因素分析。

利用页岩水平井压裂 SRV 动态表征方法，分别计算不同天然裂缝内聚力条件下的剪切破坏 SRV、张性破坏 SRV、总体 SRV，计算结果如图 7-33 所示。此外，绘制了天然裂缝内聚力分别为 0.0MPa、0.5MPa、1.0MPa 条件下的 SRV 展布平面图，如图 7-34 所示。

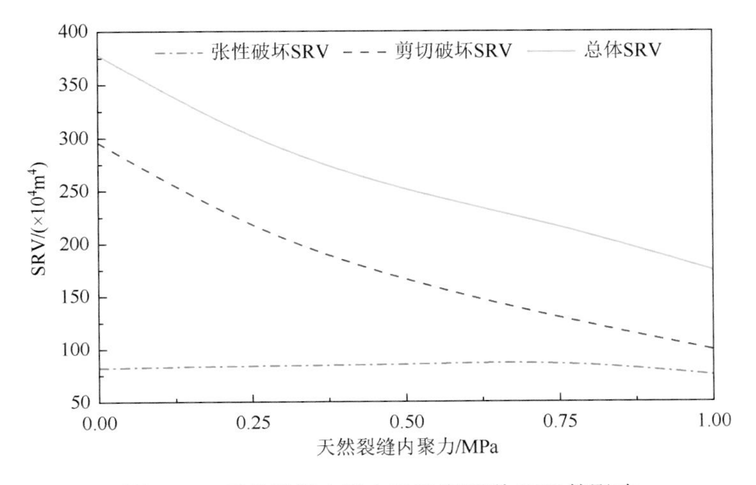

图 7-33 天然裂缝内聚力对页岩压裂 SRV 的影响

由图 7-33 可以看出：随着天然裂缝内聚力的增大，张性破坏 SRV 几乎不变，但剪切破坏 SRV 和总体 SRV 都逐渐减小。这是由于具有大内聚力的天然裂缝，更不容易发生剪切破坏，但对张性破坏行为影响不大。

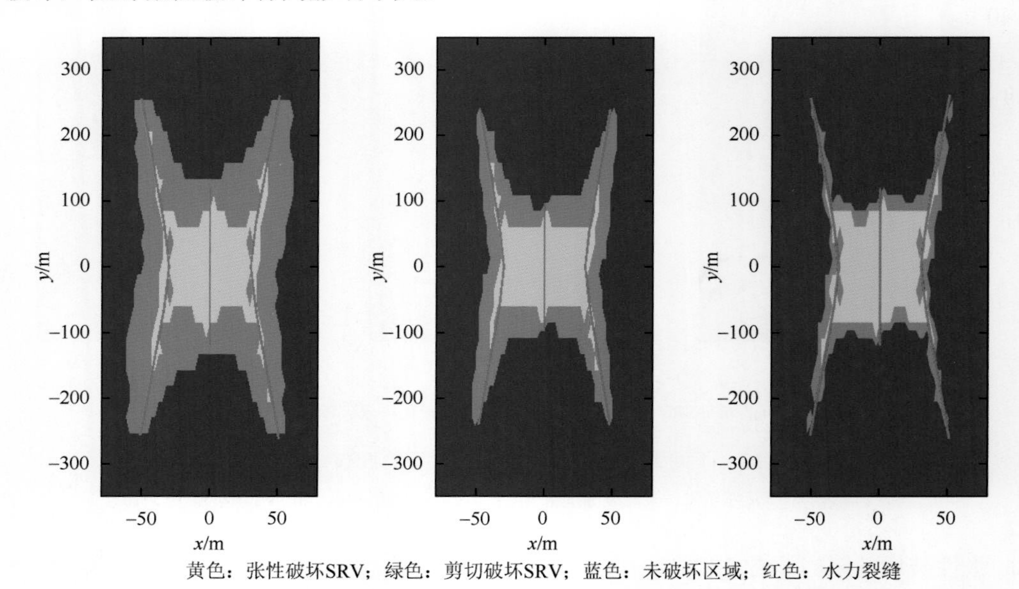

图 7-34　不同天然裂缝内聚力条件下的 SRV 平面展布图

（从左至右，天然裂缝内聚力：0.0MPa、0.5MPa、1.0MPa）

由图 7-34 可以看出：当天然裂缝内聚力为 0.0MPa 时，剪切破坏 SRV 区域分布在张性破坏 SRV 周围，其范围较大；当天然裂缝内聚力为 0.5MPa 时，剪切破坏 SRV 区域仍然分布在张性破坏 SRV 周围，但范围有所缩小；当天然裂缝内聚力为 1.0MPa 时，剪切破坏 SRV 区域仅仅集中于张性破坏 SRV 附近，其范围进一步缩小。此外，在不同天然裂缝内聚力条件下，张性破坏 SRV 区域面积几乎不变。

6. 天然裂缝摩擦系数

页岩压裂过程中，SRV 将受到储层中天然裂缝摩擦系数的影响。因此，针对天然裂缝摩擦系数对页岩压裂 SRV 的影响进行敏感性因素分析。

利用页岩水平井压裂 SRV 动态表征方法，分别计算不同天然裂缝摩擦系数条件下的剪切破坏 SRV、张性破坏 SRV、总体 SRV，计算结果如图 7-35 所示。此外，绘制了天然裂缝摩擦系数分别为 0.0、0.3、0.6 条件下的 SRV 展布平面图，如图 7-36 所示。

由图 7-35 可以看出：随着天然裂缝摩擦系数的增大，张性破坏 SRV 几乎不变，但剪切破坏 SRV 和总体 SRV 都逐渐减小。这是由于具有大摩擦系数的天然裂缝，更不容易发生剪切破坏，但对张性破坏行为影响不大。

由图 7-36 可以看出：当天然裂缝摩擦系数为 0.0 时，剪切破坏 SRV 区域分布在张性破坏 SRV 周围，其范围较大；当天然裂缝摩擦系数为 0.3 时，剪切破坏 SRV 区域仍然分布在张性破坏 SRV 周围，但范围有所缩小；当天然裂缝摩擦系数为 0.6 时，剪切破坏 SRV

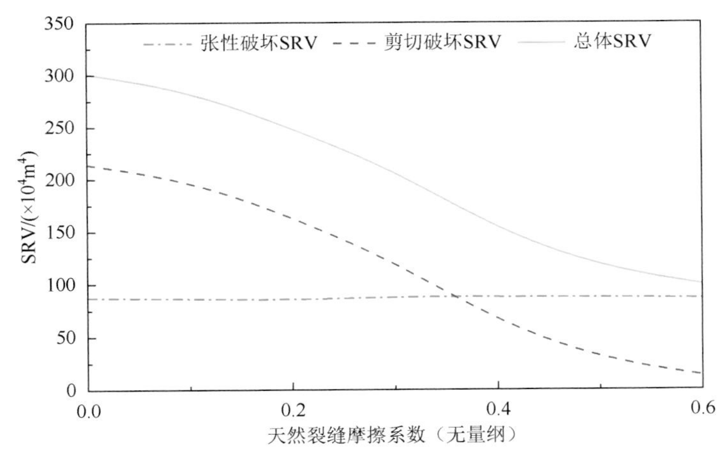

图 7-35　天然裂缝摩擦系数对页岩压裂 SRV 的影响

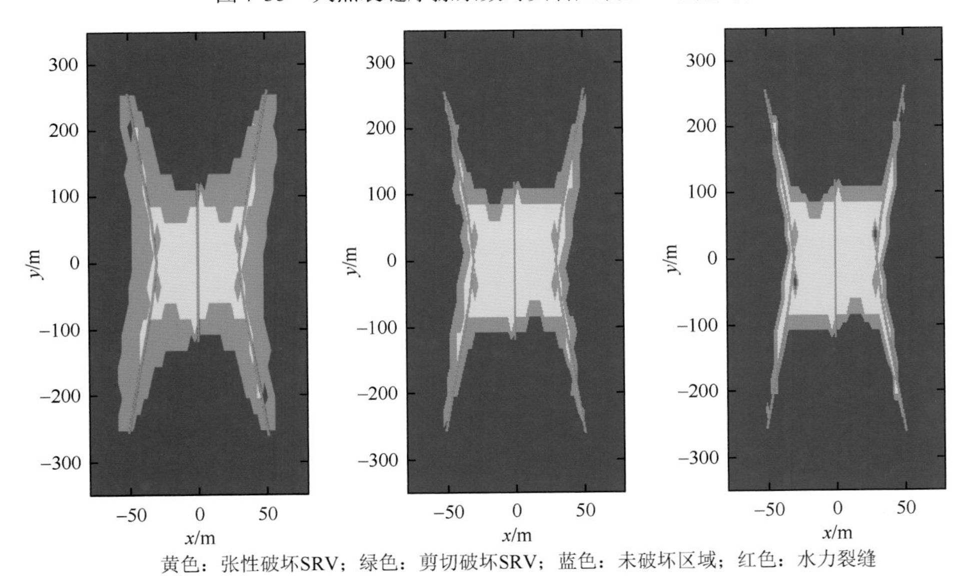

图 7-36　不同天然裂缝摩擦系数条件下的 SRV 平面展布图

（从左至右，天然裂缝摩擦系数：0.0、0.3、0.6）

区域仅仅集中于张性破坏 SRV 附近，其范围进一步缩小。此外，在不同天然裂缝摩擦系数条件下，张性破坏 SRV 区域面积几乎不变。

7. 地层杨氏模量

页岩压裂过程中，SRV 将受到地层杨氏模量的影响。因此，针对地层杨氏模量对页岩压裂 SRV 的影响进行敏感性因素分析。

利用页岩水平井压裂 SRV 动态表征方法，分别计算不同地层杨氏模量条件下的剪切破坏 SRV、张性破坏 SRV、总体 SRV，计算结果如图 7-37 所示。此外，绘制了地层杨氏模量分别为 20GPa、30GPa、35GPa 条件下的 SRV 展布平面图，如图 7-38 所示。

由图 7-37 可以看出：随着地层杨氏模量的升高，张性破坏 SRV、剪切破坏 SRV 和总体 SRV 都逐渐增大。这是由于当地层杨氏模量较高时，将造成页岩压裂过程中水力裂缝缝宽减小、缝长增加、净压力升高，进而使储层压力升高幅度和范围更大。此外，当杨氏模量较高时，各条水力裂缝在地层中引起的诱导应力也较大，地层应力变化更明显。上述种种因素都会促使储层中的天然裂缝更容易发生张性破坏与剪切破坏。

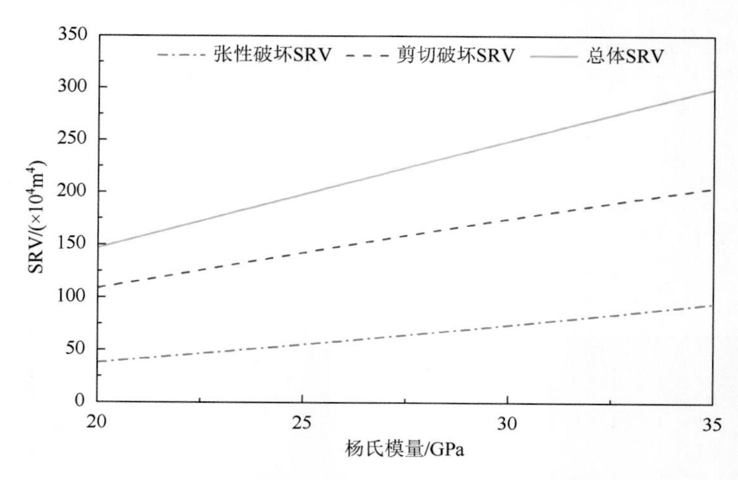

图 7-37　地层杨氏模量对页岩压裂 SRV 的影响

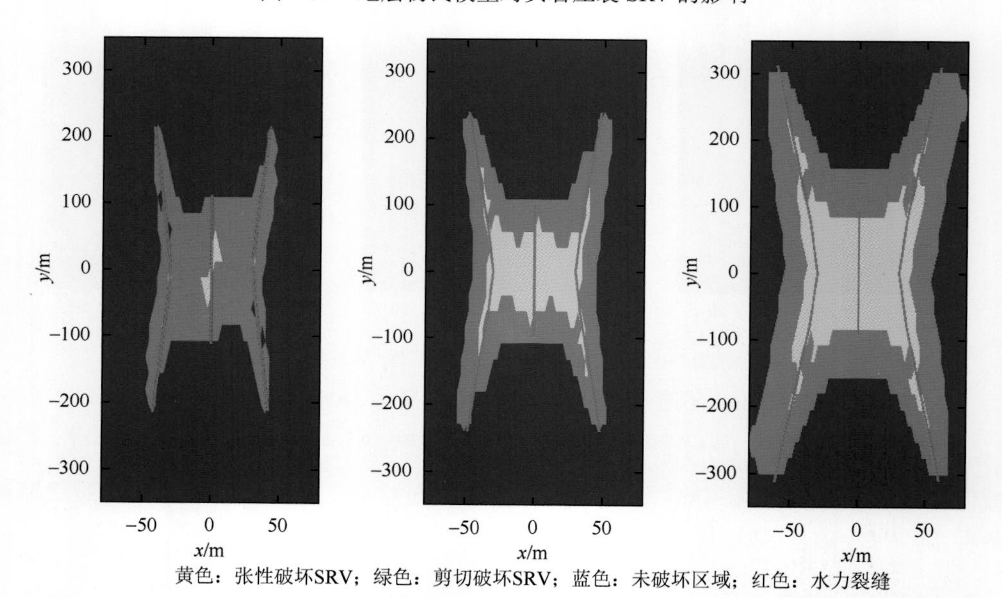

黄色：张性破坏SRV；绿色：剪切破坏SRV；蓝色：未破坏区域；红色：水力裂缝

图 7-38　不同地层杨氏模量条件下的 SRV 平面展布图

（从左至右，地层杨氏模量：20GPa、30GPa、35GPa）

由图 7-38 可以看出：当地层杨氏模量为 20GPa 时，各条水力裂缝延伸长度较短，裂缝之间应力干扰效应较弱，转向延伸不明显，并且由于水力裂缝内净压力较低，附近储层压力升高有限，剪切破坏 SRV 与张性破坏 SRV 区域范围都较小；当地层杨氏模量为 30GPa 时，各条水力裂缝延伸长度有所增加，中间水力裂缝延伸受限程度增加，两侧裂缝出现明显转向延伸，剪切破坏 SRV 与张性破坏 SRV 区域范围都有所增大；当地层杨氏模量为 35GPa 时，各条水力裂缝延伸长度进一步增加，中间水力裂缝延伸更加受限，两侧裂缝出现更为明显的转向延伸，剪切破坏 SRV 与张性破坏 SRV 区域范围都显著增大。

8. 地层泊松比

页岩压裂过程中，SRV 将受到地层泊松比的影响。因此，针对地层泊松比对页岩压裂 SRV 的影响进行敏感性因素分析。

利用页岩水平井压裂 SRV 动态表征方法，分别计算不同地层泊松比条件下的剪切破坏 SRV、张性破坏 SRV、总体 SRV，计算结果如图 7-39 所示。此外，绘制了地层泊松比分别为 0.15、0.20、0.25 条件下的 SRV 展布平面图，如图 7-40 所示。

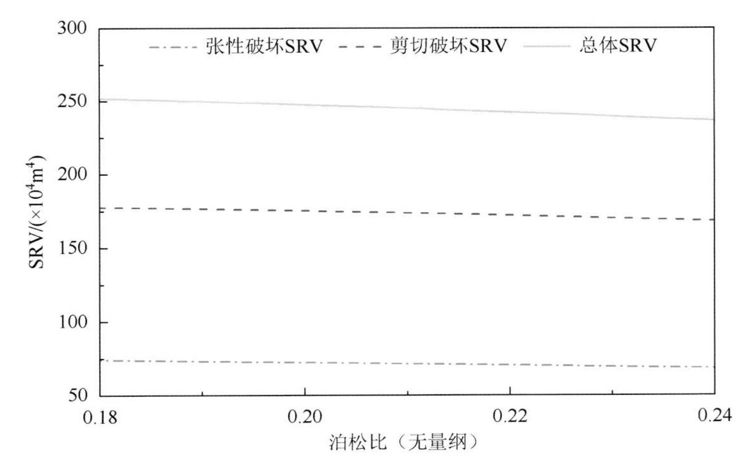

图 7-39　地层泊松比对页岩压裂 SRV 的影响

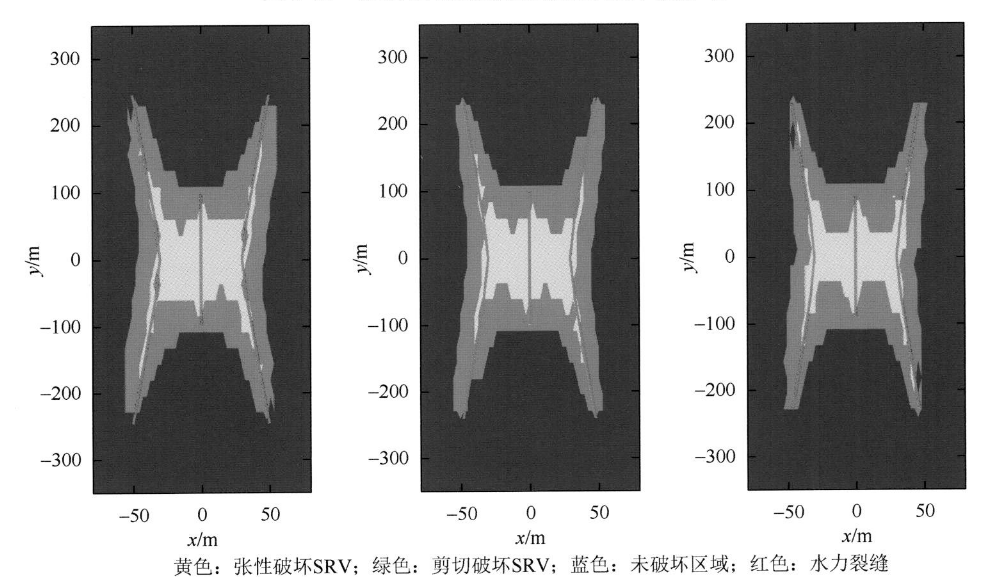

图 7-40　不同地层泊松比条件下的 SRV 平面展布图

（从左至右，地层泊松比：0.15、0.20、0.25）

由图 7-39 可以看出：随着地层泊松比的升高，张性破坏 SRV、剪切破坏 SRV 和总体 SRV 都逐渐减小。理论上来说，泊松比的变化与杨氏模量变化对 SRV 造成的影响相反，但对于页岩岩石来说，其泊松比通常为 0.15～0.25，变化程度不会太大，因此其对 SRV 的影响也较为有限。

由图 7-40 可以看出：当地层泊松比分别为 0.15、0.20、0.25 时，各条水力裂缝延伸情况类似，而张性破坏 SRV、剪切破坏 SRV 区域也基本没有变化。

9. 储层原始压力

页岩压裂过程中，SRV 将受到储层原始压力的影响。因此，针对储层原始压力对页岩压裂 SRV 的影响进行敏感性因素分析。

利用页岩水平井压裂 SRV 动态表征方法，分别计算不同储层原始压力条件下的剪切破坏 SRV、张性破坏 SRV、总体 SRV，计算结果如图 7-41 所示。此外，绘制了储层原始压力分别为 25MPa、30MPa、35MPa 条件下的 SRV 展布平面图，如图 7-42 所示。

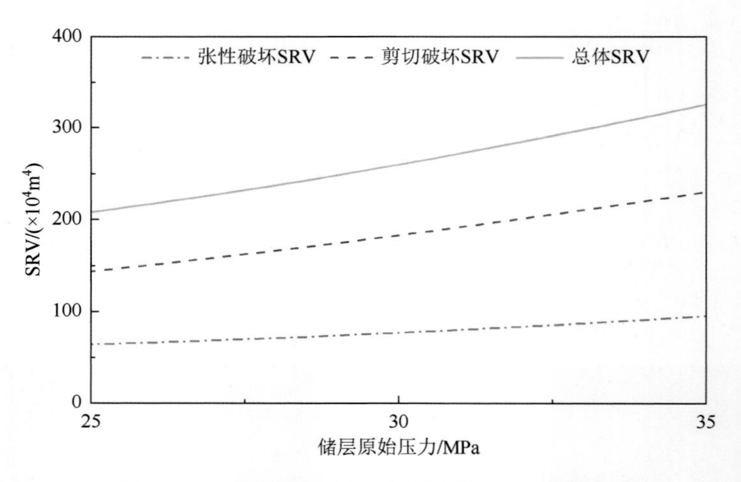

图 7-41　储层原始压力对页岩压裂 SRV 的影响

由图 7-41 可以看出：随着储层原始压力的升高，张性破坏 SRV、剪切破坏 SRV 和总体 SRV 都逐渐增大。这是由于当储层原始压力较高时，页岩压裂过程中水力裂缝附近储层压力被抬升后更容易超过天然裂缝发生破坏的临界压力，有利于其发生张性破坏与剪切破坏。

由图 7-42 可以看出：当储层原始压力为 25MPa 时，由于水力裂缝内压力与储层压力相差较大，压裂液滤失速度更快，导致各条裂缝延伸长度较短。此外，由于储层原始压力较低，压裂过程中不容易将储层压力场抬升至能够引发天然裂缝破坏的临界值，因此剪切破坏 SRV 与张性破坏 SRV 区域范围都较小。当储层原始压力为 30MPa 时，各条水力裂缝延伸长度有所增加。此外，压裂过程中能够较容易地将储层压力场抬升至能够引发天然裂缝破坏的临界值，因此剪切破坏 SRV 与张性破坏 SRV 区域范围也都有所增大；当储层原始压力为 35MPa 时，各条水力裂缝延伸长度进一步增加。此外，压裂过程中更容易将

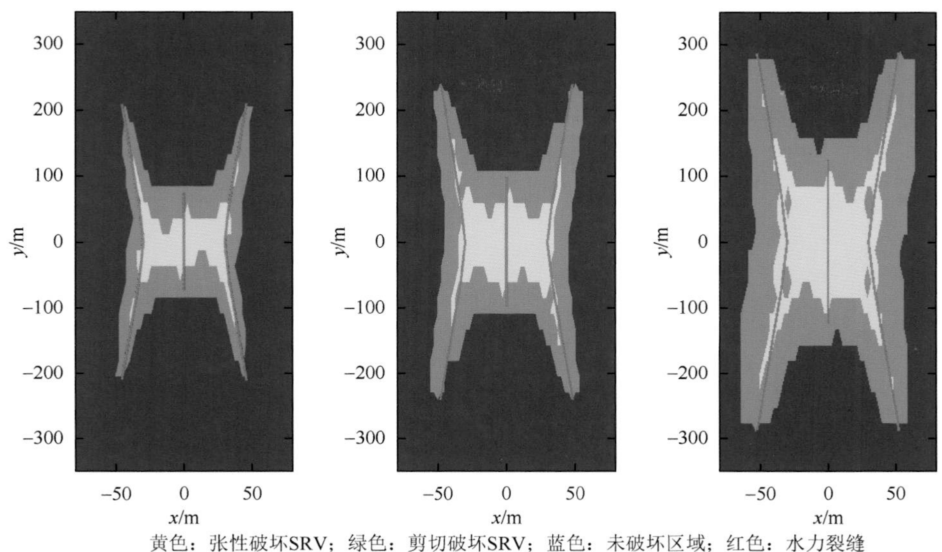

图 7-42　不同储层原始压力条件下的 SRV 平面展布图

（从左至右，储层原始压力：25MPa、30MPa、35MPa）

储层压力场抬升至能够引发天然裂缝破坏的临界值，因此剪切破坏 SRV 与张性破坏 SRV 区域范围进一步增大。

10. 地层原始温度

页岩压裂过程中，SRV 将受到地层原始温度的影响。因此，针对地层原始温度对页岩压裂 SRV 的影响进行敏感性因素分析。

利用页岩水平井压裂 SRV 动态表征方法，分别计算不同地层原始温度条件下的剪切破坏 SRV、张性破坏 SRV、总体 SRV，计算结果如图 7-43 所示。此外，绘制了地层原始温度分别为 60℃、80℃、100℃条件下的 SRV 展布平面图，如图 7-44 所示。

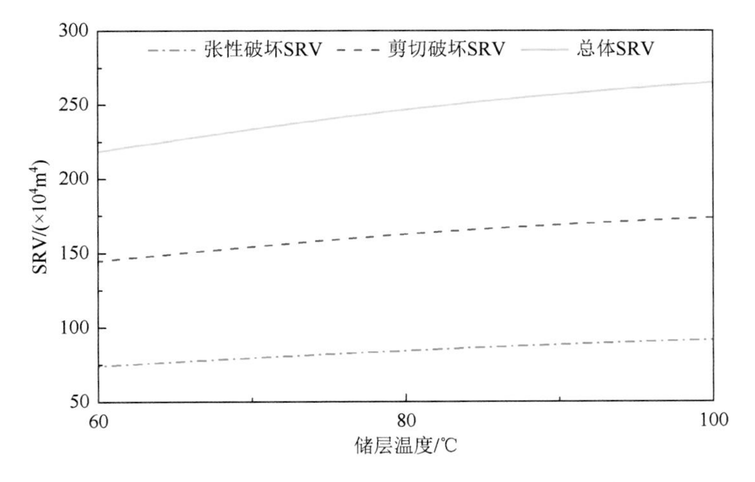

图 7-43　地层原始温度对页岩压裂 SRV 的影响

由图 7-43 可以看出：随着地层原始温度的升高，张性破坏 SRV、剪切破坏 SRV 和总体 SRV 都逐渐增大。这是由于当地层原始温度较高时，压裂液在地层中的黏度更小，更有利于流体压力在储层中的传播，抬高水力裂缝附近储层压力，促使天然裂缝发生张性破坏与剪切破坏，增大 SRV 扩展范围。

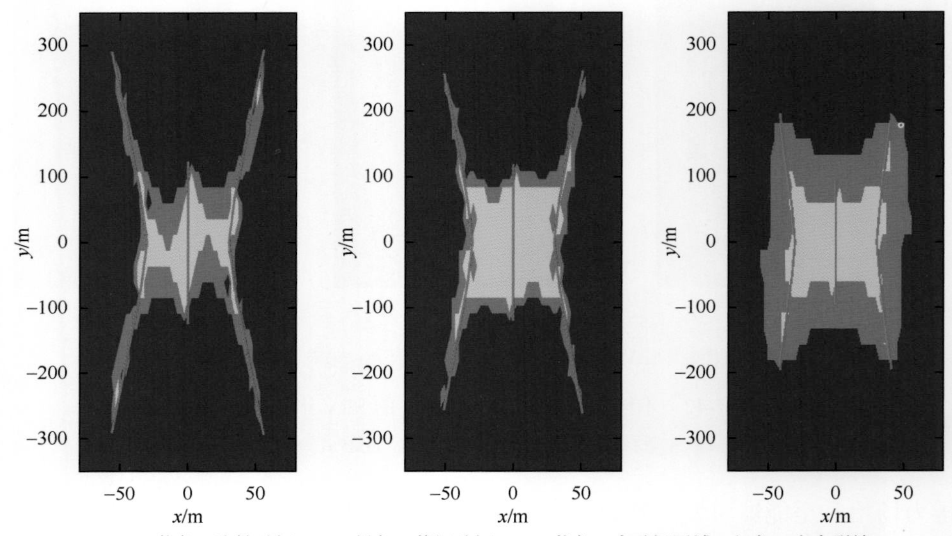

图 7-44　不同地层原始温度条件下的 SRV 平面展布图

（从左至右，地层原始温度：60℃、80℃、100℃）

由图 7-44 可以看出：当储层原始温度为 60℃时，水力裂缝内压裂液升温速度较慢，黏度较高，滤失速度较慢，导致各条裂缝延伸较长；此外，压裂液进入地层后升温幅度较小，黏度较高，流体渗流速度较慢，压力传播范围较小，导致剪切破坏 SRV 与张性破坏 SRV 扩展范围较小。当储层原始温度为 80℃时，水力裂缝内压裂液升温速度增快，黏度降低，滤失速度增快，导致各条裂缝延伸长度有所缩短；此外，压裂液进入地层后升温幅度增大，黏度降低，流体渗流速度加快，压力传播范围增大，导致剪切破坏 SRV 与张性破坏 SRV 扩展范围增大。同理，当储层原始温度进一步升高至 100℃时，各条水力裂缝延伸长度进一步缩短，剪切破坏 SRV 与张性破坏 SRV 扩展范围进一步增大。

7.2.2　工程参数影响

利用页岩水平井压裂 SRV 动态表征方法，分别计算不同工程参数下，压裂施工形成的剪切破坏 SRV、张性破坏 SRV、总体 SRV，进而分析各种工程参数对页岩压裂 SRV 的影响，包括压裂泵注排量、压裂液总量、压裂液黏度、射孔簇数、射孔簇间距。

1. 泵注排量

页岩压裂过程中，SRV 将受到泵注排量的影响。因此，针对泵注排量对页岩压裂 SRV 的影响进行敏感性因素分析。

利用页岩水平井压裂 SRV 动态表征方法，分别计算不同泵注排量下的剪切破坏 SRV、张性破坏 SRV、总体 SRV，计算结果如图 7-45 所示。此外，绘制了泵注排量分别为 $8m^3/min$、$12m^3/min$、$18m^3/min$ 时的 SRV 展布平面图，如图 7-46 所示。此次计算中，为维持相同的压裂规模，当泵注排量变化时，也相应改变了压裂时间，从而保证压裂液总量不变，始终为 $1400m^3$。

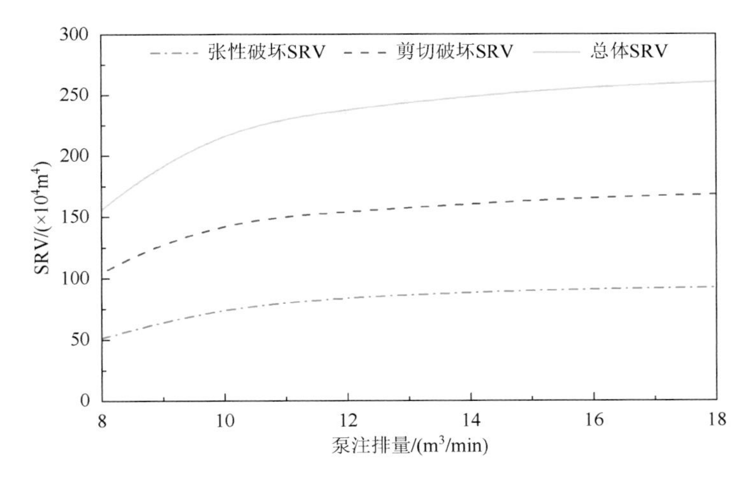

图 7-45　泵注排量对页岩压裂 SRV 的影响

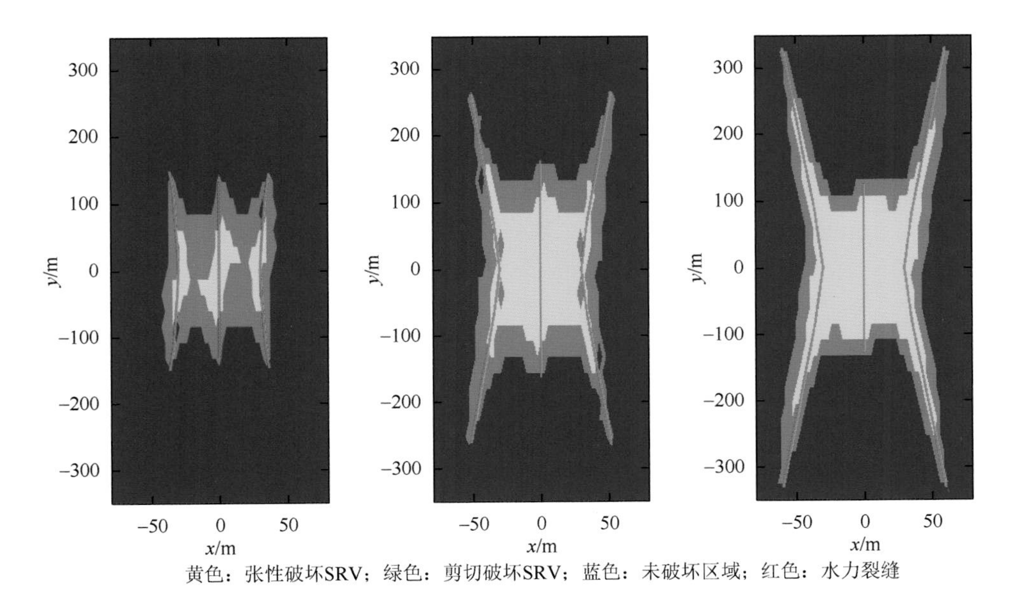

图 7-46　不同泵注排量时的 SRV 平面展布图

（从左至右，泵注排量：$8m^3/min$、$12m^3/min$、$18m^3/min$）

由图 7-45 可以看出：随着泵注排量的增大，张性破坏 SRV、剪切破坏 SRV 和总体 SRV 都逐渐增大。这是由于当泵注排量较大时，水力裂缝内净压力较高，不仅使地层应力场发生较大变化，也显著地提高了周围储层的压力，两种因素都将促使天然裂缝发生张性破坏与剪切破坏，因此更有利于 SRV 的形成。

由图 7-46 可以看出：当泵注排量为 $8m^3/min$ 时，压裂时间长达 233min，压裂液滤失时间长，滤失总量较大，水力裂缝延伸长度较短，缝内净压力较低，各裂缝相互之间的应力干扰效应较弱，中间裂缝延伸长度并未明显受限，两侧裂缝也无显著转向。该情况下，水力裂缝周围地层应力变化不大，储层压力升高范围也较小，不利于天然裂缝发生破坏，因此张性破坏 SRV 和剪切破坏 SRV 区域范围都较小。当泵注排量为 $12m^3/min$ 时，压裂时间为 116min，压裂液滤失时间缩短，滤失量减小，水力裂缝延伸长度和缝内净压力都有所增大，缝间干扰效应也随之增强，中间裂缝延伸长度受限，两侧裂缝发生转向延伸。该情况下地层应力场与储层压力场变化更加明显，张性破坏 SRV 和剪切破坏 SRV 区域范围都有所扩大。当泵注排量为 $18m^3/min$ 时，压裂时间仅为 77min，压裂液滤失时间更短，滤失量更小，水力裂缝延伸长度和缝内净压力进一步增大，缝间干扰效应也更为明显，中间裂缝延伸长度明显受限，两侧裂缝发生显著的转向延伸。然而，该情况下，尽管水力裂缝周围地层应力场变化更大，但由于压裂总时间较短，储层压力上升程度有限，因此张性破坏 SRV 和剪切破坏 SRV 区域范围的扩大程度也较为有限。

2. 压裂液总量

页岩压裂过程中，SRV 将受到压裂液总量的影响。因此，针对压裂液总量对页岩压裂 SRV 的影响进行敏感性因素分析。此次计算中，仅通过改变压裂总时间，实现压裂液总量的变化，并保持泵注排量不变，始终为 $14m^3/min$。

利用页岩水平井压裂 SRV 动态表征方法，分别计算不同压裂液总量下的剪切破坏 SRV、张性破坏 SRV、总体 SRV，计算结果如图 7-47 所示。此外，绘制了压裂液总量分别为 $800m^3$、$1600m^3$、$1800m^3$ 时的 SRV 展布平面图，如图 7-48 所示。

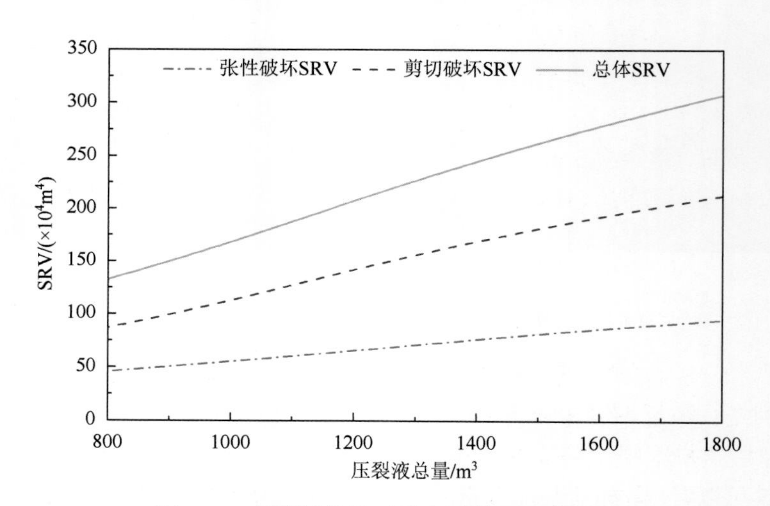

图 7-47 压裂液总量对页岩压裂 SRV 的影响

由图 7-47 可以看出：随着压裂液总量的增大，张性破坏 SRV、剪切破坏 SRV 和总体 SRV 都逐渐增大。这是由于压裂液总量较大，表明压裂总时间也较长，水力裂缝延伸较长，其周围储层压力抬升幅度和范围也明显增大，促使天然裂缝发生张性破坏与剪切破坏，有利于 SRV 的形成。

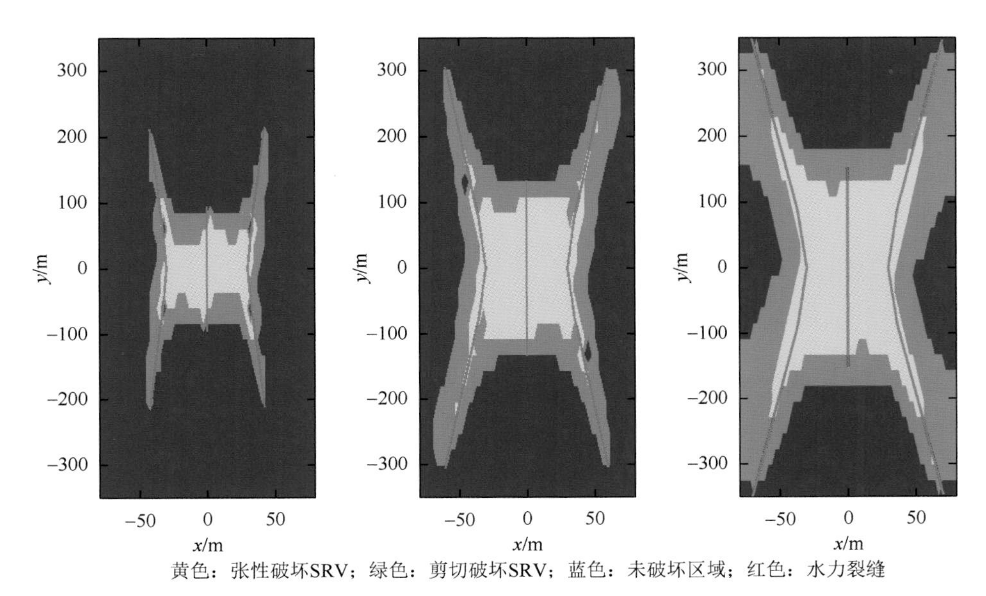

图 7-48　不同压裂液总量时的 SRV 平面展布图

（从左至右，压裂液总量：800m^3、1600m^3、1800m^3）

由图 7-48 可以看出：当压裂液总量为 800m^3 时，压裂时间仅为 57min，水力裂缝延伸较短，地层应力场与储层压力场变化都较小，不利于天然裂缝发生破坏，因此张性破坏 SRV 和剪切破坏 SRV 区域范围都较小。当压裂液总量为 1600m^3 时，压裂时间为 114min，水力裂缝延伸长度有所增加，地层应力场与储层压力场变化程度和范围都有所增大，有利于天然裂缝发生破坏，此时，张性破坏 SRV 和剪切破坏 SRV 区域范围都有所扩大。当压裂液总量为 1800m^3 时，压裂时间达到 128min，水力裂缝延伸长度进一步增加，地层应力场与储层压力场变化程度和范围也都进一步增大，更加有利于天然裂缝发生破坏，此时，张性破坏 SRV 和剪切破坏 SRV 区域范围都进一步扩大。

3. 压裂液黏度

页岩压裂过程中，SRV 将受到压裂液黏度的影响。因此，针对压裂液黏度对页岩压裂 SRV 的影响进行敏感性因素分析。

利用页岩水平井压裂 SRV 动态表征方法，分别计算不同压裂液黏度下的剪切破坏 SRV、张性破坏 SRV、总体 SRV，计算结果如图 7-49 所示。此外，绘制了压裂液黏度分别为 1mPa·s、10mPa·s、100mPa·s 时的 SRV 展布平面图，如图 7-50 所示。

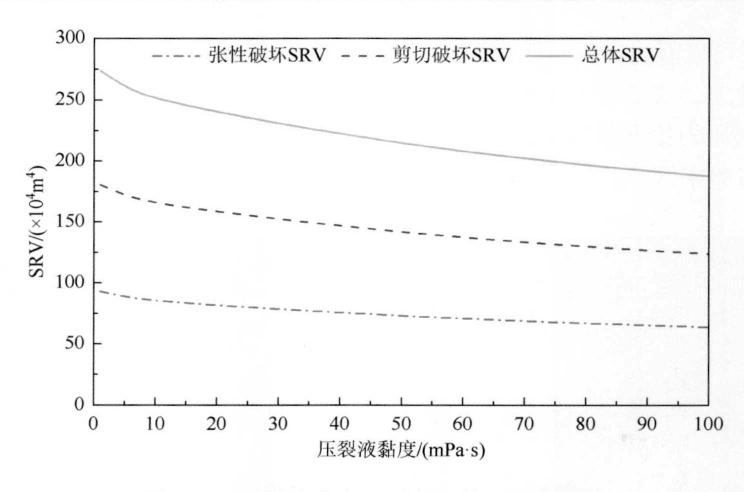

图 7-49　压裂液黏度对页岩压裂 SRV 的影响

由图 7-49 可以看出：随着压裂液黏度的增大，张性破坏 SRV、剪切破坏 SRV 和总体 SRV 都逐渐减小。这是由于当压裂液黏度较大时，尽管水力裂缝延伸长度会有所增加，压裂液向储层中滤失速度减小，且储层内流体压力传播也较慢，储层压力的抬升程度和范围受限，不利于天然裂缝发生张性破坏与剪切破坏，限制了 SRV 的形成与扩展。

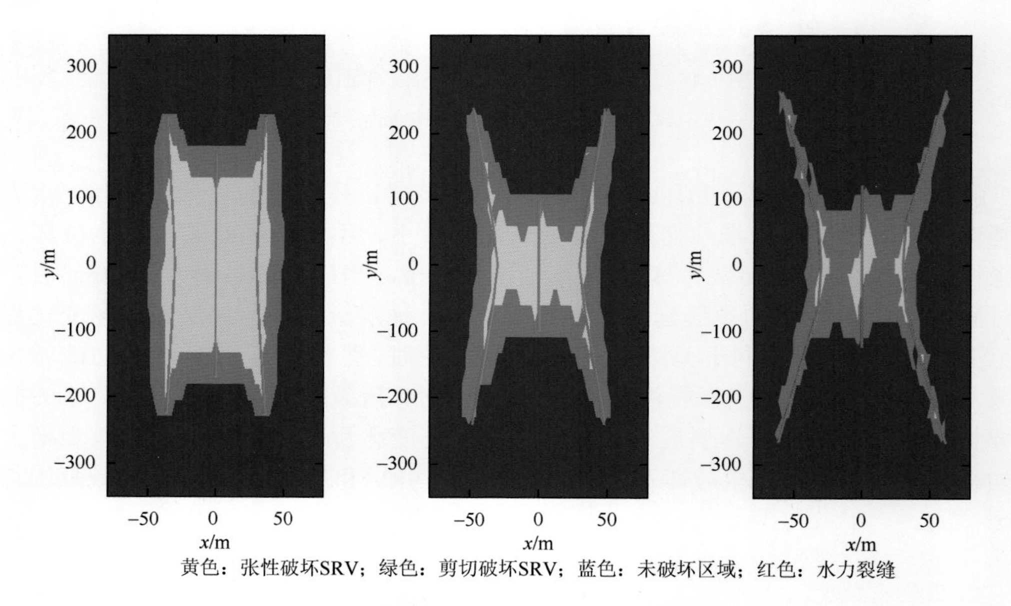

图 7-50　不同压裂液黏度时的 SRV 平面展布图

（从左至右，压裂液黏度：1mPa·s、10mPa·s、100mPa·s）

由图 7-50 可以看出：当压裂液黏度为 1mPa·s 时，压裂液更容易向储层中滤失，使得水力裂缝延伸较短，缝内净压力较低，各裂缝相互之间的应力干扰效应较弱，中间裂缝延伸长度并未明显受限，两侧裂缝也无显著转向。此时，更低的黏度加快了储层内流体压力传播速度，使得水力裂缝周围储层压力上升幅度和范围更大，有利于天然裂缝发生破坏，因此张性破坏 SRV 和剪切破坏 SRV 区域范围都较大。当压裂液黏度为 10mPa·s 时，压裂液向储层中滤失量减少，使得水力裂缝延伸长度和缝内净压力都有所增大，缝间干扰效应也随之增强，中间裂缝延伸长度受限，两侧裂缝发生转向延伸。此时，较高的黏度减慢了储层内流体压力传播速度，使得水力裂缝周围储层压力上升幅度和范围缩小，张性破坏 SRV 和剪切破坏 SRV 区域范围也随之减小。当压裂液黏度为 100mPa·s 时，压裂液向储层中滤失量急剧减少，使得水力裂缝延伸长度显著增加，缝内净压力进一步增大，缝间干扰效应也更为明显，中间裂缝延伸长度明显受限，两侧裂缝发生显著的转向延伸。此时，过高的黏度严重阻碍了储层内的流体压力传播，使得水力裂缝周围储层压力上升幅度和范围进一步缩小，张性破坏 SRV 和剪切破坏 SRV 区域范围也进一步减小。

值得注意的是，虽然页岩压裂过程中使用的压裂液黏度越小，越有利于 SRV 的形成和扩展，但过低黏度压裂液无法满足对支撑剂悬浮，可能导致水力裂缝闭合后支撑剂铺置不均匀。此外，更低黏度的压裂液滤失速度也更快，可能在压裂施工时造成脱砂，甚至引发砂堵。为此，在实际页岩压裂设计中，在争取形成更大 SRV 的同时，还需要保证压裂液黏度能够满足悬浮支撑剂等实际工程需求。

4. 射孔簇数

页岩压裂过程中，SRV 将受到射孔簇数的影响。因此，针对射孔簇数对页岩压裂 SRV 的影响进行敏感性因素分析。

利用页岩水平井压裂 SRV 动态表征方法，分别计算不同射孔簇数下的剪切破坏 SRV、张性破坏 SRV、总体 SRV，计算结果如图 7-51 所示。此外，绘制了射孔簇数分别为 1 簇、3 簇、5 簇时的 SRV 展布平面图，如图 7-52 所示。

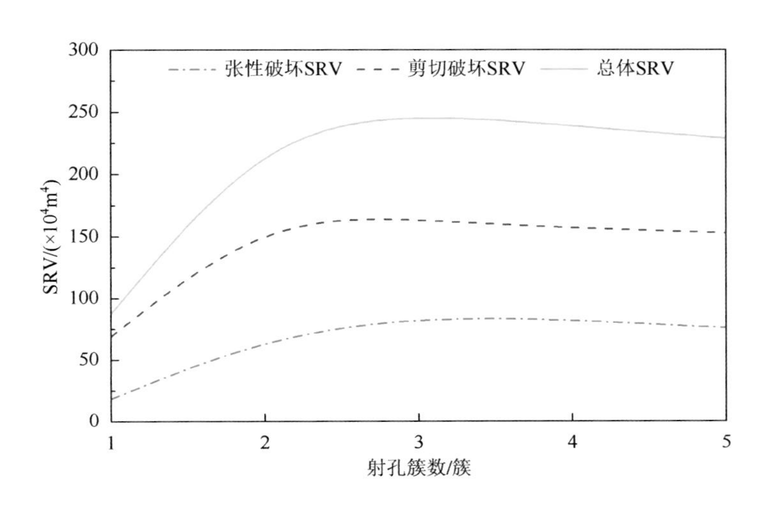

图 7-51　射孔簇数对页岩压裂 SRV 的影响

由图 7-51 可以看出：随着射孔簇数的增多，张性破坏 SRV、剪切破坏 SRV 和总体 SRV 都先增大，然后逐渐减小。这是由于当射孔簇数较少时，尽管各条水力裂缝延伸较长，形成的 SRV 长度较长，但宽度不足，整体 SRV 的体积较小。然而，当射孔簇数较多时，尽管形成的 SRV 宽度较大，但各条裂缝延伸较短，SRV 长度不足，整体 SRV 的体积同样较小。因此，页岩水平井分簇压裂时，存在最优簇数，使得形成的整体 SRV 最大化。

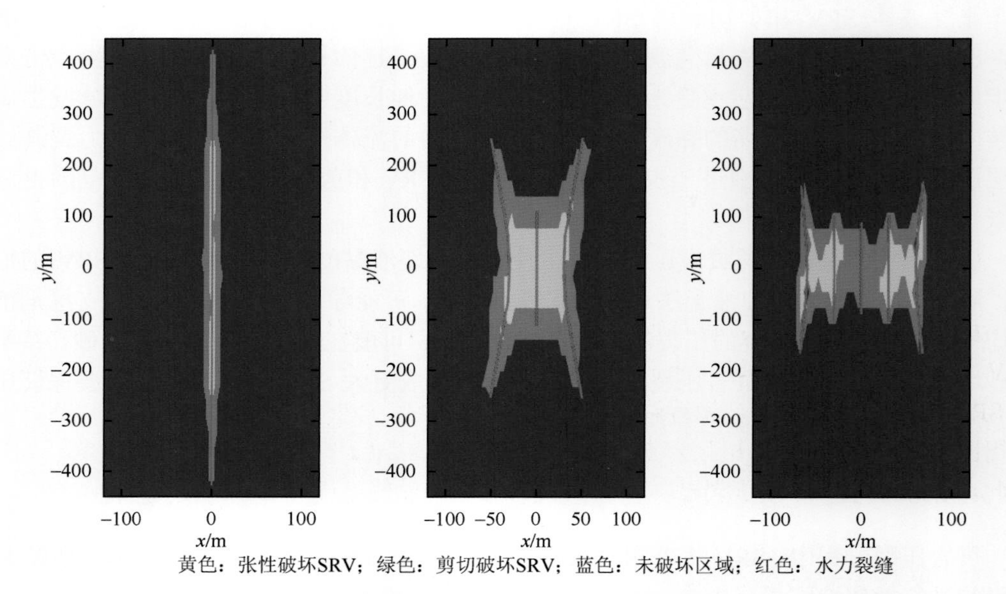

图 7-52　不同射孔簇数时的 SRV 平面展布图

（从左至右，射孔簇数：1 簇、3 簇、5 簇）

由图 7-52 可以看出：当射孔簇数为 1 簇时，单条水力裂缝延伸长度非常长，但由于缺乏多条水力裂缝之间的应力干扰，地层应力场和储层压力场变化范围较小，不利于天然裂缝发生破坏，使得张性破坏 SRV 和剪切破坏 SRV 区域的宽度都非常小，整体体积不足。当射孔簇数为 3 簇时，三条裂缝延伸长度有所缩短，但由于存在多条裂缝，地层应力场和储层压力场变化范围较大，利于天然裂缝发生破坏，使得张性破坏 SRV 和剪切破坏 SRV 区域的长度和宽度都适中，整体体积较大。当射孔簇数为 5 簇时，5 条裂缝之间的地层应力场和储层压力场变化范围较大，利于天然裂缝发生破坏，但所有裂缝延伸长度过短，使得张性破坏 SRV 和剪切破坏 SRV 区域的长度不足，整体体积较小。

5. 射孔簇间距

页岩压裂过程中，SRV 将受到射孔簇间距的影响。因此，针对射孔簇间距对页岩压裂 SRV 的影响进行敏感性因素分析。

利用页岩水平井压裂 SRV 动态表征方法，分别计算不同射孔簇间距下的剪切破坏 SRV、张性破坏 SRV、总体 SRV，计算结果如图 7-53 所示。此外，绘制了射孔簇间距分别为 20m、40m、60m 时的 SRV 展布平面图，如图 7-54 所示。

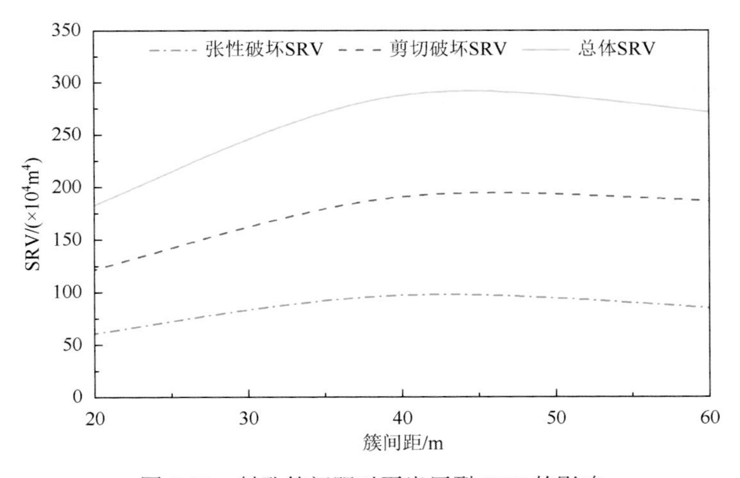

图 7-53　射孔簇间距对页岩压裂 SRV 的影响

由图 7-53 可以看出：随着射孔簇间距的增大，张性破坏 SRV、剪切破坏 SRV 和总体 SRV 都先增大，然后逐渐减小。这是由于当射孔簇间距较小时，各条水力裂缝周围形成的 SRV 将发生相互重叠，使得整体 SRV 较小；然而，当射孔簇间距较大时，各条水力裂缝周围形成的 SRV 可能相互分离，在裂缝之间留下非改造区域，也会使得整体 SRV 较小。因此，页岩水平井分簇压裂时，存在最优簇间距，使得形成的整体 SRV 最大化。

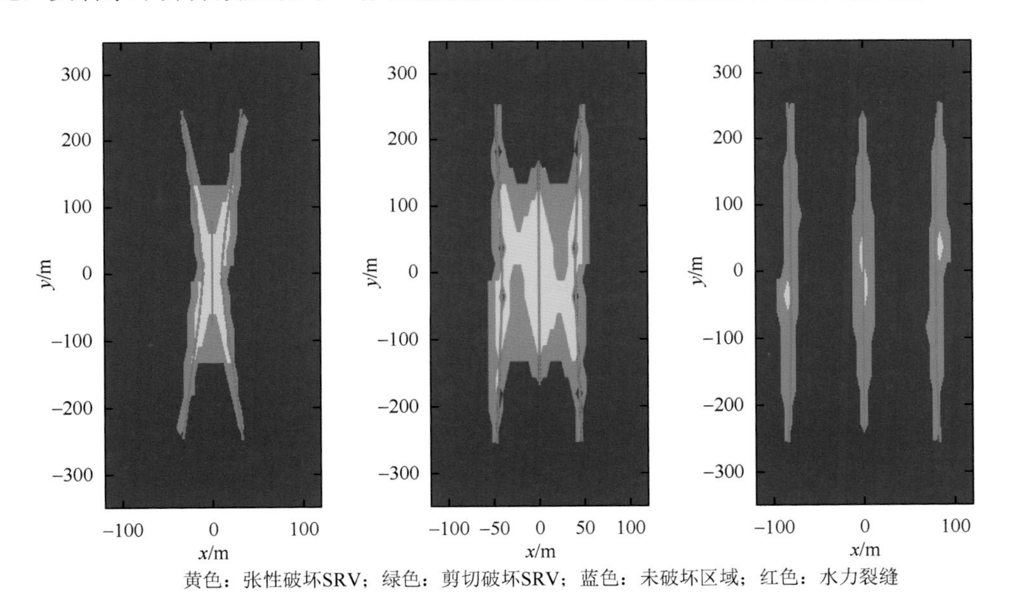

图 7-54　不同射孔簇间距时的 SRV 平面展布图

（从左至右，簇间距：20m、40m、60m）

由图 7-54 可以看出：当射孔簇间距为 20m 时，各条水力裂缝之间的应力干扰效应非常明显，中间裂缝延伸严重受限，两侧裂缝延伸转向角度较大。此时，各条水力裂缝周围的 SRV 发生了明显的重叠，形成的整体 SRV 较小。当射孔簇间距为 40m 时，各条水力裂缝之间的应力干扰效应减弱，中间裂缝延伸受限程度有所减小，两侧裂缝延伸转向角度较小。此时，各条水力裂缝周围的 SRV 几乎不存在重叠，而且保持着相互连接。此时形成的整体 SRV 最大。当射孔簇间距为 60m 时，各条水力裂缝之间几乎不再存在应力干扰效应，三条裂缝均沿直线延伸，延伸长度也大致相同。此时，各条水力裂缝周围的 SRV 相互分离，裂缝之间存在大片未改造区域。此时形成的整体 SRV 也较小。

7.2.3 页岩压裂优化设计分析

通过上述敏感性分析研究表明，页岩压裂过程中，不同的地质条件与工程参数对 SRV 有着不同程度的影响，进而也影响着页岩气水平井压裂后的增产效果。因此，基于敏感性分析的 SRV 计算结果，定量计算出各种地质条件与工程参数对 SRV 的敏感性系数。

将敏感性系数值定义为随着某相关参数变化的 SRV 变化范围与随着所有相关参数变化的 SRV 变化范围的比值，该系数为无量纲，且具有归一性，绝对值越大，表明该参数对 SRV 影响越大。此外，敏感性系数的符号取决于相关参数与 SRV 的正负相关性——正号表示正相关性；负号表示负相关性；正负号表示该参数存在最优范围或最优值。敏感性系数方程如下：

$$I_i = \pm \frac{\max(\mathrm{SRV})_i - \min(\mathrm{SRV})_i}{\max(\mathrm{SRV})_{\mathrm{all}} - \min(\mathrm{SRV})_{\mathrm{all}}} \tag{7-4}$$

式中，I_i 为某一特定相关参数的敏感性系数（无量纲），SRV 为总体储层改造体积（m^3）；下标 i 为特定相关参数，all 为所有相关参数。

计算各参数敏感性系数之前，需要确定各个相关参数的取值范围，即各参数在实际矿场上的合理取值范围，比如：页岩岩石的泊松比取值范围通常为 0.18～0.24。所有地质条件与工程参数的取值范围如表 7-12 所示。

表 7-12 敏感性系数计算中地质条件与工程参数取值范围表

参数	最小值	最大值
泵注排量/(m^3/min)	8	18
压裂液总量/m^3	800	1800
压裂液黏度/(mPa·s)	1	100
射孔簇数/簇	1	6
射孔簇间距/m	20	60
天然裂缝内聚力/MPa	0	1
天然裂缝摩擦系数（无量纲）	0	0.6
天然裂缝抗张强度/MPa	0	3
天然裂缝线密度/m^{-1}	0.1	0.5
天然裂缝倾角/(°)	0	90
天然裂缝逼近角/(°)	0	90
水平地应力差/MPa	0	5

续表

参数	最小值	最大值
地层杨氏模量/GPa	20	35
地层泊松比（无量纲）	0.18	0.24
储层原始压力/MPa	25	35
地层原始温度/℃	60	100

将敏感性分析中各种情况下计算的 SRV 代入（7-4）中，分别计算出地质条件与工程参数的敏感性系数。其中，各地质条件的敏感性系数如图 7-55 所示，各工程参数的敏感性系数如图 7-56 所示。

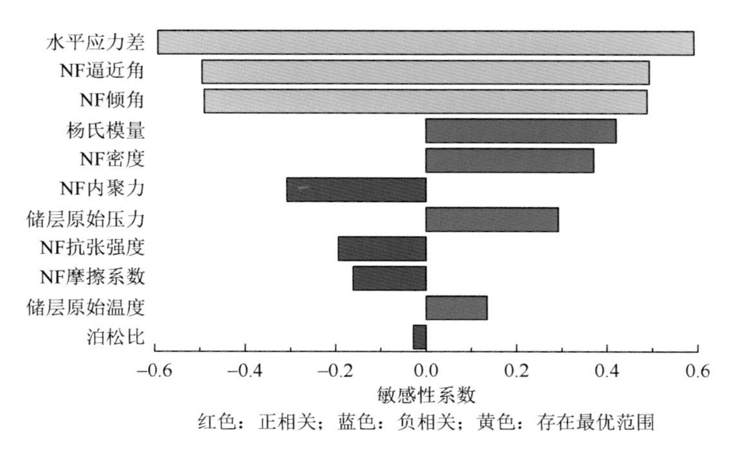

图 7-55　地质条件对页岩压裂 SRV 的影响系数对比图

由图 7-55 可以看出，各种地质条件中，地层水平应力差、天然裂缝逼近角与倾角对 SRV 影响最大，而地层泊松比对 SRV 影响最小。其中，地层杨氏模量、天然裂缝密度、储层原始压力和储层原始温度越大，页岩压裂形成的 SRV 越大；天然裂缝内聚力、天然裂缝抗张强度、天然裂缝摩擦系数和地层泊松比越小，页岩压裂形成的 SRV 越大；地层水平应力差、天然裂缝逼近角与倾角则存在最优范围，使得岩压裂形成的 SRV 最大化。

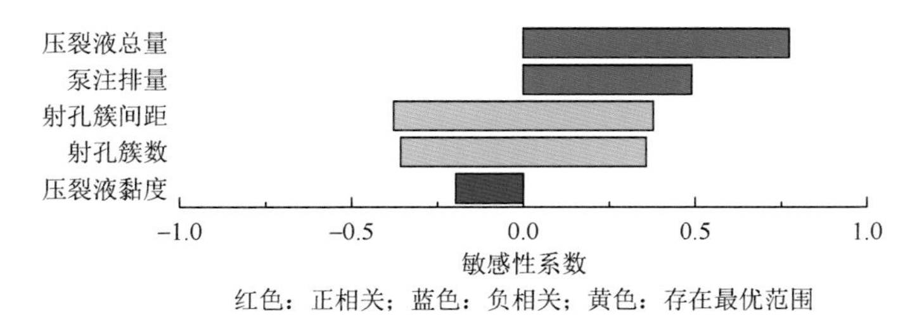

图 7-56　工程参数对页岩压裂 SRV 的影响系数对比图

由图 7-56 可以看出，各种工程参数中，压裂液总量对 SRV 影响最大，而压裂液黏度对 SRV 影响最小。其中，压裂液总量和泵注排量越大，页岩压裂形成的 SRV 越大；压裂液黏度越小，页岩压裂形成的 SRV 越大；射孔簇数与射孔簇间距则存在最优范围，使得页岩压裂形成的 SRV 最大化。

对于特定页岩气藏来说，地质条件属于客观因素，工程参数属于主观因素。因此，首先可以根据地质条件对页岩压裂 SRV 的影响，针对性地选择布井位置、目标层段、射孔位置等，比如选择高杨氏模量层段、天然裂缝发育层段等。然后，可基于页岩压裂水平井缝网压裂 SRV 动态表征方法，并结合工程参数对页岩压裂 SRV 的影响，对各工程参数进行优化设计，如增加压裂液总量、提高泵注排量、优化射孔簇间距等。通过对地层条件的优选以及对工程参数的优化，可以扩大压裂储层改造体积，进而提高页岩气水平井缝网压裂效率。

7.3 本章小结

基于本章研究，得到以下重要认识。

（1）基于本书第 4～6 章中所建立的页岩储层天然裂缝模型、水力裂缝延伸模型、地层应力场模型、储层压力场模型，以及地层温度场模型，建立了页岩压裂 SRV 动态表征方法，并介绍了其数值计算具体方法与步骤流程。

（2）在中国涪陵页岩气田焦石坝区块内，进行了页岩水平井压裂 SRV 动态表征方法的实例应用。对该区块内的 X-2HF 水平井全井段分段分簇缝网水力压裂形成的 SRV 进行了数值模拟计算与评价。

（3）以 X-2HF 水平井第 16 段压裂为例，模拟了压裂过程中水力裂缝的延伸情况、地层应力场、储层压力场、储层渗透率场、地层温度场的变化情况、张性破坏 SRV 平面展布、剪切破坏 SRV 平面展布，以及总体 SRV 三维扩展情况。

（4）利用页岩水平井压裂 SRV 动态表征方法，模拟计算 X-2HF 水平井所有压裂段 SRV 及其空间展布，并将模拟结果与现场微地震监测结果相对比，发现两者较为吻合，证实了页岩水平井压裂 SRV 动态表征方法的可靠性。

（5）利用页岩水平井压裂 SRV 动态表征方法，分别计算分析了地层应力、杨氏模量、泊松比、原始储层压力、天然裂缝逼近角、天然裂缝倾角、天然裂缝密度、天然裂缝抗张强度、天然裂缝内聚力、天然裂缝摩擦系数，以及地层原始温度对页岩压裂 SRV 的影响。

（6）利用页岩水平井压裂 SRV 动态表征方法，分别计算分析了压裂泵注排量、压裂液总量、压裂液黏度、射孔簇数、射孔簇间距对页岩压裂 SRV 的影响。

（7）定量计算出各种地质条件与工程参数对页岩压裂 SRV 的敏感性系数，并根据计算结果，提出页岩气水平井压裂设计中地质条件的优选策略与工程参数的优化思路。

参考文献

[1] 吕同富，康兆敏，方秀男. 数值计算方法[M]. 北京：清华大学出版社，2008.

[2] 郭旭升，胡东风，魏志红，等. 涪陵页岩气田的发现与勘探认识[J]. 中国石油勘探，2016，21（3）：24-37.

[3] Guo T，Li J，Lao M，et al. Integrated geophysical technologies for unconventional reservoirs and case study within fuling shale gas field，sichuan basin，china[C]//Paper SPE 178531 presented at the Unconventional Resources Technology Conference，20-22 July，2015，San Antonio，Texas，USA.

[4] Zhang Z，Li X，He J，et al. Numerical study on the propagation of tensile and shear fracture network in naturally fractured shale reservoirs[J]. Journal of Natural Gas Science and Engineering，2017，37：1-14.